新型职业农民培育教材

粮油作物栽培技术

主　编　王金华

参　编　刘　宇　周　虹　袁志刚
刘金丹　徐应杰　薛晓斌
樊高琼　李朝苏　乔善宝
刘永红　杨　勤　王　斌
冯泊润　李育明　周全卢
卢学兰　雍太文

电子科技大学出版社
University of Electronic Science and Technology of China Press
·成都·

图书在版编目（CIP）数据

粮油作物栽培技术 / 王金华主编 .—成都 ：电子科技大学出版社，2018.3（2024.8 重印）
ISBN 978-7-5647-6537-8

Ⅰ. ①粮… Ⅱ. ①王… Ⅲ. ①粮食作物—栽培技术②油料作物—栽培技术 Ⅳ. ①S51②S565

中国版本图书馆 CIP 数据核字（2018）第 165236 号

粮油作物栽培技术
王金华　主编

策划编辑　辜守义
责任编辑　辜守义
责任校对　陈姝芳
责任印制　段晓静

出版发行　电子科技大学出版社
　　　　　成都市一环路东一段 159 号电子信息产业大厦九楼
　　　　　邮编 610051
主　　页　www.uestcp.com.cn
服务电话　028-83203399
邮购电话　028-83201495

印　　刷　成都金龙印务有限责任公司
成品尺寸　140 mm×203 mm
印　　张　10.375
字　　数　220 千字
版　　次　2018 年 3 月第 1 版
印　　次　2024 年 8 月第 5 次印刷
书　　号　ISBN 978-7-5647-6537-8
定　　价　25.50 元

编 者 的 话

为贯彻落实党的十九大关于实施乡村振兴战略的决策部署和中央一号文件《中共中央　国务院关于实施乡村振兴战略的意见》关于全面建立职业农民制度的指示精神，加快培育高素质新型职业农民，我们组织有关高等院校、科研院所的涉农教师以及长期从事农业技术推广工作的资深专家，对原有的新型职业农民科技培训教材进行了修订。修订教材具有较强的针对性和实用性，是目前国内同类教材中最新的一套培训教材，可更好地满足各地新型职业农民培训需要。

修订教材采用了国家最新标准、法定计量单位和最新名词、术语，并力求做到内容浅显易懂、图文并茂，让农民朋友易于学习、掌握。目前已完成修订的教材有 7 本，涵盖种植、养殖两个大类。

由于编者水平有限，教材中难免存在不足，诚恳希望各位专家和广大读者批评指正。

“新型职业农民培育教材”编委会

2018 年 1 月

目　录

第一章 优 质 稻

水稻是四川最主要的粮食作物，全省常年种植面积在 3 000×10^4 亩左右，总产量占四川全年粮食总产量的 40%左右（一亩约为 667 m^2）。稻米也是四川第一大口粮，全省 90%的人口以稻米为主食。在保证稻谷总量供给的同时，大力发展优质稻，提高稻米市场竞争力，是当前农业供给侧结构性改革的内在要求，也是四川水稻生产的发展趋势。

第一节 优质稻概述

一、优质稻的评价指标

通常人们所说的优质大米是指具有良好的外观、口感以及较高营养价值的大米。大米的品质从大米的碾米品质、蒸煮及食用品质、贮藏加工品质、营养品质和卫生品质五个方面进行评价，一般采用如下指标来评价。

1. 糙米率

糙米率是指稻谷脱去颖壳（谷壳）后所得糙米籽粒的质量占样本净稻谷质量的比例。

2. 精米率及整精米率

精米率是指脱壳后的糙米碾磨成精度为国家标准一等大米时，所得精米的质量占样本净稻谷质量的比例。整精米是指糙米碾磨成精度为国家标准三级大米时，米粒产生破碎，其中长度仍达到完整精米粒平均长度的四分之三及以上的米粒。整精米率是指整精米质量占净稻谷试样质量的百分比。精米率和整精米率是衡量稻米商品价值的重要指标。

3. 粒长及粒形

粒长是指完整无破损精米籽粒两端间的最大距离，以毫米为单位。通常根据粒长把稻米分为长粒型（大于 6.5 mm）、中粒型（5.6～6.5 mm）和短粒型（小于 5.6 mm）三类。粒形指稻米籽粒的形状，通常以长宽比即整精米的长度和宽度之比来表示，分为细长（大于 3.0）、中等（2.1～3.0）、粗（1.1～2.0）、圆（小于或等于 1.1）4 级。粒长和粒形与稻米的整精米率有十分密切的关系。

4. 垩白率和垩白度

垩白是米粒胚乳中的白色不透明部分，包括心白、腹白和背白（见图 1-1）。垩白率是指垩白米粒占样本总粒数的百分比；垩白度指垩白的大小，即垩白面积总和占样本米粒面积总和的百分比。垩白率和垩白度是评价稻米外观品质和商品价值的重要指标，它们的值越大，稻米的商品价值就越低（特种米可能例外）。

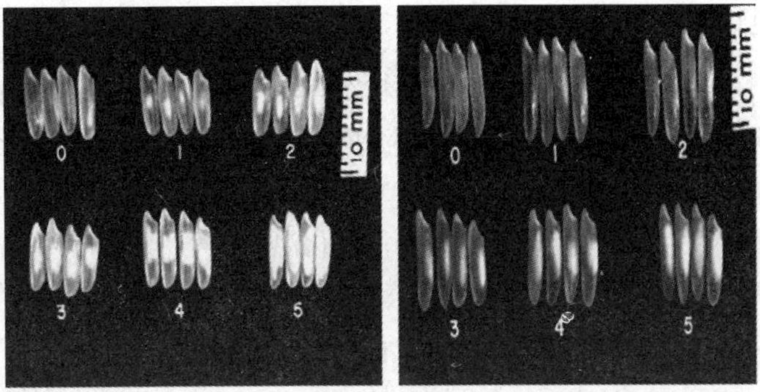

(a) 心白　　(b) 腹白

图 1-1 稻米垩白

5. 白度

白度是指整精米籽粒呈白的程度，可由白度计测量求得，共分 5 级，分别是 1 级（大于 50.0%）、2 级（47.1%～50.0%）、3 级（44.1%～47.0%）、4 级（41.1%～44.0%）、5 级（小于 41.1%）。

6. 透明度

透明度是指整精米籽粒的透明程度，可用仪器测量样本稻米的相对透光率求得。

7. 阴糯米及阴糯米率

阴糯米是指糯稻中胚乳透明或半透明的糯米颗粒。阴糯米率是指整精糯米中阴糯米粒占整个米样粒数的百分比。

8. 直链淀粉含量

直链淀粉含量是指精米中直链淀粉的含量占稻米干重的百分比。直链淀粉含量较高的大米，蒸煮时需水量较大，米粒的膨胀性较好，即通常说的饭多，但饭的黏性较差，柔软性差，饭冷后质地生硬。

9. 糊化温度

糊化温度是指稻米淀粉颗粒在热水中受热产生不可逆膨胀（糊化），双折射现象消失时的温度。煮饭所需的时间与糊化温度呈正相关。糊化温度低的稻米，蒸煮时所需的温度较低，需水少且蒸煮时间短，饭易糊烂；糊化温高的稻米所需蒸煮温度较高，吸水量大且蒸煮时间长。这两种类型的大米都不好，而中等糊化温度的大米最受消费者喜爱。

10. 碱消值

碱消值是指碱液对整精米粒的侵蚀程度。碱消值大小可间接表示稻米糊化温度的高低，碱消值越大，糊化温度越低。

11. 胶稠度

胶稠度是指稻米粒在热碱液中糊化成糊胶，经冷却平置后，糊胶所延伸的长度，以毫米为单位。胶稠度对米饭的食味品质有影响。

12. 蛋白质含量

蛋白质含量是指糙米中蛋白质占稻米干重的百分比。

二、优质稻的类型

我国的优质稻品种较多，根据栽培稻分类有籼稻、粳稻、糯稻三种类型。

1. 籼稻

籼稻（见图 1-2）属籼型非糯性稻，根据栽培种植季节和生育期，又可分为早籼稻、中籼稻和晚籼稻。这种类型的优质稻品种较多，如四川的宜香优 2115、川优 6203、川优 1727 等。

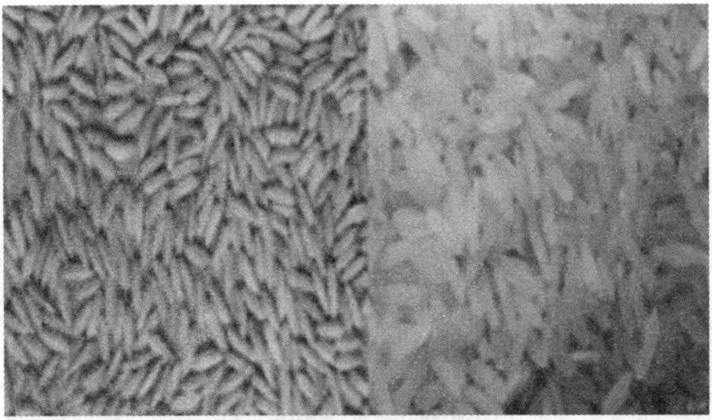

图 1-2　籼稻

2. 粳稻

粳稻（见图 1-3）属粳型非糯性稻，按种植季节和生育期也可分为早粳稻、中粳稻和晚粳稻。这类型的优质稻主要产于中国长江以北稻区，如东北珍珠米就是由东北粳稻加工而成。四川凉山州和攀枝花市的高海拔冷凉稻区有一定的粳稻种植面积，品种有凉山州的冕粳 147、合系 39 等。

图 1-3　粳稻

3. 糯稻

糯稻（见图 1-4）属糯性稻，包括籼糯稻和粳糯稻，这类型的优质稻品种也较多，如糯优 1 号、糯优 2 号等。

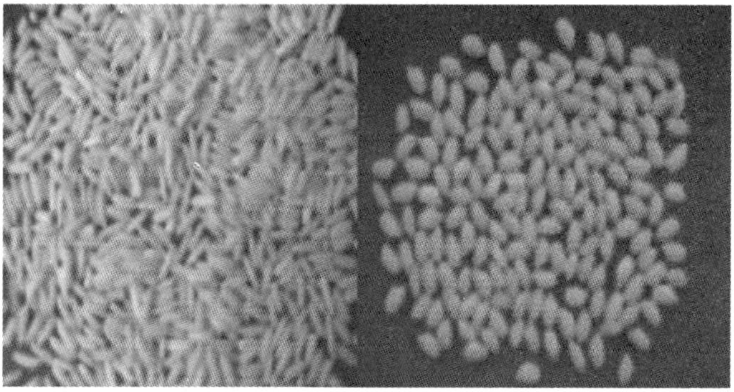

图 1-4　糯稻（左为籼糯，右为粳糯）

三、优质稻的标准和分级

根据国家质量监督检验总局发布的《优质稻谷》（GB/T 17891—2017），优质稻谷分为一级、二级、三级共三个等级，以整精米率、垩白度、食味品质为定级指标，直链淀粉含量为限制指标，应达到表 1-1 的规定；不完善粒、异品种粒、黄粒米、杂质、水分、色泽、气味按国家有关规定执行；定级指标中有一项达不到三级要求，或直链淀粉不在标准规定的范围内时，不能判定为优质稻谷。

四、优质稻的田间肉眼评鉴

田间肉眼直观评鉴稻米的品质，主要根据米粒的外貌以及一些与米质相关的性状，如根据谷壳的厚度、稃尖的颜色、谷粒的大小和形状、透明度、垩白及裂纹等来评鉴稻米的碾米、外观品质，一般不能直接评鉴稻米的营养、食味品质。

表 1-1 优质稻谷质量指标

类别	等级	整精米率/%			垩白度/%	食味品质/分	不完善粒含量/%	水分含量/%	直链淀粉含量（干基）/%	异品种率/%	杂质含量/%	谷外糙米含量/%	黄粒米含量/%	色泽气味
		长粒	中粒	短粒										
籼稻谷	1	≥56.0	≥58.0	≥60.0	≤2.0	≥90	≤2.0	≤13.5	14.0～24.0	≤3.0	≤1.0	≤2.0	≤1.0	正常
	2	≥50.0	≥52.0	≥54.0	≤5.0	≥80	≤3.0							
	3	≥44.0	≥46.0	≥48.0	≤8.0	≥70	≤5.0							
粳稻谷	1	≥67.0			≤2.0	≥90	≤2.0	≤14.5	14.0～20.0					
	2	≥61.0			≤4.0	≥80	≤3.0							
	3	≥55.0			≤6.0	≥70	≤5.0							

谷壳厚的品种，一般糠层占的比重大，出糙率低；稃尖或柱头为黑色或紫色的品种，米质较差。米粒的大小和形状（长宽比）因稻谷类型和品种差异较大，粗长的米粒精碾时较易破碎，而细长米粒的精米率和整精米率都较高。在我国，粳稻米粒通常以短圆形为佳，籼稻米一般以细长粒形为好，它们在精碾时不易破碎，出米率较高。

糙米纵沟的深浅是判断精米率高低的重要指标。剥开谷壳露出的糙米一般有五条纵沟，因品种的不同其深度差异较大，同一品种随成熟度加深而纵沟越浅。精碾时，纵沟深的糙米，难以摩擦掉纵沟内的籽实皮，影响精米的外貌；沟浅的糙米，胚乳部分受摩擦较少，因而精米率高。

稻米垩白的有无及大小也是评鉴稻米品质优劣的重要外观指标。垩白率和垩白度因品种不同有较大差异，宽粒品种或宽度较大的米粒容易产生腹白。垩白不但影响稻米的外观，而且垩白米在加工精碾时碎米率高，煮饭易胀裂，因而不受消费者欢迎。

米粒强度与整精米率有关。米粒强度是指米粒承受压力和剪切折断力大小的能力。米粒强度与品种、米粒饱满程度、胚乳结构松散程度、水分含量等有关，透明度高的米粒的强度比不透明的粉质米粒大，粳稻米粒强度比籼稻大，晚稻米粒强度比早稻大，水分含量低的米粒强度比水分含量高的大，垩白大的米粒强度小。米粒强度大，出米率和整精米率就高。

第二节　优质稻的生长发育

一、优质稻的生育期及生育阶段的划分

优质稻从种子萌发到新种子成熟，称为优质稻的一生。在生产上通常把从播种到种子成熟所经历的天数称为全生育期。

优质稻的一生包括营养生长期和生殖生长期两个生育阶段。

营养生长期是指从种子萌发到幼穗开始分化前的一段时期，其生育特点主要是生根、出叶、分蘖，建立和增大营养体，为过渡到生殖生长期积累必要的养分。营养生长期又分为幼苗期和分蘖期。从种子萌发到三叶期是幼苗期；从第四叶开始萌发分蘖直到拔节，为分蘖期。在育苗移栽情况下，分蘖期又可分为返青期、有效分蘖期和无效分蘖期。秧苗移栽后，根系损伤，有一个生长停滞、发生新根的过程，经过 3～7 天才能恢复正常生长，这段时期称为返青期。返青后开始分蘖到拔节前 15 天的这段时期内发生的分蘖多能成穗，称有效分蘖期。拔节前 15 天到拔节的这段时期内产生的分蘖多数不能上林成穗，称无效分蘖期。具体如图 1-5 所示。

<table>
<tr><td colspan="11">成熟期　抽穗期　最高分蘖期　幼穗分化期　有效分蘖终止期　返青期　播种期</td></tr>
<tr><td>幼苗期</td><td>秧田分蘖期</td><td colspan="3">分蘖期</td><td colspan="3">幼穗发育期</td><td colspan="3">开花结实期</td></tr>
<tr><td colspan="2">秧田期</td><td>返青</td><td>有效分蘖</td><td>无效分蘖</td><td>分化</td><td>形成</td><td>完成</td><td>乳熟</td><td>蜡熟</td><td>完熟</td></tr>
<tr><td colspan="5">营养生长期</td><td colspan="3">营养生殖生长并进期</td><td colspan="3">生殖生长期</td></tr>
<tr><td colspan="2"></td><td colspan="3">穗数巩固阶段</td><td colspan="3">穗数决定阶段</td><td colspan="3"></td></tr>
<tr><td colspan="2"></td><td colspan="3">粒数奠定阶段</td><td colspan="3">粒数决定阶段</td><td colspan="3"></td></tr>
<tr><td colspan="2"></td><td colspan="3">粒重奠定阶段</td><td colspan="3">粒重决定阶</td><td colspan="3"></td></tr>
</table>

图 1-5　优质稻的生育期

生殖生长期是指幼穗开始分化到结实成熟的一段时期，其生育特点是孕穗、抽穗、开花、灌浆、结实，形成产量器官。它包括长穗期和结实期两个生育时期。从幼穗开始分化到抽穗为长穗期（即营养生长和生殖生长并进期），生产上又称为

“拔节长穗期”。长穗期又可划分为穗形成期和孕穗期。抽穗到成熟为结实期，包括抽穗开花期和灌浆结实期。灌浆结实期又可分为乳熟期、蜡熟期和完熟期。

优质稻的营养生长和生殖生长是两个不同的生长发育和生理过程，既相互制约，又相互统一。营养生长为生殖生长提供养料，因此壮苗是高产的基础，但是大水大肥下的旺苗因营养物质过多地消耗在营养器官的生长上，供生殖生长的养料不足，导致穗小粒少，空秕率高，从而影响产量。

二、优质稻的温光反应特性

优质稻在长期自然和人工选择作用下，形成对日照长短和温度高低反应不同的品种类型。有些品种对温度反应敏感，在适宜生存的范围内，高温可使其生育期缩短，低温使生育期延长；而有些品种对日照时间长短反应比较敏感，短日照可使其生育期缩短，长日照可使其生育期延长。这种受温度高低或日照时间长短的影响而改变其生育期的特性，分别称为优质稻的感温性和感光性。品种在适宜的短日照、高温条件下，从播种到抽穗的最少日数称为短日高温生育期。优质稻的感温性、感光性和短日高温生育期简称“两性一期”。掌握优质稻的“两性一期”特性，在栽培、引种、育种上均有重要意义。因地制宜，做好不同生育期的品种搭配是获得高产的关键。同时，掌握优质稻的温光反应特性，对适时播种、夺取高产来说也很重要。在优质杂交稻制种方面，根据温光反应特性进行花期调节，则能提高杂交制种产量。在引种上，一般而言，“北种南引”和“高向低引”均能使生育期缩短；“南种北引”和“低向高引”均能使生育期延长。通常纬度和海拔相近的地区，品种的温光反应特性都比较接近，相互引种容易成功。四川省从南方引种以引当地的早熟品种为宜，从北方引种则以引迟熟品种为好。

三、优质稻的生长发育进程

优质稻从种子发芽起，经过生根、出叶和分蘖，再经拔节长茎、稻穗分化、颖花形成、抽穗、开花到结实成熟，这是优质稻生长发育的全过程。

1. 优质稻种的发芽

稻种的发芽过程，可分为吸胀、萌动（露白）和发芽（胚芽和胚根伸长）三个阶段。发芽时首先是吸水，随着吸水量的增加，稻种体积逐渐增大，此为吸胀阶段。水分进入稻种后，胚开始生长，当胚的体积增大到一定程度，就突破谷壳，露出白点，称为露白或破胸，此为萌动阶段。稻种萌动后，胚继续生长，胚根、胚芽鞘伸长达种子长度的一半时，即表明种子发芽（见图 1-6）。

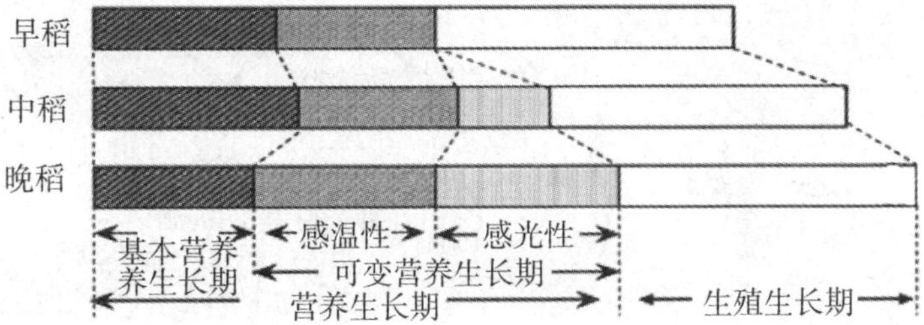

图 1-6　水稻“两性一期”示意图

稻种发芽必须具备两个基本条件：一是种子本身具有发芽力；二是要有适宜的外界条件，二者缺一不可。种子的发芽力一般用发芽率和发芽势来表示。凡是成熟饱满、种胚完好的种子，发芽势强、发芽率高。具有发芽力的种子，如果没有适宜的外界条件，也不能发芽。稻种发芽所需的吸水量，相当于种子重的 40%左右，即饱和吸水量，吸够水的谷种呈半透明，胚和腹白清晰可见，这是种子萌发最适宜的水分状态。对于稻种发芽的最低温度，籼稻是 12 ℃，粳稻是 10 ℃，但在此温度下时，发芽慢，发芽率不高。随着温度的上升，稻种发芽加快，以 32 ℃左右最适宜，最高温度为 40 ℃。此外，稻种发芽还需要充足的氧气。

2. 优质水稻根的生长

水稻的根属须根系，根据它发生的先后和部位的不同，可分为种子根（初生根）和不定根（次生根）两种。种子根只有1 条，在种子萌发时，由胚根伸长而成，它在幼苗期起吸收养分和支持幼苗的作用，不定根长出后，种子根就逐渐枯死。不定根由芽鞘节和茎的基部各节发生（见图 1-7），在水稻生长期起吸收养分和支持地上部分的作用。影响根系生长的环境条件包括土壤温度、土壤通气状况和土壤养分。

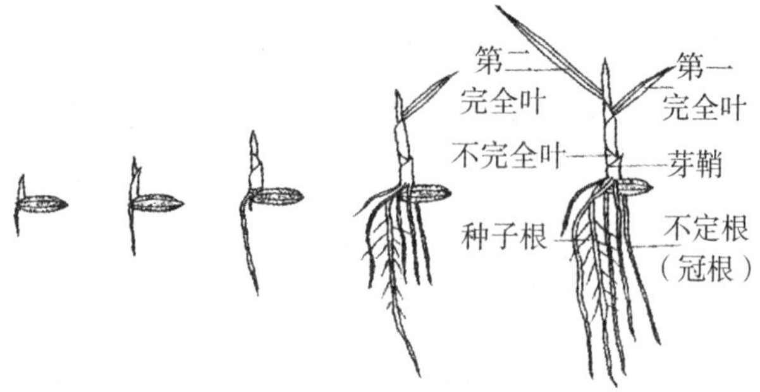

图 1-7　稻种发芽和根生长

（1）土壤温度。根系生长的适宜温度是 25～30 ℃，如果温度低于 15 ℃，根的生长和活动就很微弱。因此，移栽水稻时，日平均温度要稳定在 15 ℃以上，栽后才能顺利发根成活。

（2）土壤通气状况。在浅水勤灌、土壤氧气充足的条件下，分枝根、白根都多；在长期淹水情况下，根的生长受抑制，支根、白根减少，黄根、黑根增多，甚至发生根腐。因此，浅水勤灌、适时晒田，可以增加根数，增强根系活力。

（3）土壤养分。土壤氮素充足，可以增加总根数和白根数，磷素能促进碳水化合物的形成和运转，促进根对氮素的吸收利用。因此，氮、磷配合施用，增根效果显著。

3. 优质稻分蘖的生长

水稻主茎除最上面一个节外，各节叶腋间均有一个腋芽，如条件适宜，基部茎节的腋芽即能萌发并长成侧茎，叫分蘖。着生节位较低的分蘖，叫低位分蘖；着生节位较高的分蘖，叫高位分蘖。低位分蘖的发生时间早，营养生长期长，叶片数多，养分制造积累得也多，因而秆粗、叶多、穗大、粒多；高位分蘖则相反。分蘖位的高低主要受栽培条件影响，而分蘖有效或无效，是以能否抽穗结实为标准，一般结实在5粒以上的为有效分蘖，否则为无效分蘖。分蘖出现时期愈早，叶数愈多，成为有效分蘖的可能性也愈大。有效分蘖是构成产量的重要因素之一，所以生产上要采取各种措施，促使分蘖早生快发。水稻分蘖除与品种特性有关外，还受环境条件的影响。

（1）温度。分蘖最适温度为30～32℃，低于20℃不利于分蘖发生，超过38℃分蘖就停止发生。

（2）光照。光照强，叶鞘短、植株健壮，分蘖发生快而多；反之，分蘖发生迟而少，这在秧苗生长初期尤为明显。

（3）水分。灌水过深，温度低，光照弱，不利于分蘖；浅水则起到促进作用。分蘖期要采取浅水勤灌的方法，以水调温，以水调气，促进根系发育，以利于分蘖发生。此时也不可断水干旱，否则会使分蘖芽枯死。

（4）养分。土壤养分高，尤其是氮素营养多，分蘖就早生快发，持续时间也长；反之，迟生慢发，停止也早。生产上往往在施足底肥的基础上，早施分蘖肥，以争取早分蘖和较多的分蘖成穗。分蘖肥多用氮肥，缺磷地区补施磷肥也有明显效果。

4. 优质稻的抽穗、开花和结实

（1）抽穗、开花。稻穗从剑叶内抽出，这个过程叫抽穗。当稻穗顶端伸出剑叶鞘达 1 cm 以上时，即作为记载抽穗期的标准，全田 10%的稻株达到抽穗期标准为始穗期，50%时为抽穗期，80%时为齐穗期。水稻抽穗后的当天或第二天即开始开花，开花的同时，花丝伸长，花药破裂，散出花粉落于雌蕊柱头上授粉，授粉 2～3 h 后即可完成受精过程。开花时间，一天内是上午 8～11 时开花最盛，下午 3 时后很少开花，整穗开完需 7 天左右。水稻开花需要晴暖的天气，开花最适宜温度为 25～30 ℃，低于 25 ℃或高于 35 ℃会影响开花授粉，使大部分颖花不能授精结实。除温度外，开花受精还需要一定的湿度，一般以相对湿度 70%～80%为好，若遇气候干旱，或连日阴雨、刮大风等，都不利于开花的进行。

（2）结实成熟。水稻成熟，依外观不同可分为乳熟期、蜡熟期和完熟期。乳熟期茎叶、谷壳均为绿色，米粒含叶绿素，内为乳状物质；蜡熟期谷壳转黄，茎叶也由绿转黄，米粒叶绿素尚未全部消失，内部由乳状变为蜡状；完熟期谷壳已呈黄色，米粒变白，硬而不易破碎，此时适宜收割。完熟后期枝梗干枯甚至断裂，此时收割，损失增加。影响优质稻灌浆结实的外界因素有以下几点。①温度。灌浆期最适宜温度是 25～30 ℃，若昼夜温差较大，则有利于光合物质积累，减少呼吸消耗，降低垩白米率；低于 15 ℃或高于 35 ℃都不利于灌浆，导致秕粒增多。②水分。灌浆时，米粒对水分的需求量很大，不能干旱，要求浅水勤灌或干湿交替灌溉。③光照。米粒干物质的积累，有 2/3 来自抽穗后期叶片生产的光合产物，特别是最上部三叶尤为重要。如果后期阴雨多或荫蔽，光照不足，都会使秕粒和垩白米增多。④栽培条件。密度过大，过早封行，通风透光差，光合产物积累少，秕粒增多；后期早衰或施肥过多引起贪青，都会影响有机物质的合成和运输到穗部，使秕粒增多；后期病虫危害也会导致秕粒增加。

5. 优质稻产量的构成因素

优质稻产量的构成因素包括每亩穗数、每穗实粒数和粒重（千粒重）。水稻亩产量＝每亩穗数×每穗实粒数×粒重。田间测产时，只要测得各构成因素的平均值，即可计算出理论产量。由于穗数与穗粒数呈负相关关系，且相互补偿，因此，生产上并非穗多就高产，而要在构建合理的群体结构、保证合理的有效穗数的基础上，最大限度地协调产量构成因素间的矛盾，使之相互协调，才是夺取高产的关键。

（1）穗数。穗数主要在秧田期和大田分蘖期决定，它是水稻产量中调节幅度较大的因素。穗数多少受两个因素支配：一是基本苗数，二是单株分蘖成穗数。秧田期是影响秧苗壮弱的时期，秧苗壮弱则影响到单株成穗数的多少。有效分蘖期是决定每亩成穗数的关键时期，有效分蘖期一般在最高分蘖期前7～15天。如果分蘖早，可以早成穗，长大穗，提高分蘖成穗率，从而增加有效穗数，因此，生产上必须在培育壮秧、精细整田、栽足基本苗的前提下，早管精管促早发，尽力延长有效分蘖期，以增加有效穗数。

（2）粒数。粒数是在壮苗、壮秆的基础上形成的。每穗粒数的多少，首先决定于每穗颖花数的多少，有花才有粒；其次是提高结实率或减少空秕粒，因为每穗的颖花未必全部能授精结实，能够授精结实的颖花也不一定粒粒灌浆饱满。因此每穗粒数决定于每穗颖花数和结实率两个方面。

（3）粒重。粒重是由谷壳体积大小和胚乳发育好坏这两个因素决定的。长穗期是影响谷壳大小的时期，特别是减数分裂期，颖壳急剧增长，此时的营养条件对颖壳大小有很大影响，灌浆期是否有足够的光合产物，决定了胚乳是否充实。谷壳大，胚乳充实良好，粒重高；反之，粒重低。因此，要提高粒重，必须做好每一个环节，既要为增加粒重创造条件（即增大谷壳），又要保持抽穗后稻株根系活力强，绿叶数量多，无病、无虫、无贪青、不早衰，以利于灌浆，籽粒充实饱满。

第三节　影响稻米品质的主要因素

稻米品质的优劣是由多方面的因素决定的，归纳起来可分为遗传因素（品种）和非遗传因素（土壤、肥料、水分、农药等）两大类。

一、遗传因素对稻米品质的影响

遗传因素是指基因对品质优劣的控制，表现为不同的水稻品种之间米质的差异性，以及同一品种的亲子代之间的相对稳定性，它对稻米品质起决定作用。生产上需选用经过审定且生育期适宜、抗病力强的优质高产水稻品种。

二、非遗传因素对稻米品质的影响

1．温度对稻米品质的影响

温度对稻米品质的影响是多方面的。

（1）温度对稻米外观品质的影响。开花至成熟阶段，高温可显著缩短成熟天数，导致成熟后的糙米充实不良，垩白大，胚乳透明度低，籽粒不饱满，精米率和整精米率均低，米粒无光泽。成熟期的有效积温与米粒的透明度为负相关关系。

（2）成熟期的高温对蛋白质、氨基酸的含量有明显的影响。成熟期的高气温（30 ℃）能提高蛋白质含量，变幅可达5.6%～16.5%，而较低的气温（17 ℃）则会使蛋白质含量降低。灌浆期的高水温（30 ℃）能明显提高蛋白质含量，低水温（17 ℃）对蛋白质含量的影响不明显。温度对氨基酸的含量的影响表现为高温使氨基酸的总含量降低，适宜温度为日温28 ℃左右，夜温21 ℃左右。

（3）稻米的直链淀粉含量也受温度影响。直链淀粉含量极低的品种，其直链淀粉含量受温度的影响小，而直链淀粉中等含量或高含量的品种，其直链淀粉含量受温度的影响大。高直链淀粉含量品种在高温和自然温度下是高直链淀粉含量，而在适宜温度下的直链淀粉含量会下降到中等，从而提高稻米品质；中等直链淀粉含量的品种，其直链淀粉含量的下降幅度更大。为什么相同品种的杂交稻米的适口性普遍不如其再生稻米？可能与灌浆期间的温度差异导致稻米直链淀粉含量变化有关。粳稻的直链淀粉含量随平均温度的升高而下降。

（4）温度对大米的蒸煮食用品质也有明显影响。据研究，灌浆期间气温高，糊化温度升高，胶稠度变低。灌浆结实期间气候凉爽，则米饭香味较浓，反之则较淡。优质水稻品种要求深泥田，前期气温较高（21～38 ℃），后期温度较低（15～28 ℃）。

2. 光照强度对稻米品质的影响

优质稻生育后期光照不足会影响光合作用，特别是在营养生长过旺、田间郁闭、通风透光不良的情况下，垩白率增大。但光照太强，温度相应升高，使成熟过程缩短，也会增大垩白率。此外，光照强度过强和过弱都会降低稻米的蛋白质含量。

3. 施肥对稻米品质的影响

在各种肥料中，影响稻米品质最为突出的是氮肥。生育中期控氮，可提高米质。在抽穗期施用氮肥，不仅能降低垩白率，还可有效地提高稻米的蛋白质含量；齐穗期施氮，不仅可以推迟垩白出现的时间，降低垩白率和垩白度，还是提高稻米蛋白质含量的有效措施，提高的幅度为8%～24%。但是，研究表明，稻米蛋白质含量提高过多将导致稻谷产量降低，因此，在生产上也不能单纯地追求稻米蛋白质含量的提高而偏施氮肥。此外，施肥还可以影响稻米的食味品质。据研究，基肥不影响稻米食味品质，但追肥对稻米食味品质有明显的影响；粒肥在增加稻米蛋白质含量的同时，也使其食味品质显著降低(稻米蛋白质含量和食味品质为负相关关系)；穗肥不一定能使稻米蛋白质含量增加，但能使稻米食味品质明显下降。

4. 水分及土壤类型对稻米品质的影响

据研究，土壤水分减少，糙米中的蛋白质含量增加，陆稻蛋白质含量一般比水稻高出约30%；在糙米的无机成分中，磷、钾、镁、锰的含量均因水分下降而减少，下降最多的是锰。土壤质地对稻米食味品质的影响表现在冲积土壤生产出来的稻米食味品质好，灰褐色土壤所生产的稻米食味品质也较好。

5. 栽培技术对稻米品质的影响

研究表明，栽插密度对稻米直链淀粉含量有明显的影响，随着栽插密度的降低，单穴营养面积变大，稻米直链淀粉含量呈增加趋势，而对蛋白质含量影响较少；抽穗后排水落干，能有效提高稻米蛋白质的含量；稻米的蛋白质含量随收获期的推迟而略有提高，尤其以抽穗后20天至30天这一阶段的提高幅度最显著。收获期及收割方法与稻米品质有很大的关系，越接近成熟期收割，稻米直链淀粉含量和蛋白质含量越低。过早收获则食味品质差，过迟收获因淀粉崩解值降低，稻谷因干燥或淋雨穗发芽等也导致食味品质差。此外，过早或过迟收获还会增加裂纹米。

6．农药对稻米品质的影响

农药对稻米品质的影响主要表现在对稻米卫生品质的影响。卫生品质是指稻米不被农药、化学物品等污染的情况。在生产过程中，防病灭虫喷洒的农药、田间除草使用的除草剂被水稻吸收进体内，收获后残留在米粒中，如果农药施用量大，施用时期不合理，方法不当，就会对稻米造成污染，农药残留量超过规定的标准，会对人体造成危害。

第四节　优质稻的栽培技术

一、选用优质高产良种

稻米的品质主要是由遗传因素即品种决定的，而且品种对产量起着十分重要的作用。但是，生产实践中产量高的往往品质较差，而品质好的品种产量又较低，如杂交优质稻的产量潜力普遍较常规优质稻大，但二者的品质往往相反。近年来，四川省育种家通过攻关，已经选育出川优 6203、宜香优 20115 等优质高产并重的优质杂交水稻品种，并在生产上推广。因此，在选用品种时，要根据当地的经济条件和生态条件，考察品种的抗病性、丰产性和适应性，选择适合当地的优质稻品种。

二、科学确定保优栽培方案

稻米的品质是遗传和环境的统一，遗传是高产的基础，而环境又影响稻种的表现。研究结果表明，气象因素、土壤质地、土壤水分、肥料、农药及栽培管理措施对稻米的品质都有影响。

同一优质稻品种在不同的季节生产出来的稻米可能是不同的等级；不同的栽培密度会造成稻米直链淀粉含量的差异；不同的施氮水平会影响稻米蛋白质含量的高低；土壤类型选择不当，对稻米的食味品质也有影响。与此同时，不同的优质稻品种由于种性不同而要求不同的栽培密度；同一优质稻品种，由于季节不同，要求的栽培密度也不同；氮肥分配比例依品种的种性及季节而变化。因此，必须针对一个特定的优质稻品种，确定该品种的最佳保优栽培方案。

三、落实保优栽培措施

根据优质稻的特性与栽培措施的关系，本着优质、高产、生态的要求，应掌握如下一些共通的栽培措施。

1. 适期播种，培育壮秧（苗）

适时播种、适时移栽是夺取优质稻高产的关键。播种期安排要重点考虑抽穗扬花—灌浆结实期的温度条件。根据四川各地实际，在确定播期时，盆南稻区要适时早播，于2月底至3月上旬播种，盆西稻区于3月下旬至4月上旬播种，盆中（东）丘陵稻区于3月中、下旬播种，要使灌浆—结实期错过高温伏旱天气，避免高温逼熟造成减产和品质降低。直播不需要育秧移栽，播种期与当地手插或抛秧移栽时间一致，麦（油）茬田播种期较晚，要选择比当地育秧移栽生育期短5～10天的品种。

稀播匀播、培育壮秧是搞好优质高产栽培的关键措施之一。壮秧的标准为：根旺而白，基部粗扁，苗健叶绿不披垂，秧龄、叶龄适当，均匀整齐。旱育秧的播种量为每平方米苗床播杂交稻芽谷180～200 g育小苗，80～90 g育中苗，40～50 g育大苗；抛秧按每平方米秧盘播粉嘴谷200 g育小苗，150 g育中苗，100 g育大苗；机插秧每个秧块（58 cm×28 cm）播60～80 g，千粒重越低，播量越小。播种时用精播器或采用育秧播种流水线播种，使播种均匀。此外，可用“旱育保姆”“壮秧剂”和“育苗伴侣”等简化传统的旱育秧、抛秧和机插秧的育秧程序，一次性实现床土消毒、调酸、化控和培肥，达到培育壮秧的目的。

2. 合理安排种植密度，适当稀植

水稻种植密度对稻米品质有较大的影响。在保证肥力的前提下，适当稀植，改善通风透光条件，增加单株营养面积，可以提高精米率、整精米率，降低垩白率。在四川盆地“寡日照、高湿度、小温差”的生态条件下，手插实行宽行窄株条栽或三角形稀植栽插方式，栽植行向以东西向为好。优质杂交稻栽插比一般杂交稻每亩可少植500～1 000窝，抛秧根据苗龄大小，亩抛1.5万～1.8万窝，优质常规稻以每亩基本苗10万～14万苗为宜。对于株形紧凑、适于密植的品种，可适当增加种植密度。对于机插秧杂交稻，每亩种植1.4万～1.7万穴，在保证基本苗的情况下，可适当降低栽插穴数，以保证群体优化。直播杂交稻播种量为1.0～ 1.5 kg/亩，常规籼稻播种量为2.5～3.0 kg/亩，常规粳稻播种量为4.0～5.0 kg/亩。

3. 多施有机肥，控氮增磷钾

施肥的基本原则是多施有机肥，控氮增磷钾。中等肥力的田块，每亩施纯氮8～10 kg，配施磷钾肥。基肥以有机肥为主，每亩施绿肥 20～30 担或厩肥 40～60 担，尿素 10～12 kg，过磷酸钙 25～30 kg，氯化钾 10～12.5 kg；对于分蘖肥，亩用尿素 8～10 kg，幼穗分化期及孕穗期看苗施肥；灌浆结实期用尿素进行根外追肥的效果较好。直播稻全生育期，每亩施用纯氮 10～12 kg，氮、磷、钾肥的施用比例为 2 ∶ 0.5 ∶ 1，提倡有机肥和无机肥配合施用。水直播和旱直播氮肥于 3 叶期、5～6叶期、拔节期分 3 次施用，播种前、4 叶期、7～8 叶期、倒 4 叶期分 4 次施用，施用比例为 5 ∶ 4 ∶ 1 和 5 ∶ 2 ∶ 2 ∶ 1；磷肥于 3 叶期一次性施用；钾肥于 3 叶期和拔节期分 2 次施用，施用比例为 2 ∶ 1。

4. 科学排灌，搞好水浆管理

水浆管理对提高优质稻的产量和品质具有十分重要的作用。优质稻生产前期的水浆管理旨在减少无效分蘖并减少主穗与分蘖穗之间的差距，为提高稻米的品质打下基础。后期的灌排措施目的是增强根系活力，进而提高品质和产量，是整个水浆管理的重点。因此，分蘖期要求浅水促蘖，分蘖后期旱育稀植的优质杂交稻宜适当晒田，不宜重晒，优质常规稻及抛栽的优质杂交稻宜够苗重晒，机插和直播优质稻宜提前并反复晒田，减少无效分蘖并增强稻株抗倒能力；幼穗分化期、抽穗期要浅水灌溉，不宜断水过早，干旱季节要灌水防旱，以免脱水过早影响稻米的外观品质和蒸煮食用品质；灌浆成熟期要做到干湿壮籽；蜡熟期排水晒田，促进成熟；收割时要做到田间无水，以免稻谷浸泡在水中影响米质。

5. 综合防治病虫害

优质稻生产一方面要尽量减少病虫对稻株和谷粒的危害，以提高稻米的饱满度、精米率，减少垩白度；另一方面要减少农药用量，禁止使用毒性高、残留期长的农药品种，保证稻米的卫生品质。为此，防治病虫害一是要选用抗病良种；二是要搞好田间肥水管理；三是要搞好病虫测报；四是科学选用农药并改进用药方法，改以叶片喷雾为主为以稻田农药深施或根区用药为主，叶片喷雾为辅；五是大力推广以生物防治、生态调控和物理防治为主的水稻绿色防控技术，减少化学农药的使用量。

6. 及时收获，防止暴晒

及时收获可以防止稻米内部的结构发生变化，是优质稻生产的重要环节。中稻成熟后期温度高，如不及时收获，不仅会使垩白增大，影响精米率，而且还会导致糊化温度升高及胶稠度变低。如遇阴雨天气而不及时收获，将使稻谷含水量过高，导致裂纹米增多、精米率下降。及时收获还要避开雨天，否则会引起稻谷高温发热或发酵变色。此外，优质稻谷的适时收获还要考虑成熟度，一般稻谷含水量19%～21%时已充分成熟，此时收割，出米率和精米率都较高，而且香味最好。收割后要及时干燥。在有露水或细雨的情况下收割或采取不适当的干燥方法，会使米粒产生裂纹，并引起真菌感染和真菌毒素的污染。在强烈阳光下高温暴晒，会使稻米发生横纹，降低精米率。因此，要改强烈阳光暴晒为阴干、风干或间歇晒谷，防止稻米发生断裂，提高整精米率。有条件的地方，采用低温循环机械干燥的效果更好。

第五节　优质稻谷的贮藏、加工与优质稻米的食用

一、优质稻谷的贮藏

贮藏期间的管理和贮藏条件的好坏，将影响稻谷品质。不

良的贮藏条件会降低整精米率，使谷粒胶体粒子凝结，胶稠度变低，其他品质性状也会降低。而良好的贮藏条件则可以稳定稻米的质量。贮藏时，首先要把好含水量关，稻谷的含水量应控制在13.5%以下，贮藏期间要翻晒2～3次，使含水量保持在标准含水量以下；其次，可以采取适当措施降低贮藏环境中的温度和湿度，使种子内部的代谢活动处于低水平状态；最后是要积极防治仓库内的害虫和微生物。

二、优质稻谷的加工

稻米的消费形式主要是精米。一般的稻米加工是借助机械作用，逐渐剥除籽粒表面的谷壳、果皮、种皮、糊粉层等糠皮部分。稻米加工过程中，原则上要求在改善稻米的外观品质和食味品质的同时，尽可能保持稻米自身的营养成分。优质稻米的加工比常规大众化稻米的加工技术要求更高，过程更精细。不仅要求稻米有良好的外观品质，包括米粒透明、无腹白、心白、整精米率高，而且要求稻米蒸煮食味品质好、营养价值高。这里简单介绍几种优质稻米的加工过程。

1. 一级米的加工

国家标准一级米是一种高精度、高质量的稻米，规定的加工精度标准为：背沟基本无皮或有皮不成线，米胚和粒面皮层去净的占80%～90%以上。此外，一级米在纯度、整齐度、含碎率、水分和色泽等方面的标准也较高。具体要掌握好以下各个环节。

（1）原粮应选择籽粒饱满、成熟度高、角质度高的优质稻谷，透明的籽粒一般要求在85%以上，不完善粒、黄粒含量控制在1%以下，以当年生产的新鲜稻谷为佳。加工前做好清理工序，包括除杂、去石、除稗、磁选等，使原粮整齐一致、纯净。

（2）选用辊式喷风碾米机和擦离式碾米机组成碾米工序的主体，以降低碎米率，提高稻米整齐度和光洁度。

（3）认真清除中间产品糙米的沙石、谷壳、谷粒、稗、糠片等杂质，除去有色米粒。

（4）采用多机轻碾稻米工艺，通常采用二沙二铁和二沙一铁两种。

（5）合理调节头道和二道米机的去皮率。对质地坚硬、皮层松轻而又具有弹性的米粒，头道米机去皮率可为60%～70%，二道米机30%～40%；对于质地松脆、爆腰多的品种，则宜采用头道米机50%～60%和二道米机40%～50%的去皮率，第三道米机只起磨光的作用。

2. 免淘洗米的加工

免淘洗米是一种高质量、高纯洁度、蒸煮前不需淘洗的大米，精度标准相当于特等优质米，其米粒表面有明显的光泽，并在贮藏期间保持光泽不退。除允许1 kg免淘洗米含1粒沙石外，基本上做到无糠、无稗、无谷；不完善米含量少于20%；1 kg免淘洗米成品中的黄粒米不超过5粒，成品中含碎米少于5%，并且不含小碎米。此外，免淘洗米应是无霉、无毒，符合中国粮食卫生标准GB 2715—2016《食品安全国家标准粮食》的各项指标。

免淘洗米的生产工艺除了一般大米加工工序外，还增加了糙米精选分级去杂、多机碾白、分层碾磨、白米除糠上光等新工艺、新技术。其中，白米上光是生产免淘洗米的关键工序，它能使米粒透明，在米粒表面形成一层极薄的凝胶膜，产生珍珠光泽，使米外观晶莹如玉；同时可防止大米在生产、贮存、运输、销售各环节中米糠的黏附和米粉胶落，保证稻米清洁卫生，不用淘洗，并可提高贮藏性和保持新鲜度，提高稻米的食味品质。上光的方法一般是将大米与具有一定温度的上光剂均匀搅拌，然后在上光机内翻滚摩擦，使米粒表面光洁发亮，再经上光筛筛选分级，即可得到成品米。

三、优质稻米的食用

优质大米由于色泽晶莹，口感好，可制作成各种各样的食品，如饭、粥、糕、团、粽、球、点心等。每种食品的制作方法都各具特色，有的还十分讲究。这里介绍几种食品的制作方法。

1. 米饭

用优质大米蒸煮成的米饭，外观晶莹剔透、松散、不成团，剩饭加热后食味如一。优质米饭按其配料与蒸煮方法不同，可分为家常米饭、营养米饭和保健米饭三大类。

优质的家常米饭是指单纯用优质大米蒸煮而成的米饭，其用料单一，制作简单方便，按照蒸煮方法的不同，又可将其分为蒸饭、焖饭、蒸焖饭、煮焖饭等品种。

蒸饭是指米淘洗后，放在碗、盆、罐或蒸桶中，加水上笼蒸熟。蒸饭具有饭粒清爽、营养成分保留多、火候和水量易掌握等特点。需要注意的是，针对优质米的性质，加水要适当，一般比普通米的加水量要少些。蒸锅中放入大量水，用旺火烧开，一次蒸熟。

焖饭是指米淘洗后放入锅中，加入适量的水，先用旺火烧沸，再用小火焖熟。焖饭的特点是饭粒柔软、口味香，常有锅巴生成，出饭率较低。做焖饭必须掌握好水量和火候，否则容易产生过软、过硬，甚至夹生、焦煳等现象。

蒸焖饭是指米淘洗干净后滤出水分，上蒸笼用旺火蒸熟。出笼后趁热下入开水锅（水量要浸过米饭 5～6 cm）焖煮，结成糊状，改用小火焖十几分钟，使米粒发胀即成。蒸焖饭具有蒸饭和焖饭双重特点，柔软、清爽。

煮蒸饭也叫“捞蒸饭”，其制作过程为先将米淘洗后放入热锅内用旺火煮，使水开米略有发胀时即捞出，倒入蒸笼中，用旺火急汽蒸熟即成。

营养米饭是指用肉、鱼、蔬菜等与优质大米混合蒸煮而成的米饭，这类米饭以动物性和植物性原料弥补大米中某些营养物质不足的缺点，符合现代营养学的营养互补和营养平衡的原则，其营养丰富，风味各异。

保健米饭是指在大米中加入一些有药理作用的食物或药物一同蒸煮做成的米饭，也称“药膳米饭”。

2. *方便米饭、方便米粥*

方便米饭又称“速煮米饭、即食米饭、干燥米饭”等，它是以大米为原料，采用先进的生产工艺制作的一种米制品。它的食用方法非常简便，一般只需加开水浸泡几分钟即可食用。

生产方便米饭的方法很多，但无论选择哪种方法，都需要加水蒸煮和脱水干燥。方便米饭的产品类型分为多孔性方便米饭和非多孔性方便米饭。比较简单的生产方法如下：挑选优质大米，认真清理去杂后，放入 65 ℃的水中浸泡，使大米水分含量增加到 23%～27%，捞出后汽蒸 25 min 成熟米饭，再用 168 ℃的热空气进行干燥，使水分含量迅速降至 12%以下，然后添加适量的维生素，包装即可。目前，我国已有不少方便米饭品种，如广东风味的猪肉煲饭，四川风味的回锅肉饭、鱼香肉丝饭、糯米赤豆饭等。

方便米粥与方便米饭类似，经开水冲调后即可食用。生产方便米粥的过程如下：先将大米用文火炒 30 min 左右，使米粒内产生许多微孔，以便水渗透到米粒内部。然后把炒米放入开水中，用文火煮约 32 min，使之糊化膨胀成饭粒后，立即用漏勺捞出，浸入 17 ℃冷水中，使饭粒处于各自分开的状态，用漏勺捞起沥干，再进行真空冷冻干燥，即可得到方便米粥的干燥制品。我国目前已生产出蘑菇鱼汁粥、虾仁粥、瘦肉粥等方便米粥品种。

3. 米粉（米粉干）

米粉从词义上理解应是以大米为原料磨成的粉，但习惯上指的是条状或丝状的米制品，在江浙一带又称“米粉干”。

制作米粉宜采用支链淀粉含量在 85%以下的非糯性大米为原料，使产品黏性不强，有一定韧性，出品率高，质量好。大米原料最好在精加工后加白，以保证产品质量。

米粉按工艺可分为切粉（宽粉）和榨粉（细粉）两大类，各有干湿之分，并有许多品种。

切粉的生产流程是：原料米→洗米→浸泡→磨浆→滤布脱水→落浆蒸煮→冷却→湿粉→切粉→干米切粉。

榨粉的生产流程是：原料米→浸泡→磨浆→脱水→混合→蒸胚→挤片→榨条→蒸煮→水洗（风冷）→疏松成型→干燥成型。

在米粉的生产工艺中，有磨浆（水粉）法和以粉代浆（干粉）法两种。磨浆法是传统的生产方式，以手工操作为主，生产周期长，出品率低，劳动强度大，产品质量不稳定。以粉代浆法的机械化程度高，大米营养损失少，出品率高，产品质量稳定，其主要的工艺流程是：选料→浸米→粉碎→压条→蒸料→出条→干燥→包装。

第六节　当前四川主推的优质杂交稻品种简介

一、川优 6203

该品种系四川省农业科学院作物研究所用自育不育系川 106A 与自育恢复系成恢 3203 组配育成。全生育期 149.5 天，株高 114.1 cm，株型适中，剑叶直立，叶鞘、叶耳绿色，分蘖力中等，亩有效穗 14.8 万，穗长 26.5 cm，每穗平均着粒 166.1 粒，结实率 82.7%，穗纺锤形，穗层整齐，后期转色好，易脱粒。谷粒细长，秆黄色，柱头白色，颖尖浅黄色，部分籽粒有芒，千粒重 28.2 g，平均亩产 532.56 kg。稻米糙米率 79.1%，整精米率 54.4%，粒长 7.9 mm，长宽比 3.6，垩白粒率 20%，垩白度 2.5%，胶稠度 61 mm，直链淀粉含量 18.1%、蛋白质含量 10.8%，米质达国颁二级优米标准。2011 年通过四川省品种审定，适宜在四川平坝和丘陵地区种植。

二、宜香优 2115

该品种系四川农业大学农学院用宜宾市农业科学院选育的不育系宜香 1A 与四川农业大学农学院选育的恢复系雅恢 2115 组配育成。全生育期 153.5 天，株高 120.5 cm，叶色淡绿，株型适中，剑叶挺直，叶鞘绿色、叶耳浅绿色，分蘖力较强，亩有效穗 12.3 万，穗长 28.2 cm，每穗平均着粒 161.2 粒，结实率 83.6%，千粒重 32.8 g，谷粒黄色，颖尖，秆黄色。稻米糙米率 79.1%，整精米率 56.7%，粒长 7.6 mm，长宽比 2.9，垩白粒率 16%，垩白度 2.2%，胶稠度 74 mm，直链淀粉含量 16.6%，蛋白质含量 8.2%，米质达国颁二级优米标准。2010 年生产试验，平均亩产 536.25 kg，2011 年通过四川省品种审定，适宜在四川平坝和丘陵地区种植。

三、内 5 优 39

该品种系内江杂交水稻科技开发中心用自育不育系内香 5A 与自育恢复系内恢 2539 组配而成的中籼迟熟杂交稻组合。在长江上游地区作一季中稻种植，全生育期平均 157.5 天，株高 112.2 cm，穗长 25.6 cm，每亩有效穗数 15.3 万穗，每穗总粒数 168.6 粒，结实率 82.1%，千粒重 29.2 g。株型紧凑，叶片较宽，叶鞘、叶缘、颖尖、茎节紫色，熟期转色好。稻米整精米率 67.0%，长宽比 2.9，垩白粒率 13.5%，垩白度 1.9%，胶稠度 71 mm，直链淀粉含量 16.7%，达到国家《优质稻谷》标准 2 级。2010 年生产试验，平均亩产 602.0 kg。2011 年通过国家品种审定，适宜在云南、贵州（武陵山区除外）、重庆（武陵山区除外）的中低海拔籼稻区，四川平坝丘陵稻区，陕西南部稻区作一季中稻种植。

四、川香优 2 号

该品种系四川省农业科学院作物研究所和四川华丰种业有限责任公司以中籼中熟不育系川香 29A 与中籼迟熟恢复系成恢 177 组配育成的中籼型杂交种。全生育期 155 天，株高 114.2 cm，穗长 25 cm，成穗率 63%，穗粒数 159.5，结实率 79.9%，千粒重 28.14 g。叶色浓绿，株型紧散适宜，剑叶大小中等。稻米品质除垩白率为 24%以外，其他指标均达部颁二级以上优质米标准。生产试验平均亩产 537.0 kg，2002 年通过四川省品种审定，适宜在四川平坝和丘陵地区种植。

五、F 优 498

该品种属籼型三系杂交水稻，由四川农业大学水稻研究所和四川省江油市川江水稻研究所用江育 F32A 和蜀恢 498 组配育成。在长江上游地区作一季中稻种植，全生育期平均 155.2 天，株高 111.9 cm，穗长 25.6 cm，每亩有效穗数 15.0 万穗，每穗总粒数 189.0 粒，结实率 81.2%，千粒重 28.9 g，株型适中，叶鞘、叶缘、颖尖紫色，熟期转色好。稻米整精米率 69.2%，长宽比 2.8，垩白粒率 21%，垩白度 4.9%，胶稠度 80.5 mm，直链淀粉含量 23.5%，达到国家《优质稻谷》标准 3 级。2010 年生产试验，平均亩产 582.6 kg，2011 年通过国家品种审定，适宜在云南、贵州（武陵山区除外）、重庆（武陵山区除外）的中低海拔籼稻区，四川平坝丘陵稻区，陕西南部稻区的稻瘟病轻发区作一季中稻种植。

六、德优 4727

该品种系四川省农业科学院水稻高粱研究所用自育不育系德香 074A 与四川省农业科学院作物研究所选育的恢复系成恢 727 组配而成的中籼迟熟杂交稻。在长江上游地区作中稻种植，全生育期 158.4 天，株高 113.7 cm，穗长 24.5 cm，亩有效穗数 14.9 万穗，穗粒数 160.0 粒，结实率 82.2%，千粒重 32.0 g。稻米整精米率 58.0%，长宽比 2.8，垩白粒率 20%，垩白度 2.3%，胶稠度 73 mm，直链淀粉含量 17.3%，达到国家《优质稻谷》标准 2 级。2013 年生产试验，平均亩产 589.0 kg，2014 年通过国家审定，适宜在云南、贵州（武陵山区除外）的中低海拔籼稻区，重庆（武陵山区除外）800 m 以下籼稻区，四川平坝丘陵稻区，陕西南部稻区作一季中稻种植。

七、旌优 127

该品种系四川省农业科学院水稻高粱研究所用自育不育系旌香 1A 与四川省农业科学院作物研究所选育的恢复系成恢 727 组配而成的中籼迟熟优质杂交稻。全生育期平均 144.8 天，株高 109.2 cm，株型适中，叶鞘绿色，柱头白色。亩有效穗14.8万，穗长23.9 cm，每穗平均着粒163.2粒，结实率81.3%，千粒重28.3 g，穗纺锤形，谷粒淡黄色，颖尖，秆黄色。稻米糙米率80.1%，整精米率58.2%，长宽比3.1、垩白粒率19%、垩白度2.3%，胶稠度84 mm，直链淀粉含量16.2%，蛋白质含量7.4%，米质达国颁二级优米标准。2012年生产试验，平均亩产555.00 kg，2013年通过四川省品种审定，适宜在四川省平坝、丘陵地区种植。

八、川优8377

该品种系四川省农业科学院作物研究所用川358A与成恢377组配而成的籼型三系杂交稻。在长江上游地区作一季中稻种植，全生育期平均156.9天。每亩有效穗数15.6万穗，株高114.0 cm，穗长25.2 cm，每穗总粒数172.4粒，结实率74.8%，千粒重28.0 g。稻米整精米率69.5%，长宽比2.9，垩白粒率6%，垩白度0.8%，胶稠度71 mm，直链淀粉含量21.3%，米质达到国家《优质稻谷》标准1级。2011年生产试验，平均亩产553.8 kg，2012年通过国家品种审定，适宜在贵州黔东南稻区、重庆（武陵山区除外）的中低海拔籼稻区，四川平坝丘陵稻区，陕西南部稻区作一季中稻订单生产种植。

九、宜香725

该品种系绵阳市农科所利用宜宾市农科所选育的优质不育系宜香1A与本所育成的优质恢复系绵恢725杂交组配而成的中籼迟熟优质杂交水稻新组合。全生育期151～152天，株型较紧凑，株高117 cm，穗长26.39 cm，亩有效穗15.81万，每穗着粒156.37粒，结实率78.67%，千粒重30.24 g。稻米精米率73.5%，米粒长6.9 mm，胶稠度68 mm，整精米率56.1%，长宽比3.0，垩白率5%，垩白度1.1%，直链淀粉含量 15.2%，达到国颁三级优质米标准。2003 年参加四川省生产试验，平均亩产 577.17 kg，2004 年通过四川省品种审定，适宜在四川平坝和丘陵地区种植。

十、宜香 4245

该品种系宜宾市农业科学院用自育不育系宜香 1A 与自育恢复系宜恢 4245 组配而成的中籼迟熟优质杂交稻组合。全生育期 151.2 天，株高 110.0 cm，株型紧凑，分蘖力较强，剑叶挺直，叶色淡绿，叶耳、叶鞘绿色，柱头白色。亩有效穗 14.6 万，穗长 27.0 cm，每穗平均着粒 181.0 粒，结实率 78.4%，千粒重 28.2 g，谷粒长粒形，颖尖，秆黄色。稻米糙米率 80.5%，整精米率 65.0%，粒长 7.2 mm，长宽比 3.1，垩白粒率 9%，垩白度 0.9%，胶稠度 69 mm，直链淀粉含量 15.8%，蛋白质含量 10.3%，米质达国颁三级优米标准。2008 年参加生产试验，平均亩产 560.65 kg，2009 年通过四川省品种审定，适宜在四川平坝和丘陵地区种植。

十一、宜香优 1108

该品种系宜宾市农业科学院用自育不育系宜香 1A 与自育恢复系宜恢 1108 组配而成的中籼迟熟优质杂交水稻组合。在长江上游地区作中稻种植，全生育期 156.3 天，株高 116.1 cm，穗长 26.1 cm，亩有效穗数 14.8 万，穗粒数 183.3 粒，结实率 79.1%，千粒重 29.4 g。稻米整精米率 54.0%，长宽比 3.0，垩白粒率 12%，垩白度 1.7%，胶稠度 83 mm，直链淀粉含量 16.0%，达到国家《优质稻谷》标准 2 级。2013 年参加生产试验，平均亩产 584.6 kg，2014 年通过国家品种审定，适宜在云南、贵州（武陵山区除外）的中低海拔籼稻区，重庆（武陵山区除外）800 m 以下籼稻区，四川平坝丘陵稻区，陕西南部稻区作一季中稻种植。

第二章　小　　麦

第一节　四川小麦生产概况

一、生产现状

小麦是四川省最主要的小春粮食作物，也是继水稻之后的第二大口粮作物。近年来，随着农业发展方式转变和农业供给侧结构性改革的深入推进，四川小麦种植面积呈逐年减少趋势。“十二五”期间，全省小麦面积减少 11.13%，年均减 2.23%。2017 年，全省小麦面积 1 557×10^4 亩，比 2016 年减少 3.2%。

四川小麦以冬小麦为主，盆西平原、盆中浅丘和盆东南丘陵区的种植面积最大，产量最多，是四川小麦的主产区；盆周山区和川西山地麦区各县的栽培面积较少。春小麦面积和产量仅占四川小麦种植量的 1.5%左右，分布在川西北高原的甘孜、阿坝两州海拔 2 500～3 500 m 地带。

二、品种现状

2005 年以来，四川省审定小麦品种 95 个，其中，被列为全国主导品种的有 5 个（川麦 42、内麦 836、内麦 11、绵麦 367、川麦 104），被列为省级主导品种的有 16 个（川麦 42、内麦836、内麦11、绵麦367、川麦104、川麦60、川麦62、川麦43、绵麦51、川农23、川农25、川育20、蓉麦2号、西科麦4号、蜀麦969、绵杂麦168)。推广面积较大的品种包括川麦42、川麦47、内麦836、内麦11、川麦104、内麦8号、绵麦367，这些品种的播种面积占四川小麦种植总面积的50%以上。川麦104作为2013年的国审品种，产量高，抗条锈、白粉和穗发芽，推广面积在200×10^4亩以上。

三、面临的主要问题

1. 面积稳定的问题

目前，四川秋冬种生产格局已由麦、油为主向麦、油、马铃薯、蔬菜、中药材多元发展转变，特别是近年来的农业发展方式加快转变，产业结构调整不断深入推进，种植小麦与经济作物效益差距明显，四川省小麦面积调整幅度将继续加大。2017年，四川省小麦面积调减达75×10^4亩。

2. 防灾减灾的问题

自然灾害多发频发，仅2011—2015年，四川麦区就出现了两次比较大的气象灾害，包括2011年的低温和2013年冬春干旱，以及一次比较严重的条锈病危害。2016年的低温冻害，也造成四川小麦的大面积减产。气候条件的多变为小春生产防灾减灾带来巨大压力。

第二节 小麦生产的土、肥、水条件

小麦生长发育需要从土壤中吸收水分、养分，并通过土壤维持适当的地温。土壤是植株生长发育的载体。研究高产麦田的土壤条件、需肥需水特性，便于制定切实可行的栽培管理措施，促进小麦的高产、优质、高效。

一、高产小麦的土壤条件

1. 实现高产的土壤指标

小麦适应性强，各种土壤均可种植，但要达到高产、稳产，必须创造良好的土壤条件。高产麦田有以下特点。

(1) 耕层深厚。土壤耕作层是小麦根系分布的主要土层，要深厚松软，才能使根系发育良好，从而保证地上部分正常生长。耕作层过浅，既不保水，又不保肥，经不起涝，耐不得旱，很难高产。

(2) 结构良好。高产麦田的土壤结构，理化性较好，有丰富的水稳性团粒结构，质地适中，通气良好，松紧适度，这样水、肥、气、热比较协调，保肥、供肥和耐旱、防渍性能较好。

(3) 土壤肥沃，养分协调。肥沃的土壤具有丰富的有机质和各种有效养分，以及大量的有益微生物。土壤有机质是作物养分的重要来源。此外，高产麦田还要求土地平整，能灌能排，不冲不淤。

具体说来，实现高产的土壤指标为：耕作层深度一般为20 cm以上，土壤容重1.2 g/cm^{3}左右，孔隙度为50%～55%(其中，非毛细管孔隙度为15%～20%)，水气比例为1.0∶(0.9～1.0)；对于有机质含量，砂壤土为1.2%以上，黏土在2.5%左右，其中，易分解的有机质要占50%以上；土壤含氮量在0.1%以上，生长期间水解氮70 mg/kg左右，速效磷含量大于15 mg/kg，速效钾含量大于120 mg/kg，土地平整，地面坡降小于0.1%～0.3%，有利灌排，土壤pH为6.8～7.0。

2. 四川麦田土壤及其特点

由于成土母质不同、地形地势和气候条件的差异，土壤类型很多。但是，习惯上以轮作倒茬、水旱状况等将小麦土壤分为旱地麦田和稻茬麦田两大类。

（1）旱地麦田。旱地小麦主要分布在丘陵坡台地地区，土壤的基本特点是立体微域差异很大，即坡顶多为石骨子土，石砾较多，土层瘠薄，冲刷严重，肥力极低；坡腰的中台位土壤，多为坡积母质发育而成的二沙土或二泥土，土层有所加厚，土壤结构及肥力也有所提高，但仍然存在着不同程度的水土流失和干旱问题；坡下位的低台位土壤，耕层深厚，质地偏黏，土壤水分条件较好，肥力较好，但土壤耕作困难，宜耕期亦短。据调查，内江试点丘陵旱地不施肥的情况下，高台位、中台位、低台位的小麦亩产量分别为 101 kg、108 kg 和 154 kg。

其次是有机质含量低，结构不良，在好气性微生物作用下，腐殖质分解多、积累少，有机质含量多在 1.5%以下。盆中浅丘区冬干春旱严重，松散的土壤颗粒不仅吸水能力差，渗漏与径流又非常突出，所以干旱、瘠薄对小麦生长的影响最大。多点观察测定表明，四川坡耕地每年流失表土约 9 mm，损失速效三要素约 0.97 kg/亩，使土壤结构和肥力形成恶性循环。

低台位土壤肥力较好，适宜种植多种作物，但在间、套作物种类及规格安排不当时，又常给小麦带来瘦茬和晚播，加之肥料投入不足、耕作粗放、顺坡种植等，使土壤养分含量不够稳定，产量亦时高时低。

（2）稻茬麦田。稻茬麦田均为水稻土一类，是自然和人为因素共同作用下形成的水成土壤，在四川省平原及河流两岸、山区和丘陵梯田、槽沟两侧塝田、正冲田等地均有分布。

水稻土是由紫色土、黄壤、红壤等发育而成的，由于长期水旱轮作、渍水耕耘、排水晒田等而改变了它的发育过程。分布在排水良好的平原或山丘梯田者，一般地下水位低，土层较厚，多数可达 60～100 cm 以上，利于根系生长；耕层底下有犁底层，能够蓄水保肥；有机质含量高，一般为 2.0%左右；理化特性和水、热状况稳定，pH 趋向中性，微量元素的活性提高，养料全面而丰富。据四川省农科院调查，盆西平原高产田块的土壤，单季不施肥产量也可达 225～275 kg/亩。

但是，分布于低洼地区、冲沟底部、堰尾及灌渠附近的水稻土，地下水位高或上层滞水，加之土质黏重，排水不良，水多气少，土壤呈还原性，有机质分解和养分的有效化困难，肥力不易发挥。由黄、红壤发育的水稻土，多为酸性，氮素不足，磷素奇缺，耕性不良，宜耕期极短，难以为小麦发芽出苗创造良好的土壤环境。总之，这类土壤的主要障碍是湿害，以及由湿害引发的草害和病害，在小麦生育季节，多雨地区的危害更为严重。

3. 麦田整地方法

整地质量直接影响到播种质量，麦田整地质量要求达到深、透、细、平和保持适宜的土壤湿度，整地方法因地而异。

（1）稻茬麦田整地。稻茬田含水量高，质地黏重，宜耕期短，耕整难度大，一般应在水稻收割前 10 天左右停止上水，收稻时土壤表土发白，脚踩不下陷，耕出的土块易散碎时为宜耕期。中稻收获后，距小麦播种有较充裕时间，应进行耕翻晒垡，使土壤风化，改善理化性状。播种前，应再浅耕，耙碎作畦。机耕整地可采用旋—耕—旋的方法，先旋耕灭茬，后用铧犁耕翻，再用旋耕犁碎垡。

稻田种麦，关键在于排水防湿。目前四川省成功的经验是：采取深沟高厢种植。在水稻收后，开好“三沟”，排除“三水”，即开好主沟、厢沟、背沟，排除地表水、降低地下水，切断浅层水，做到厢面 3 m 左右，主沟深 43～50 cm，背沟深 33～40 cm，厢沟深 26～33 cm，三沟配套，排除湿害。排水较好的田块，开沟深度可稍浅，厢沟深 17～20 cm，背沟 23～26 cm即可。

南方麦区稻茬麦面积大，为克服稻田整地费工、缓解稻麦两熟季节紧、劳力紧张的矛盾，近年来发展了稻茬少、免耕麦技术和反旋灭茬秸秆还田技术。四川秋雨多，据全省多年统计，秋雨连绵天气的频率为 80%，整地播种期间田湿土黏，耕作困难，既影响整地，也常常错过高产播期，延迟播种，而且往往会弄浆耕层，粗耕滥种，麦苗生长不良，造成减产。少、免耕种麦减少了耕作程序，比耕翻种麦省工节本，有利于适时播种。免耕麦田表土平整，播种深度一致，小麦出苗快而整齐，出苗率高，有利于苗期早发，前期干物质积累较快。试验研究表明，两季田免耕种麦比翻耕种麦平均增产 26.1～29.8 kg/亩，增幅为 6.7%～9.7%，同时可省工 8 个。但少、免耕种麦杂草较严重，肥料施得浅，易流失，根系在土壤 0～10 cm 分布比例大，在土壤下层根量比例小，在生长中后期，易出现早衰现象。因此，少、免耕种麦必须应用以下综合配套技术。①适时开沟排水。在水稻散籽后及时开沟排水，做到收稻时泥不陷脚，齐泥割稻，浅留稻桩。泥田、下湿田等应深沟高厢，排除田间积水。②搞好化学除草。在播前要施用高效低毒除草剂，减轻草害。③采用小窝密植，免耕机播。采用 2BJ-2 型简易人力播种机播种，之后均匀覆盖稻草，或者用 2BFMDC-6 型播种机播种，一次性完成播种、施肥、盖种等工序，可大大提高功效，保证播种质量。④重施底肥，适施拔节肥。针对少、免耕麦的吸肥特性，应施足基肥，早施苗肥，增施有机肥，化肥深施，平稳促进和适当增施拔节孕穗肥预防早衰。⑤加强病虫害防治。免耕麦田残留稻桩多，因此要加强对小麦赤霉病、纹枯病等的防治。

（2）旱茬麦田整地。旱地小麦主要分布在丘陵坡台地，多数土层瘠薄，肥力较差，保水保肥力差。因此，应逐渐加深耕层，注意保蓄水分，并结合增施有机肥，不断培肥地力。四川省旱地麦田按前作种类分为两类：①早茬土。前作为早玉米、高粱、芝麻等，有充分的时间整地，当时气温较高，可先浅耕灭茬，然后翻耕炕土，使残渣腐烂，土壤风化，消灭杂草，并接纳秋雨。播种时墒情好，则浅耕、随耙随播种；墒情不足，要及时耙细整平，保墒防旱，保证发芽出苗有足够的水分，抢墒播种，播后镇压。②晚茬土。若前茬为甘薯、大豆等晚秋作物，收播时间紧迫，宜边收边耕，随耙随播，播后镇压保墒。土层薄的可实行带状种植，冬季挑沙面土，加厚土层。棉麦两熟麦田，需加强棉田后期管理，促棉花早熟，尽早清茬，抢时抢墒，随耕随耙随播种，或在棉花行间套播。绿肥茬，要在小麦播种前20～30天耕翻掩青、顺犁沟翻压，做到不漏翻、不冒青。

二、小麦需肥特性与合理施肥

1. 小麦的需肥特性

小麦对N、P、K三要素的吸收量因品种、气候、生产条件、产量水平、土壤和栽培措施不同而有差异。综合各地资料分析，小麦每生产100 kg籽粒和相应的茎叶，约需吸收N 3 kg左右，P_2O_5 1.0～1.5 kg，K_2O 3～4 kg，其比例约为3 ∶ 13。

冬小麦一生中对N、P、K吸收有两个高峰。对N的第一个吸收高峰在分蘖至越冬始期，吸收量占总量的15%左右，越冬期间吸收量仅占总量的5%左右，返青后，N的吸收量有所增加，拔节—开花期出现第二个吸收高峰，吸收量占总量的30%～40%，其余为开花后吸收。小麦对P、K吸收在分蘖—越冬始期出现第一个峰值，占总吸收量的10%左右，至拔节期，P吸收量占一生的30%左右，K吸收量达50%左右。拔节至开花期出现第二个吸收高峰，P吸收量达总吸收量的40%，K吸收量占总吸收量的50%。开花后，P吸收量仍达20%，K则停止。近年研究表明，提高拔节至开花期N、P、K的吸收比例有利于进一步提高产量。

2. 施肥量的确定

目前生产上多采用以产量定施肥量方法，小麦产量指标确定后，根据小麦吸肥量、土壤基础肥力、肥料种类、数量和当季利用率及气候等条件综合确定。施肥量的计算方法是：

$$\text{计划产量肥料需要量}(kg/hm^2)=\frac{\text{计划产量对养分吸收量}(kg/hm^2)-\text{土壤当季养分供给量}(kg/hm^2)}{\text{肥料中营养元素含量}(\%)\times\text{当季利用率}(\%)}$$

式中，(1) 土壤当季养分供给量＝土壤中某种养分的有效含量（mg/kg）×0.3，系数0.3是表层20 cm土重15×10^4 kg与mg/kg的约数，若未取得这些数据，则可根据空白试验估算。(2) 肥料利用率因肥料种类、施肥方法、栽培措施、土壤性质等条件差异很大。在一般情况下，尿素、硫胺等肥料利用率为40%～50%，碳铵等为30%～40%，人畜尿、饼肥为50%左右，堆肥为10%～20%，过磷酸钙为20%，氯化钾为60%左右。

例：某麦田计划产量400 kg/亩，土壤养分测定结果表明该土壤含有效氮20 mg/kg（或空白试验不施氮肥亩产100 kg)，若采用施有机肥2/3和尿素1/3，试计算施氮量，有机肥与尿素各应施多少?

①求出计划产量需氮量：400÷100×3=12 kg（纯氮）。

②求出土壤供氮量：20 ×0.15=3 kg（15×10^4 kg 为耕层 20 cm 的土壤重量）。

③求出需施氮量：12−3=9 kg（纯氮）。

④计算有机肥占 2/3 和尿素占 1/3 时两种肥料的施氮量：

有机肥=9×2/3=6 kg（纯氮）

尿素=9×1/3=3 kg（纯氮）

当有机肥含氮量为 0.2%，肥料利用率为 30%时，有机肥的施用量为：6÷0.2%÷30%=1 000 kg。

尿素的含氮量为 46%，肥料利用率为 40%时，尿素的施用量为：3÷46%÷40%=16.3 kg。

以上计算方法同样适用于磷（P_2O_5）、钾（K_2O）肥料的计算。

试验和调查表明，四川省小麦的施肥量在中等肥力田块，产量在 300 kg/亩左右，一般需用纯氮 7.5～10 kg；产量在 350 kg/亩左右，一般需用纯氮 10～12 kg；产量在 400 kg/亩左右，一般需用纯 N 12～14 kg。同时配合施用磷、钾肥，如四川省的黄壤，有效磷奇缺，必须增施磷肥，沙性土必须增施钾肥。施用磷肥时，需与有机肥混合施用，以免有效性降低，一般施过磷酸钙肥 25～35 kg/亩，钾肥 7～8 kg/亩。高产栽培还应增加磷钾肥的比例，并要注意精、粗肥搭配，迟效与速效肥结合，施用土杂肥 1.5 t 以上，人畜尿 20～30 担/亩，配合适量的速效化肥为宜。

（三）肥料的运筹原则

根据小麦需肥特性，肥料运筹应掌握，在冬前分蘖期有适量的速效 N、P、K 供应，以满足第一个吸肥高峰对养分的需要，促进分蘖、发根、培育壮苗，拔节—开花是小麦一生中吸肥的最高峰、施肥最大效率期，必须适当增加肥料供应量，巩固分蘖成穗、培育壮秆，促花、保花，争取穗大粒多，抽穗开花以后，要维持适量的N、P营养，延长产量物质生长期的叶面积持续期，提高后期光合生产量，保证籽粒灌浆，提高粒重。

在确定肥料运筹比例时，应综合考虑小麦专用类型、肥料对器官的促进效应，以及地力、苗情、天气状况等因素。根据各地高产经验，中筋、强筋小麦生产中氮肥可采用基肥：追肥为5：5的运筹方式，追肥主要用作拔节孕穗肥，少量在苗期施用或作平衡肥，弱筋小麦宜采用基肥：追肥为7：3的运筹方式，以实现优质高产。晚茬麦采用独秆栽培法的群体，氮肥基肥：追肥可采用（3～4）：（6～7），以保穗数、攻大穗。秸秆还田量大的麦田基肥中氮肥用量需适当增加。磷肥、钾肥提倡50%～70%基施，30%～50%在倒4叶～倒5叶追施。

三、小麦需水特性与灌排技术

水是生命起源的先决条件，没有水就没有生命。植物的一切正常生命活动都必须在细胞含有水分的状况下才能发生。农谚“有收无收在于水，收多收少在于肥”充分说明了水对作物生产的重要性。缺水不仅直接影响小麦生长发育的正常进行，还影响土壤肥力和农田小气候。

1. 小麦需水特性

（1）小麦的耗水量。小麦耗水量包括一生中直接用于正常生理活动、保持植株体内水分平衡的生理需水和为小麦高产创造良好体外环境的生态需水两部分所消耗的总水量，它包括株间土壤蒸发、植株蒸腾、地下渗漏及植株中所含的水分，小麦一生中总耗水量为400～600 mm，即266.7～400 m^3/亩，其中，植株蒸腾占60%～70%。小麦每生产1 kg籽粒，需要耗水800～1 000 kg。小麦一生耗水量受气候、土壤、栽培条件等因素的影响。一方面，气温高、湿度小、风速大时，株间蒸发和叶面蒸腾都大，耗水量因此增多；而气温低、湿度小、风速大时，株间蒸发和叶面蒸腾都大，耗水量因此增多；而气温低、湿度大、风速小时，株间蒸发和叶面蒸腾却降低，耗水量随即减少。在另一方面，如农业措施的深耕、加施有机肥等，因增强了土壤保水抗旱能力，相应地提高了土壤水分利用率；合理密植、加强中耕管理等，可减少株间蒸发，相应减少耗水量。

（2）小麦不同生育时期的需水规律和适宜土壤水分。在小麦生育过程中，各个生育时期的需水量是不同的。出苗至拔节期，因植株幼小，生长缓慢，需水量较少；拔节以后至抽穗、成熟，随着气温升高，生长发育加快，需水量增加。总的需水表现呈由低到高的趋势。据重庆土壤研究所测定，出苗至拔节耗水量占23.4%，拔节至抽穗耗水量占35.2%，抽穗至成熟耗水量占41.4%。其中，抽穗前的孕穗期是小麦需水临界期，若此期缺水，会影响性细胞形成，不孕小穗和小花增多，对产量影响较大；其次是成熟前的灌浆时期，若此期缺水，就会减少粒数和粒重，从而降低产量。因此，应根据小麦各时期的需水情况，进行合理灌溉，以确保小麦的正常生长。

小麦各生育时期要求土壤水分（0～20 cm）：播种至出苗，土壤含水量以占田间持水量的70%～75%为宜，低于60%时出苗不整齐，低于40%时不能出苗，高于80%时易造成烂根烂种；分蘖到拔节期的土壤含水量占田间持水量的70%左右，低于60%时分蘖受影响，分蘖成穗下降，低于40%时则分蘖不发生；拔节至抽穗期的土壤含水量以占田间持水量的70%～80%

为宜，有利于巩固分蘖成穗，形成大穗，低于60%时，虽无效分蘖加速死亡，但退化小穗、小花数增多（尤其是孕穗期）；抽穗至乳熟末期的土壤含水量以占田间持水量的70%～75%为宜，既要防止干旱，造成可孕小花结实率下降，影响每穗粒数，又要防止田间湿度过大，造成渍水烂根，影响粒重。腊熟末期，植株开始衰老，土壤水分以不低于田间持水量的60%为宜。四川省多数地区雨量充沛，对倒茬麦容易造成湿害，因此，除整地时开好排水沟外，还应该经常清沟排渍，降低土壤湿度，清除湿害，以利于小麦正常生长。

2. 灌溉与排水技术

（1）灌水抗旱技术。小麦灌溉时要掌握看天看地看苗的原则。看天，就是看当时当地的天气变化和降水量的多少，决定是否灌水。如天气干旱，土壤水分不足，气温高，蒸发量大，又是小麦耗水量多的生长时期，就要及时灌水。如遇寒流、霜冻，为了防止低温冻害危害，要提早灌水；小麦抽穗后干旱，虽然需要灌水，但遇到有风的天气，高产麦田灌水易引起倒伏，就应适当提早或推迟灌水。看地，就是看土壤墒情、土质和地形、地势，一般在土壤含水量低于田间持水量的60%时要进行灌溉。保水力强的黏土、地下水位高的低洼地要少灌。保水力差的砂土、地下水位低的高岗地，灌水次数要多些，丘陵山地要先浇阳坡地后浇阴坡地。看苗，就是要看麦苗所处的生育时期、植株的外部形态和长势、群体的大小及单茎绿叶数的多少等，如群体小、麦苗正处在有效分蘖期遇到干旱，要及时灌溉，以水调肥，以肥促长；如麦苗处在无效分蘖期，群体大、长势旺，虽遇到干旱，为控制群体过大，减少无效分蘖，就要少灌水或不灌水。拔节、孕穗、抽穗及开花期遇干旱，要及时灌水。乳熟期如单茎平均绿叶数少于3片，则不宜灌水。

目前，盆西平原和盆中丘区稻茬麦田仍以地面灌溉为主，宜采用“分厢开沟浸灌”，可节水、降湿排渍、保肥增产。具体做法是：在小麦播种前结合整地，在田（或地）中顺东西方向分厢开沟（厢间的沟为灌水沟），厢的长度一般与田块等长，并在田块四周开好围边沟，做到沟沟相连、能灌能排、浸灌均匀（灌水时不漫出厢沟溢到厢面，使灌水在沟中向左右厢土浸润）。沟厢规格：厢宽一般2～4 m，黏土宜宽，沙土宜窄，使厢中部土壤湿润深度达到40 cm左右为宜；灌水沟一般宽20～30 cm，深20～25 cm；围边沟一般宽20～30 cm，深30～35 cm。丘陵坡台土目前主要采取浇灌，需注意浇灌均匀、浇透、不流失，还应掌握先浇阳坡地后浇阴坡地，先高台地后低台地，高坡多浇低坡少浇等，以提高灌溉效果。喷灌具有湿润均匀、水分适宜、节省灌溉水量、减少对表层土面结构的破坏等优点，也适宜在水源短缺、地势高低不平的丘陵坡台土采用。近年采用暗管输水，可节水30%～40%，提高水利用率，节省工本。

（2）排水降湿技术。小麦湿害是指降雨后小麦根系密集层土壤含水量饱和，空气不足，使小麦根系长期处于缺氧状态，呼吸受抑制，活力衰退，阻碍小麦对水分和矿质元素的吸收，同时土壤中的有机物质在嫌气分解条件下，产生大量还原性有毒物质，使根系受害。

麦田防渍除了开好一套沟外，还必须降低麦田的地下水位深度，其控制深度为：苗期50 cm，分蘖越冬期50～70 cm，拔节期80～100 cm，抽穗后100 cm以下。

盆东南地区采用冬水田半旱式免耕小麦垄厢面栽培，是在有水源保证的前提下，对土黏、泥脚深，受地势、土壤、秋雨等限制，难以放干的冬水田改造利用的一种新途径，能较好地解决小麦适时播种的问题，有效减轻和避免湿害。排水降湿技术的主要技术要点是：水稻收获后不犁田、不排水，小麦播种前排去部分蓄水，然后开沟作畦，畦宽 1.2 m 左右，沟宽、沟深各 0.3 m，厢面糊泥不抹光，5 行小麦，窝距 12～13 cm，每亩窝数 1.8 万～2 万，基本苗 14 万～16 万，实行增窝、控苗、增穗，充分发挥边际优势。生产应用中一般采用一厢一沟式，根据水源保证情况、土壤质地、降雨量等条件，可分为水厢式（全生育期沟内有水，前期深水，后期浅水）和旱厢式（全生育期沟内水）。据厢面宽窄，可分为窄埂、窄厢、宽厢半旱式等。厢沟与围沟、主沟连接，三沟配套，利于排水，效果较好。

第三节 高产高效栽培技术

一、套作小麦带式机播技术

套作小麦带式机播技术针对南方丘陵特定生产条件和套作种植制度研发而成，其核心内容包括规范化套作模式和小型机械化技术，要求以 2 m 为一复合单元，1 m 种植小麦、1 m 预留行（春季接种玉米），这种规格便于微耕机和 2B—4、2B—5 小型播种机作业。该技术具有多方面的优势：保障套作条件下的小麦有效播种面积，1m 带宽上的种植行数从原来的 2～3 行增加至 4～5 行；机具替代人工耕整和播种作业，显著提高生产效率，显著增产、节本、增效。自 2011 年起，连续多年被农业部列为主推技术，在西南麦区、各省市均有广泛应用。每亩增产 30～60 kg，节本 50～80 元，亩节支增收 120 元以上。

二、稻茬小麦半旋机播立苗技术

水稻多采用大型收割机收获，对土壤的破坏较大，不利于下茬小麦播种立苗。为此，以播种机具研制改良为基础，创新集成了“稻茬小麦半旋机播立苗技术”，其核心内容包括免耕栽培、稻草粉碎还田、2BMFDC-6 型播种机施肥播种。所用机具较轻，仅对播种带实施浅旋耕，动力消耗少，对黏湿稻茬田的适应性较强，可实现一播全苗，产量高。自 2009 年起，连续多年被四川省列为主推技术，2014 年起被农业部列为主推技术，西南各省市已累计推广 200×10^4 亩左右。根据对比试验和示范调查，新技术使生产效率提高 30%～40%，增产 10%～15%，综合效益提高 25%～50%。

该技术进一步扩大应用范围面临的困难：一是四川盆地秋季多雨，部分排水不畅的田块含水量过高，机器难以下田作业；二是机插秧使水稻成熟期推迟，土壤碾压破坏呈加剧之势；三是跨区作业的收割机已从“半喂入式”全面转为“全喂入式”，秸秆粉碎不佳，影响播种机作业效果。针对生产条件的变化，应加强周年作物的统筹管理，改善小麦播种条件；改进播种机构造，特别是播种带秸秆清理装置，使其能够适应更加复杂的稻田生产环境。

三、减氮增磷高效施肥技术

四川盆地土壤有效磷普遍缺乏，大面积抽样均值仅为 10～15 mg/kg，近 50%的样点在 5 mg/kg 以下。农民施肥时较少考虑土壤肥力和作物的需肥特性，过度依赖氮肥，磷肥、钾肥投入较少；为了方便，常采用“一炮轰”施肥方式。在小麦营养生理与科学施肥研究的基础上，四川提出了“减氮增磷高效施肥技术”，即亩施纯氮 10～12 kg，P_2O_5 5～8 kg，K_2O 4～6 kg；氮肥 60%作底肥，40%作拔节追肥；底肥选用 N、

P、K 配比适宜的复合肥，配合机播施用。该技术利于小麦养分平衡供给，提高肥料利用效率和降低倒伏风险，被作为综合集成技术的核心内容在各地高产创建中广泛应用。和农民施肥技术相比，纯氮投入减少 2～3 kg/亩，产量增加 5%～10%，后期倒伏风险降低，利于机械收获。

该技术存在的问题是市场上复合肥的种类繁多，养分配比多样，质量良莠不齐，如选用不当，难以满足小麦全生育期的养分需求。由于四川土壤类型较多，基础肥力千差万别，应准确把握特定区域的肥力状况，制定更加细化的施肥方案，以进一步提高肥料利用效率，降低生产成本，改善生态环境。

四、秋季秸秆就地覆盖保墒增产技术

西南丘陵小麦主要分布在坡台地上，多与玉米、烤烟等作物套作种植。套作玉米一般于 7 月下旬至 8 月上旬收获，收获后农民随即将玉米秆砍倒移至田外堆放，或自然立在田间，待到小麦播前再将其移走，这种方式往往费工费力。此外，小麦在播种阶段和冬春时节常遭遇干旱，严重影响播种立苗和苗期生长。对此，四川省农业科学院研究集成了“秋季秸秆就地覆盖保墒增产技术”，其基本内涵是玉米收获后将其秸秆就地覆盖在玉米种植带上，10 月底将腐烂未尽部分移开，随即耕整机播小麦，播后再将残留秸秆覆盖于小麦行间。该技术不仅简化秸秆还田程序，利于培肥，且能有效抑制秋季杂草滋生（降低 80%以上）、纳雨造墒（播种时的耕层土壤质量含水量增加 6.0%～21.3%）、提高小麦立苗质量（出苗率提高 2.0%～8.9%）和产量（5%～10%），在西南旱地有很好的适应性，已在川中丘陵的简阳、乐至等县市广泛应用。

该技术面临的问题：受生产条件所限，玉米秸秆覆盖仍然靠人工完成；玉米秸秆量大，加之冬春少雨，整秆覆盖往往不能完全腐解，影响整地播种。今后，应加强中小型玉米收割机的研制，实现玉米收获与秸秆粉碎还田的一体化，进一步提高生产效率，促进秸秆腐解。

五、一喷多防技术

四川小麦病虫种类较多，若一一进行多次防治，势必成本高、生态安全风险大。为提高病虫防控效率和防控质量，在病虫流行规律研究和药剂筛选的基础上，集成了适于西南麦区的“一喷多防技术”，即在病虫发生相对集中的抽穗—开花初期，将防治蚜虫、白粉病、锈病、赤霉病的药剂进行复配，一次喷施防治多种病虫害，如果有脱肥症状，还可加入磷酸二氢钾。多年试验结果表明，一喷多防与病虫分次防治处理在病虫危害参数和千粒重方面均没有显著差异。在财政专项资金支持下，植保部门在小麦抽穗前及时下发一喷多防的药剂，该技术每年的应用面积占播种面积的50%以上。

在“一喷多防技术”的实际应用中，农民对用药时期往往把握不准，常常延时喷施，效果大打折扣；另外，病虫害对部分药剂已经产生抗性，防控效果不理想。下一步应强化对农民的操作培训与指导，并研究病虫害对常用药剂的抗性，筛选低毒高防效农药，完善“一喷多防技术”。

第三章　玉　　米

第一节　四川玉米生产概述

一、玉米生产的重要性

玉米是三大粮食作物之一，栽培历史悠久。全世界每年种植玉米 1.77×10^8 hm^2 左右，总产量在 9.7×10^8 t 左右，占全球粮食总量的 30%～35%，主要分布国家有美国、中国、巴西、阿根廷，这四个国家的玉米总产量约占全球总产量的 70%，其中，美国占 30%以上，中国占 25%左右。

玉米是不仅是高产粮食作物，也是营养丰富的饲料作物和良好的工业原料作物。目前全世界生产的玉米籽粒有 70%～80%作为饲料，在 10%～15%为人们食用，另有 10%～15%作为工业用的原料。玉米籽粒是优质饲料，是配合饲料的主要成分，一般 2～3 kg 籽粒可生产 1 kg 肉，100 kg 青贮玉米秸秆相当于 20 kg 精饲料的营养价值。玉米籽粒及其副产物都可作为工业原料，玉米籽粒淀粉广泛用于食品、化工、医药和纺织工业；玉米籽粒富含脂肪，是优质的食用植物油原料；玉米秸秆可加工制造纤维素、纸张等；穗轴可提取糠醛，是高级塑料的主要原料；苞叶质地坚韧，可编制精美工艺品。

二、四川玉米生产状况

据2015年的统计资料，四川省玉米播种面积为 139.88×10^4 hm^2，总产量为 759.88×10^4 t，单产为 5 432 kg/hm^2，略低于全国平均水平。全省各市、州均有玉米栽培，盆中丘区及盆周边缘山区分布较集中，种植面积较大。

根据自然条件、耕作制度、品种类型和栽培特点等，可将四川省玉米产区划分为以下五个区域。

1. 盆西平丘春旱夏雨玉米区

盆西平丘春旱夏雨玉米区包括成都、德阳、绵阳和乐山的部分地区。该区春季较干旱，夏季降雨多，7月多暴风雨，但生产条件好，生产水平高。玉米多在3月中下旬春播。该区域一般采用喜肥水、株型较好、产量高的中熟杂交种。

2. 盆中浅丘夏伏旱交错玉米区

盆中浅丘夏伏旱交错玉米区包括内江、资阳、遂宁、自贡、泸州、绵阳和宜宾的部分地区，是四川省玉米的主产区。该区旱情严重，除适当调整播期，把玉米抽穗开花期安排在夏旱与伏旱的间隙期外，应广泛应用育苗“双座”（座肥、座水）移栽，并注意选用较能抗旱、耐瘠薄、丰产性好的杂交种，还要求玉米杂交种植株偏矮、株型较好，以利于间套作。

3. 盆周边缘山地玉米区

盆周边缘山地玉米区即盆地四周的山区，是四川省最大的玉米产区，约占全省玉米种植面积的1/3。该区春迟，秋寒早，云雾多，日照少，湿度大。玉米垂直分布在海拔600～2 000 m，玉米一般在4月中下旬播种。该区域以种植耐阴湿、抗病、高产的中晚熟杂交种为主。

4. 西部高原玉米区

西部高原玉米区包括攀枝花市、凉山州及阿坝州的大部分和甘孜州的一部分。该区气候较干燥，雨旱季较分明，日照条件优越，但春旱较严重。玉米多分布在海拔 1 500 m 以上。一般玉米播种在 4 月上旬至 4 月下旬。该区域主要选用中熟杂交种。

5. 盆东深丘春雨伏旱玉米区

盆东深丘春雨伏旱玉米区主要是达州的大部分，以及南充的一部分。该区春旱、春雨旱，但常出现伏旱，以种植春玉米为主。该区域一般采用中熟或中熟偏晚类型的杂交种。

三、四川玉米生产潜力和发展趋势

1. 生产潜力

玉米为粮食、经济作物、饲料兼用，是转化较广的三元作物。目前四川省玉米单产仍低于全国平均水平，需求总量缺口仍较大，尚待发掘的潜力主要是提高单产水平。近年来，在四川省内玉米不同生态区进行的品种改良、集约高产栽培中，涌现出一批 666.7 hm^2 以上产量达 7.5 t/hm^2、66.7 hm^2 以上产量达 9 t/hm^2、小面积产量超过 15 t/hm^2 的高产品种，已展示出四川玉米巨大的增产潜力。

2. 发展趋势

四川玉米的发展要紧扣农业供给侧结构性改革的主题，稳定玉米种植面积，提高单产、品质水平。一是稳定饲用玉米和酿造用玉米仍是四川发展玉米生产的主要方向。四川是养猪大省、名酒之乡，对玉米的需求量较大。今后在相当长一段时间内，仍需加大饲用及酿造用玉米生产的发展力度，提高产量，改善品质，逐步缩小供需缺口。二是玉米品质多样化的未来市场前景广阔。要以盆周山区、盆中丘陵区为重点，调整品种结构，适度减少种植普通籽粒玉米，以养带种，因地制宜发展青贮饲用玉米和甜糯玉米，示范推广饲草玉米等新型饲用作物，为草食畜牧业健康发展提供饲草支持。

第二节　玉米间作套种栽培技术

一、四川玉米主要间套作种植制度

玉米植株高大，叶片长宽，单株叶面积大，根系发达，需要一定的营养面积，才能满足其正常生长发育。而玉米苗期田间空行大，后期空间空隙大，在玉米栽培中多与其他作物进行间作、混作或套种，可实现一年多熟，由单一的作物群体发展为多种作物的复合群体，充分利用自然资源，提高全年产量。

四川省玉米产区的主要种植制度有以下几种。

1. 一年一熟制

一年一熟制主要分布在海拔较高的山区、半山区，这些地区气温较低或土壤较瘠薄，形式主要为冬闲土—春玉米。

2. 一年二熟制

一年二熟制主要分布在低山及丘陵地区中水利条件较差的旱地，形式主要有小麦—玉米、油菜—玉米、马铃薯—玉米等。

3. 一年三熟制

一年三熟制主要适合于四川丘陵及河谷地带，这些地区光热条件二熟有余、三熟不足，多采用套作种植，达到充分利用光热的目的。以小麦/玉米/甘薯为主体，演化出粮、经、饲结合的三熟三作、三熟四作、三熟五作等多种形式，主要有大麦＋小麦/玉米甘薯＋大豆、小麦/玉米/玉米/甘薯、小麦（马铃薯）/玉米/大豆、小麦＋蔬菜/玉米甘薯/蔬菜、小麦/西瓜/玉米/甘薯等，主要种植模式如图 3-1 所示。

（a）玉米/甘薯

（b）玉米/大豆

（c）玉米/花生

（d）玉米/辣椒

图 3-1　主要种植模式

二、玉米间套作栽培技术要点

间作、套作是在同一单位面积上，不同作物组成复合群体，使作物之间在生理生态上协调互补。如果作物的组合、间套作的时间及方式不当，会导致作物对光温、肥水的需求矛盾增加，互相制约，因此，间套种植时必须注意以下几点。

（1）作物、品种的组合。用于间作套种的作物或品种应具有耐阴性强、丰产性好、成熟期适宜、株型紧凑、抗倒力强等优点。作物组合中要不同高矮搭配，不同成熟期搭配，作物不同科、属搭配，使各作物协调生长，充分发挥作物间的互补作用。

（2）带距与带比。带距亦称“带宽”，指一个复合带占地的宽度，带比指复合带中某一作物种植面积占带宽的比例。带宽与带比要根据不同作物的生长习性、作物主次合理安排。宽带或大带比比较适合喜光、温作物或高秆作物，如玉米高秆晚熟种与以喜光、温的花生、辣椒为主的间作套种。窄带或小带比比较适合中矮秆玉米与耐阴的豆科、茄科作物间作套种。目前四川省内以“双二五”（170 cm 开厢，前后茬作物各占 85 cm）及“双三〇”（200 cm 开厢，前后茬作物各占 100 cm）为主，南充等地宽厢带植“双六〇模式”有一定面积，此外，遂宁等地正积极探索“二八〇六”模式（二尺八开厢，二尺二种玉米，六寸种小麦）。窄厢带植和宽厢带植如图 3-2 所示。

（a）窄厢带植　　（b）宽厢带植

图 3-2　窄厢带植和宽厢带植

（3）间套时期。确定适宜的间套时期，既考虑主作物的成熟期和产量，又兼顾对其他茬作物的影响，如小麦套玉米，共生期间玉米苗期的光、肥、水条件处于劣势，对幼苗生长不利。套种越早，共生期越长，对玉米幼苗的影响越大。特别是窄行套种前后作物均受影响，故一般在小麦蜡熟期套种，共生期以 15～25 天为宜，小麦收后正值玉米幼苗期。而小麦套玉米再套甘薯的一年三熟制，为缩短玉米对甘薯荫蔽的共生期，玉米可适当提早套播时间，一般在麦收前25～30天，在预留行内播种玉米，玉米收后甘薯正值薯块膨大期，使三茬作物互为有利。

总之，适宜的间套种时期，应根据各地气候特点及种植方式因地制宜安排两作物共生期，并以不超过1个月为宜。

第三节　玉米的播种技术

一、良种选择

正确选用良种是玉米实现高产的重要措施，良种在玉米生产中能起多大的增产效果，各地研究不尽一致，美国的研究占23.1%～33.0%，山东和辽宁的研究占20.8%～22.4%。这表明，玉米良种的增产效果约占1/4，因此，生产上在选用良种的同时，还应注意良法的配套。

选用杂交种要因地制宜，在水肥条件较好的地区，应种植耐肥抗病高产杂交种；在丘陵、山区或自然灾害频繁的地区，应选择耐寒、耐旱、耐瘠等抗逆性强的杂交种；在一熟或两熟地区，应选用中迟熟高产杂交种；三熟制的夏、秋玉米，应选用苗期长势旺、后期灌浆快，丰产性能好的早、中熟杂交种；套种玉米应选用茎秆较矮、株型紧凑、苗期耐阴、中后期生长旺盛、丰产性能好的杂交种。关于品质的选择，则应视不同的用途来确定。如饲用玉米应选择蛋白质和赖氨酸含量高的品种，而用作加工玉米油和淀粉的原料，则应选用高油玉米品种和高淀粉玉米品种。

二、种子精选和处理

1. 精选种子

种子质量与苗全、苗齐、苗壮和株穗的整齐度有直接关系。为了充分发挥良种的增产作用，首先要保证繁殖、制种过程中种子的纯度，禁止使用混杂退化种和越代种。播种前对种子要进行精选，选用具有光泽、粒大、饱满、无虫蛀、无霉变、无破损的种子，除去霉变破碎和病虫侵染的籽粒及秕粒、小粒。

播种前还必须测定发芽势与发芽率。一般应选用发芽率在95%以上的种子作种，发芽率高的种子出苗迅速整齐、苗壮，生产上不宜用发芽率低的种子作种。

2. 处理种子

（1）晒种。精选的种子在播种前选择晴天把种子摊在地上或席上连续晒种 2～3 天，并经常翻动种子。晒种的目的是降低种子含水量，提高温度，增强种皮透水性使吸水迅速，增强种子内部酶的活性，使发芽出苗快，同时晒种能杀灭种皮上的病菌，减轻病虫害。

（2）浸种。浸种能增强种子的新陈代谢，提高发芽率，促使提早出苗。浸种的方法有很多，用冷水浸种 24 h，或用“两开一凉”的温水（约 55 ℃）浸种 6～8 h，能加速种子吸水，杀灭种皮上的黑粉病孢子。也可用 0.15%～0.20%的磷酸二氢钾溶液浸种 12 h。浸泡过的种子宜在湿润条件下播种，在天气干旱、土壤水分不足时不宜浸种，以免发生“炕种”“烧芽”及种子发霉而降低发芽率，造成缺苗。在抢茬播种、晚播和补苗的情况下，浸种后结合催芽，一般可提早 3～5 天出苗。

（3）拌种。为了防止鸟兽和地下病、害虫危害，可用药剂拌种。浸种后用浓度为0.5%的碳酸铜拌种防黑粉病及丝黑穗病，用40%的乐果乳剂500 g兑水3 000 g拌种100 kg，防治金针虫、蝼蛄、蛴螬、小地老虎等地下害虫。目前种子加工上已采用种子包衣技术，这样处理不仅可以防止鸟兽和地下病、虫危害，而且还能起到促根壮苗的作用。

三、适时播种

1. 播种期的确定

适时播种使玉米的整个生育期处于最有利的环境条件下，既有利于植株的生长，又充分利用光、温、水、气、热等生态条件，获得高的经济产量。适宜的播种期要根据当地的温度、季节、栽培制度和品种等因素综合考虑。

（1）温度：玉米适宜播期5～10 cm土壤温度应稳定在10～12 ℃以上，随着温度升高而出苗期缩短。在一年一熟制的冬闲地，有灌溉条件的地区及高海拔的山区，春玉米的播种在适宜范围内宜早不宜迟，夏秋玉米适宜早播的时间取决于前作收获的迟早，但也应争取早播。套种玉米还必须掌握适宜的共生期，麦玉共生期一般不超过20天。具体播期还必须结合各地耕作栽培、降水、病虫发生规律等因素综合考虑。

（2）墒情及降水：在春夏旱严重地区，墒情差，春玉米应适当延迟播种，否则玉米出苗后距雨季时间过长，不利于幼苗的生长，幼苗细弱，加速发育，形成早茬，甚至干旱致死。在伏旱严重地区，夏玉米宜在5月底6月初播栽，7月下旬伏旱到来之前抽雄吐丝，双季玉米的第二季以6月底、7月初播栽，伏旱结束，9月初秋雨到来前抽雄吐丝为宜。

（3）栽培制度：四川春玉米除一年一熟制的冬闲地外，多与小麦、蚕豆、马铃薯间套种植，在播种小麦、蚕豆时先预留空行，待小麦、蚕豆成熟后期，套种春玉米，共生期20天为宜，最多不超过30天。两熟制的夏玉米，为了争时抢墒播种，一般不翻耕土壤，采用浅耙灭茬、碎土或免耕板种。

2. 播种方式的确定

（1）窝播：春玉米窝深13 cm左右，夏玉米窝深7～10 cm，种子播入湿土层。种子分布均匀，深浅一致，施肥集中，管理方便，播种后施肥覆土，以浅盖为宜。窝播的方式分为等距窝播和大小行窝播。

（2）条播：玉米高产栽培中的定向育苗移栽，或定向直播多为条带种植。植株分布合理，单株营养面积均匀，管理方便，施肥集中，能有效地协调群体与个体矛盾。按行距的不同，条播可分为等行距条播和大小行条播。

（3）育苗移栽：玉米育苗移栽是指播种后的幼苗期以育苗方式在苗床内完成，便于集中管理、培育壮苗。育苗移栽能缩短大田生育期，有利于争取季节，解决多熟制的茬口矛盾，协调早熟和高产、当季与全年生产的矛盾。培育适龄壮苗是育苗的主要目标，其做法是：首先，苗床地要选择在向阳背风、灌排方便、靠近大田的地方，苗床做成宽1 m左右、深10～13 cm的平底低畦，长度由育苗量决定，畦底垫一层有孔薄膜。其次是营养土配制，一般用40%～50%的腐熟过筛的细厩肥，50%～60%的肥沃细土，适量磷、钾肥混合均匀，加水搅拌成手握成团、丢下可散的营养土。再次是育苗，育苗方式有纸（塑料）袋育苗：袋高10 cm左右，直径约6.5 cm，内装配好的营养土；营养钵（肥团）育苗：将配好的营养土用机械或人工制成钵；营养块育苗：将配好的营养土加水调成浆状，平铺在苗床上，厚6～8 cm，切割成4～4.5 cm^2 的小方格。最后是播种，把袋、钵、管排列在苗床上，每袋（钵、管、块）播一粒催过芽的种子。育苗移栽的主要环节如图3-3所示。

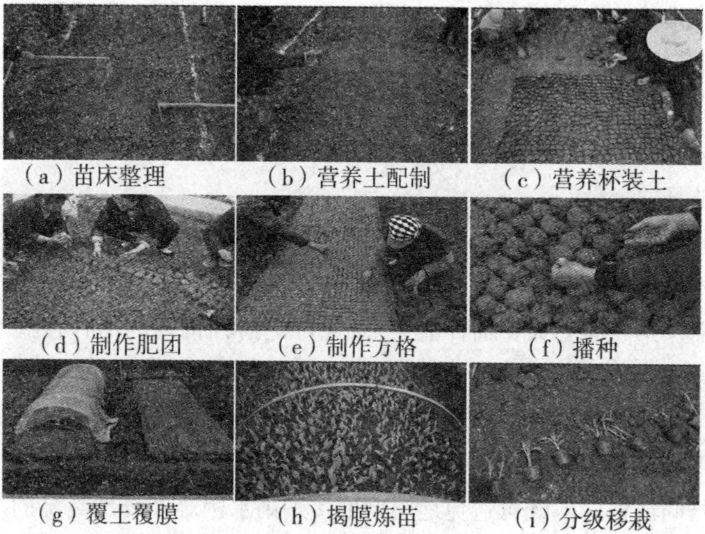

图 3-3　育苗移栽的主要环节

(4) 覆盖栽培：覆盖栽培增产的原因有四点。第一，提高地温。春季覆盖地膜，可提高地温 2～4 ℃，提高作物生长期间的积温，促苗早发，延长作物生长时间。第二，保墒。在干旱地区覆盖地膜后，全生长期可节约用水 150～220 mm。在玉米行间覆盖秸秆，能减少地表蒸发和降水径流，蓄积更多的雨水，提高土壤含水量。第三，改善土壤理化性状。覆盖秸秆在下茬作物播种前整地时被翻入土中，可增加土壤中有机质含量，改善土壤结构，提高土壤肥力。第四，抑制杂草，促进微生物活动。由于生态环境的改变，抑制杂草生长，加之土壤中的水、气、热等因素比较协调，有利于微生物的活动。除地膜覆盖外，目前秸秆覆盖和地膜、秸秆两段覆盖也为广大农民所采用（见图 3-4）。

秸秆覆盖：收获玉米秆时，一边割秆一边顺行覆盖，盖 67 cm，空 67 cm，也可盖 60 cm，空 73 cm。下一排要压住上一排梢，在秸秆交接处和每隔 1 m 左右的秸秆上要适量压些土。第二年春天，在未盖秸秆的空行内耕作、施肥，并在空行靠秸秆两边种两行玉米。玉米生长期间在未盖秸秆的地内中耕、追肥、培土。秋收后，再在第一年未盖秸秆的空行内覆盖秸秆。

免耕整秆覆盖：玉米收获后，不翻耕，不去茬，将玉米整株秸秆顺垄割倒或用机具压倒，均匀地铺在地面，形成全覆盖。第二年春天，播种前 2～3 天，把播种行内的秸秆搂到垄背上形成半覆盖。

地膜、秸秆两段覆盖：在玉米、花生地膜覆盖栽培的基础上，小麦收获后，玉米施攻苞肥时，拔去残膜，将麦秆覆盖在行间或株间，既可避免地膜后期接纳雨水困难及局部高温的危害，又可利用秸秆接纳雨水，起到保湿、防止水土流失、培肥地力等作用。

（a）全膜覆盖　　（b）膜侧覆盖　　（c）两段覆盖

图 3-4　主要覆盖栽培方式

第四节　玉米的合理密植

一、影响合理密植的因素

1. 品种与播期

不同品种玉米的生育期长短、株叶型有较大差异，合理密度的范围也不相同，一般生育期短的早熟种，植株矮小，叶片数少，单株所需营养面积小，宜密植；生育期长的晚熟种，植株高大，叶片数多，单株所占营养面积较大，宜稀植。紧凑型品种（叶片与主茎夹角小，斜立上冲，光能利用率高）宜密植，株型松散和平展型品种（叶片与主茎夹角大，叶片披垂）则宜稀植。

播期也是决定玉米密度的因素之一，早播或春播，生育期长，叶片数多，宜适当稀植；迟播或夏播，生长快、生育期短，叶片减少，可适当密植。

2. 温光条件

玉米是C4作物，喜温、光，生育过程中要求较高的温度和强光照。合理密植应根据各地光照强度与中层叶受光情况而定，光照强的地区应适当密植，山区坡地、梯土通风透光条件好，边行多可密植，平地、背阴土则宜适当稀植。

温度的高低也是决定玉米密度的重要因素。高温、短日照下玉米生长发育快，生育期缩短，植株相应变矮；反之，低温、长日照下，玉米生育期延长，植株变高。所以低海拔地区应密植，高海拔山区应适当稀植，但海拔高、光照强的高原地区，因紫外光和低温都有抑制生长的作用，则应适当密植。

3. 土、肥、水条件及栽培水平

玉米群体田间的自动调节能力差，不因土壤肥瘦和施肥多少而增减，故应本着“肥密瘦稀”的原则，充分发挥其增产潜力。土壤肥力差，施肥水平低，种植密度超过肥水供应能力，玉米不能正常生长发育，群体、个体生长不好，植株矮小，叶面积小，叶片过早退黄、早衰，导致穗小、空秆多。

二、种植方式

种植方式是指玉米在田间的株行距配置，其要求是既要保证单位面积上有足够的株数，又利于通风透光，充分利用地力，更好发挥合理密植的增产效果。四川玉米密植方式主要有以下几种。等行种植和宽窄行种植如图 3-5 所示。

（1）等行单株。行距相等，株距大小随品种熟期等而定。单株种植一般春玉米中熟杂交种行距 74～84 cm，夏玉米 66～74 cm，穴（株）距 20～33 cm，每公顷 5.0 万～6.0 万株。间套作时可适当放宽行距，缩小穴（株）距。

（2）等行双株。行、穴距各自相等，每穴双株留苗。一般行距 83～90 cm，穴距 47～66 cm，相邻两行错窝种植，每公顷 4.5 万～6.0 万株。行中通常间作豆类，是常见的种植方式。

（3）宽窄行。又称大小行或双行种植，宽行 83～90 cm，窄行 50～60 cm，株距以密度而定，中熟种以每公顷 5.3 万～6.0 万株为宜，宽行中一般间套豆类及其他矮秆农作物。

（4）分带种植。几行玉米、几行其他作物相间成带的种植方式，一般玉米带内较其他作物窄，而带间距则比其他作物宽，玉米与其他作物行比有 2∶2、3∶3、4∶4、4∶3 等多种，一般以 2∶2 最多，通常为 167～200 cm 分带，玉米带 70～80 cm，其他作物带 87～120 cm。

（5）大窝丛播。一般行距 90 cm 见方或 90 cm×83 cm，每穴留苗 3 株，苗距 13～17 cm，行窝间可套种其他作物，多为山区零星分散瘠薄地块采用。

（a）等行种植　　（b）宽窄行种植

图 3-5　种植方式

第五节　玉米的施肥技术

一、营养元素的生理作用

（1）氮。玉米对氮的需求量比其他元素多。玉米缺氮，植株矮小，下层叶片尖端主脉逐渐向里死亡，呈 V 字形，最后全叶枯死。另外，缺氮还导致雌穗发育延迟或停止，产生空秆或果穗短小，籽粒少或籽粒轻。

（2）磷。磷对玉米根系发育及雌穗分化形成起着十分重要的作用。增施磷肥可使玉米的抗旱能力增强，并促进早熟。玉米苗期缺磷，根系发育不良，生长缓慢，幼苗叶片出现紫红色条斑。中后期缺磷，雌穗分化形成和开花结实受影响，果穗数减少，雌穗花丝延迟从苞叶中抽出，雌花受精不完全，籽粒发育不良，粒行不整齐，成熟延迟。

（3）钾。钾肥充足，有助于玉米在干旱时防止水分大量散失，减轻低温影响和冻害。钾肥不足，幼苗生长缓慢，叶片呈黄绿色，叶片边缘及尖端干枯呈灼烧状，同时茎秆机械组织发育不良，抗倒、抗病力减弱。严重缺钾时，玉米根系生长受阻，植株矮小，节间缩短，果穗发育不良，千粒重降低。

（4）微量元素。土壤中的微量元素一般不缺乏，但在酸碱度过大的土壤中或有机肥少、以施用氮肥为主的地区，易出现缺微量元素症。

二、玉米的施肥技术

在增施肥料的基础上，应根据玉米生长发育各时期对氮、磷、钾等营养元素的需要，制定合理的施肥措施，做到适时施肥、科学用肥，充分发挥肥料的效果，使用、养结合，不断提高玉米产量。当前，四川土壤中氮素普遍缺乏，一般以增施氮肥为主，配施磷肥、钾肥，能达到良好效果。玉米施肥量一般按产量指标计算，其公式为：

施肥量（kg/hm^2）＝（计划产量需要的某种元素－土壤对某元素的供应量）/（施用肥料所含的某元素量×肥料利用率）

1. 基肥

（1）基肥施用数量。基肥施用量占总施肥量的比例，各地因气候、土壤、施肥总量及肥料种类的不同而有很大的差异，但必须坚持基肥重施的原则。即在现有施肥水平下，基肥至少应占施肥总量的30％。并且做到因地制宜，分类指导。

（2）基肥中各种肥料的搭配。根据四川省高产典型调查，基肥中的迟效性肥料以占底肥总用量的80％左右为宜，速效性肥料占20％左右的效果较好。

磷肥和钾肥，则以基肥一次性施用效果较好，如使用迟效磷肥，应当与有机肥堆制后再作基肥施用。

（3）基肥施用方法。基肥一般集中施用于播种沟或播种穴内。基肥集中施肥，幼苗早期即可获得充足的营养物质，经济而有效。如基肥用量较大又集中施用，则应与土壤拌和，防止对种子发芽出苗产生不利影响；另外，有条件的地方，如大量施用绿肥、厩肥等作基肥，也可于耕翻前撒施，通过耕作，使土肥相融，促进玉米根系的横向发展。

2. 追肥施用的数量和时期

玉米生长发育不同阶段，器官的生长发育部分也在发生变化，因此，对养分的需要量也不同。在基肥充足的基础上，适时、适量地增施肥料，更能促进玉米的生长发育，可以提高产量和品质。追肥因施用时期和作用的不同，可分为提苗肥、壮秆肥、攻穗肥和壮籽肥。

（1）提苗肥。玉米苗期需肥不多，但若养分不足，会造成幼苗纤弱，叶色淡，根系生长受阻，形成老弱苗，影响中后期的生长。春玉米苗期处于低温、少雨季节，迟效有机底肥分解缓慢。若基肥中未施速效性肥料，应在间苗或定苗时，及时施用一次苗肥。而土壤黏重、底肥不足、套种时未施底肥的玉米更应及时施用苗肥，促进苗壮。苗肥以腐熟的人畜粪尿或速效氮肥为好。

（2）壮秆肥。拔节时施用的肥料为壮秆肥，其作用主要是壮秆，并有促进雄穗和雌穗分化发育的作用。特别是采用中早熟种及早熟种的夏玉米和秋玉米，施用壮秆肥，增产效果更显著。壮秆肥也应以充分腐热的人畜粪尿或速效氮肥、钾肥为主，但应注意施用适量，以防节间过度伸长，茎秆生长脆嫩，后期发生倒伏。

提苗肥和壮秆肥的施用数量占总施肥量的10％～15％。

（3）攻穗肥。穗肥的主要作用是促进雌雄穗的分化发育，实现粒多穗大高产。穗肥用量应占总用肥量的50％左右，并应在雌穗小穗或小花分化时（大喇叭口期，玉米抽雄前10～15天，穗位以上叶片出生大而快，叶片密集呈大喇叭口状）施用，此时中熟种为11～12片全展叶，早熟种为9～10片全展叶。一般土壤瘠薄、底肥少、植株生长较差的，应适当多施、早施。反之，可适当迟施、少施，以免中上部叶片徒长，影响雌穗发育。近年来，四川省各地对穗肥的施用都很重视，但一般偏迟，有的甚至已见天花才上行，未能发挥穗肥的攻穗作用，同时多数农户穗肥只施化肥且用量又不足，造成后期脱肥翻黄早衰。

（4）壮籽肥。玉米开花授粉后，可适当补施壮籽肥，以维持较长时间较大的光合绿叶面积，使灌浆成熟正常进行，保证籽粒发育良好，减少秃顶缺粒，提高玉米的产量和品质。壮籽肥应以速效的氮素化肥为主，也可叶面喷施磷酸二氮钾。壮籽肥用量占总肥量的5%～10%。

按照化肥零增长行动要求，在生产上应大力推广测土配方施肥技术，使用配方肥、玉米专用肥、缓（控）释肥等新型肥料。为了提高肥效，肥料都应深施入土，才能充分发挥肥效，提高肥料利用率。

第六节　玉米的节水灌溉技术

一、需水规律

据各省市研究，每公顷产籽粒7.5 t，需水量为3 750～4 500 m^3。每生产一个单位的干物质所消耗的水量，即蒸腾系数，一般为240～368，每生产1 kg籽粒耗水600 kg左右。

玉米不同生育时期对水分的要求是不同的。播种至出苗期，需水量少，占总需水量的 3.1%～6.1%。玉米播种后，需要吸收本身绝对干重的 48%～50%的水分才能膨胀发芽。一般土壤水分保持在田间持水量 70%左右，对玉米发芽出苗最为有利。

出苗至拔节期，植株矮小，生长缓慢，叶面蒸腾量少，耗水量不大，占总需水量的 15.6%～17.8%。此时生长中心是根系，为使玉米根系生长良好，必须保持土壤疏松，水分适宜。一般土壤水分保持在田间持水量的 60%左右为宜，可促根壮苗，培育壮秆。

拔节至抽雄期，进入旺盛生长阶段，茎叶增长迅速，雌雄穗不断分化和形成，干物质积累增加，耗水量增大，占总需水量的 23.4%～29.6%。这段时间的土壤水分以保持田间持水量的 70%～80%为宜。抽雄至籽粒形成期，玉米进入开花、受精和籽粒体积建成期，这是决定穗粒数的关键时期。这时叶面积大而稳，植株代谢最旺盛，对水分要求达一生中的最高峰，日耗水量最高，每公顷达 49.80～55.39 m^3。并且对水分反应最敏感，如缺水会因粒数减少而减产严重。这一阶段土壤水分保持在田间持水量的 80%左右为好。

籽粒形成至蜡熟期，是籽粒增重最迅速和粒重建成时期，是决定籽粒产量的重要阶段。这时玉米对水分的敏感性虽然比前一时期有所降低，但仍需要充足的水分，才能保证籽粒灌浆和蒸腾作用的顺利进行，并将茎叶中生产和积累的营养物质顺利地运到籽粒中去。如此期缺水会因粒重降低而减产。因此，本阶段的土壤水分保持在田间持水量的 70%～75%为宜。

蜡熟至完熟期，籽粒成熟，进入干燥脱水过程，仅需少量水分来维持植株生命活动，保证籽粒的正常成熟。

研究表明，玉米抽雄前 10 天（大喇叭口期）至抽雄后 20

天（籽粒形成期）是需水临界期。处于水分临界期的植株，对水分要求迫切，反应敏感，如水分不足，会引起雌穗小花大量退化而减少穗粒数，同时造成雄穗“卡脖旱”，雌雄穗出现间隔延长，甚至抽不出穗子，影响授粉，降低结实率，严重影响产量。

二、节水灌溉技术

玉米所需水分主要是靠降水供给。四川盆地及川西南山地玉米生产区年降水量在 900～1 200 mm，但时空分布不均，往往在玉米生育需水期，出现季节性干旱。因此，降雨少或季节分布不均的地区，必须进行灌溉以弥补雨量不足，才能满足玉米生育对水分的需要。节水灌溉的基本要求是，以最少量的水，得到最多的产量。要做到节水灌溉，一是必须掌握玉米的需水规律，二是采用适当的灌水方法，三是与覆盖栽培技术的应用相结合。

玉米合理灌溉的指标，是根据玉米各生育时期所需的田间持水量适宜指标进行的。播种至出苗所需土壤水分为田间持水量的70%左右，出苗至拔节为60%左右，拔节至抽雄穗为70%～80%，抽雄至籽粒形成期为80%左右，籽粒形成期至蜡熟期为70%～75%。

（1）播种期：足墒下种，是保证苗全、苗壮的重要措施之一。播种阶段缺雨，采用播前浇水造墒或播种后浇蒙头水，均是达到适时早种和全苗的成功经验。

（2）苗期：玉米苗期需水较少，抗旱能力较强，适当干旱锻炼，可促进根系向纵深发展，扩大肥水的吸收范围，不但幼苗健壮，而且能增强玉米生育中后期抗倒伏能力，故一般不浇水。但对麦田套种玉米，由于与小麦共生期较长，苗子生长不壮，若遇土壤缺水，天气干旱，苗子萎蔫，必须及时浇水保苗，才能增产。

(3) 拔节孕穗期：拔节孕穗期浇水可缩短雌雄花出现间隔，利于授粉，减少雌穗小花退化，提高结实率。

(4) 抽穗开花期：这是玉米一生中需水最多的时期，对水分反应极为敏感。农谚“开花不灌，减产一半”，说明此时灌水的重要性。此时浇透水有利于受精，增加穗粒数。抽雄期浇水，可增大光合强度，使更多养分向果穗中运输。

(5) 成熟期：从籽粒形成到乳熟末期仍是玉米需水的重要时期，这个时期干旱对产量的影响仅次于抽雄期。根据各地经验，此期浇水千粒重增加 18.3～36.7 g，增产 3%～25%。

玉米灌水方法主要有沟灌、畦灌、喷灌和滴灌四种，各地可因条件而采用。其中，沟灌和滴灌常与覆盖栽培技术相结合。

第七节　玉米的田间管理技术

一、苗期管理

1. 苗期生长的特点

苗期是以根系建成为中心，茎、叶等营养器官分化、生长为主的时期，三叶前依靠种子内养分生活，三叶后则以根吸收水分、养分和叶的光合作用供给养分独立生活。苗期管理的主攻目标是通过促控措施促进根系发育，控制地上部徒长，培育壮苗，达到苗全、苗齐、苗壮，为穗粒期的健壮生长和良好发育奠定基础。

2. 苗期管理措施

(1) 破土防旱，助苗出土。玉米播种后，常遇土壤干旱，土壤水分低于田间持水量的 60%，则发生炕种、炕芽、干霉，或出土后枯死，导致缺苗。亦有播种出苗前遇大雨、暴雨，引起土面板结，空气不足，玉米幼苗变黄，潜伏于板结层下难以出土，故应注意破土及防旱，助苗出土。

（2）查苗补缺。玉米播种后常因种子质量、整地和播种质量、土壤温度、水分以及病虫害等原因造成缺苗，严重影响密度和整齐度。所以，玉米出苗后要及时查苗、补缺。玉米缺苗在二叶后一般不宜补种，否则造成苗龄悬殊，株穗不整齐，穗小空秆，失去补种的作用。因此，播种时应在行间增播 1/10 的种子，或按 5%～10%的比例人工育苗，苗龄 2.5～4 叶时，在阴天或傍晚带土移栽，栽后浇水，覆土保墒。成活后追施速效化肥，促苗生长，提高大田整齐度。

（3）间苗、定苗。为了确保种植密度和整齐度，播种时般应播超过种植密度 1～2 倍的种子，出苗后 3～4 叶期要及时间苗定株。间苗原则是间密留稀，间弱留强。地下害虫、鸟兽危害严重的地区，为避免早间苗造成缺苗或晚间苗形成老苗、弱苗，可分次间苗，第一次在幼苗 3～4 叶时间去过多密集的幼苗。第二次在 4～5 叶时结合定苗间苗，定苗要掌握定向、留匀、留壮的原则，在一穴内留苗要大小相等，整齐一致，株距均匀。

（4）水肥管理。玉米苗期需肥量不足总需肥量的 10%，需水量在总需水量的 18%以下。若基肥、种肥以及底墒不足，严重影响幼苗生长，除早施重施苗肥和浇水外，一般采用勤锄、深锄、轻施和偏施的管理措施，促进发根，控上促下，蹲苗促壮，为后期矮秆、大穗，基部节间短、粗，抗旱抗倒奠定基础。

（5）防治害虫。地老虎是玉米苗期的主要地下害虫，另有蛴螬、蝼蛄等虫害，常造成缺苗，特别是春玉米危害较严重，要加强防治。

二、穗期管理

穗期的生长特点：穗期是茎、叶的营养生长与雄、雌穗分化发育的生殖生长并进的双旺时期。穗期管理措施有以下两点。

(1) 追肥。穗期追肥包括拔节肥和穗肥。苗期缺肥、长势差的春玉米，或生育期短的夏秋玉米和未施底肥、生长势弱的套种玉米，拔节肥与穗肥并重。拔节肥促进生长发育，搭好丰产架子。对底、苗肥充足，苗势旺，叶色深的玉米，可不施拔节肥，而在大喇叭口期集中重施穗肥，既攻大穗和穗三叶，又防止基部节间过长而发生倒伏，增产效果十分明显。

(2) 中耕培土。中耕培土要结合追肥进行，一般浅锄利于根系横向分布和下扎，中耕过深伤很多，影响对肥、水的吸收。追肥结合培土，既使肥料深埋，减少养分损失，又利于支持根入土发生分支，对后期水分、养分的吸收以及抗倒起重要作用。培土的时间以追施穗肥的大喇叭口期进行为宜。如培土早，则根际温度低，空气不足，抑制节根的发生和生长，进而影响玉米产量且抗倒力减弱。

三、粒期管理

粒期的生长特点：植株抽雄后营养生长基本停止，全面转入开花授粉及籽粒成熟的生殖生长。此时的绿叶面积达最大值，籽粒重量的90%～95%靠授粉后的叶片光合作用积累，故要求粒期绿色叶面积稳定时间长，根系活力旺盛，植株清秀、健壮不倒。通过促控管理措施防止叶片退黄、根系早衰。

粒期主要管理措施有以下两点。

(1) 补施粒肥。在早施穗肥或用量不足，出现叶片落黄脱肥现象时，在开花或灌浆期以追肥总量的10%的速效氮肥补施一次粒肥，可起到延长绿色叶面积的功能期、养根、保叶、提高粒重的作用。

（2）排水防渍。玉米乳熟期降雨过多，土壤水分长时间超过田间持水量的80%，或田间渍水，会使玉米根系活力迅速下降，叶片变黄，也易引起玉米倒伏，应注意排水防渍。

四、收获与贮藏

（1）收获。到蜡熟期，玉米籽粒变硬，具有本品种的颜色和光泽，籽粒干物质已达最高值，籽粒尖冠处出现黑色层，茎叶变黄，苞叶干枯，即可收获。收获过早影响籽粒饱满，且含水量高，不便于贮藏；收获过迟，茎秆折断，果穗触地，易发霉发芽，遭鸟兽危害，故以适时收获为好。如要复种秋作物或间套其他作物，而玉米尚未充分成熟，可提前带根刨起或齐地割下，堆放数天，让茎秆、穗轴中的可溶性糖输入籽粒，使籽粒充实饱满。

（2）贮藏。玉米籽粒含水量在13%以下，粮温不超过30 ℃，即可安全贮藏。

第八节　特种玉米栽培技术要点

一、糯玉米栽培技术要点

糯玉米的籽粒不透明，无光泽，外观晦暗呈蜡质状。籽粒中淀粉均为支链淀粉，煮熟后黏软，富于糯性，食味品质好。与普通玉米相比，糯玉米千粒重较低，因而幼苗较弱，籽粒灌浆过程表现出灌浆期短、灌浆速度快、籽粒脱水较快的特点（见图3-6）。糯玉米的栽培技术要点如下。

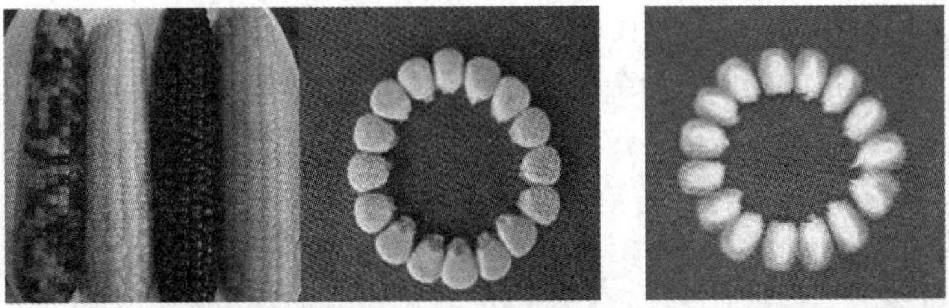

（a）糯玉米　（b）普通玉米

图 3-6　糯玉米和普通玉米的对比

（1）隔离种植。糯质玉米是由纯合隐性基因控制的胚乳突变体，糯性品质性状，受花粉直感作用的影响，在纯合隐性情况下，胚乳全部为支链淀粉，籽粒呈不透明的蜡质状。接受普通玉米的正常花粉后，糯质基因呈杂合状态，当代籽粒就表现出非糯特性。因此，大田生产时，为确保糯玉米的优良品质，糯玉米应与普通玉米隔离开，隔离方式与普通玉米杂交制种的隔离相似。

（2）造期播种。种植糯玉米的季节安排，必须结合用途等因素综合考虑。直接采摘鲜果穗上市或用于加工罐头食品，首先要预测市场消费情况，科学安排生产季节。糯玉米的采收期很短，一般在授粉后的 22～28 天，所以必须控制在适宜的采收期内上市或加工成糯玉米产品。若需延长上市或加工时间，生产上应采用分期播种，搭配种植早、中、晚熟品种的办法，也可采用地膜覆盖或育苗移栽等技术提早上市。糯玉米的种植密度比普通玉米略高，以 6.75 万～9.0 万株/hm^2 为宜。

（3）加强田管。糯质玉米千粒重低，幼苗相对纤弱，不抗倒折，较普通玉米易感病害，籽粒和茎秆的含糖量相对较高，易发生虫害等。因此，在田间管理上应注重以下几方面。其一，以有机肥为主施足底肥，拔节前追施两次苗肥，且适当增大磷肥、钾肥的比例，以促进苗期根系发育，保证苗全苗壮。其二，目前推广的糯质玉米杂交种都有很高的双穗率，重施穗肥，加强后期管理，防止早衰，通过提高成穗率和千粒重可获得高产。其三，重视病虫害防治，尤其要重视对大小斑病、丝黑穗病、青枯病和黏虫、玉米螟等的防治。其四，为了提高鲜果穗的商品率，在散粉期应进行人工辅助授粉。作为鲜食嫩玉米时，采收前 15 天应禁止使用农药，以免造成事故和危害人体健康。

（4）造期收获。以生产淀粉为目的，收获期可以乳线消失作为标志。鲜食嫩玉米果穗的采收以乳热期为宜，过早则糯性不够且影响产量，过迟则风味变差，具体日期应视当地的气候条件和品种自身特性而定。

二、甜玉米栽培技术要点

甜玉米因其籽粒在乳熟期含糖量高而得名，它的用途和食用方法类似于蔬菜，故又被称为“蔬菜玉米”，它还可加工制成各种风味的罐头食品和冷冻食品，因此也被称为“罐头玉米”。甜玉米的籽粒重量比普通玉米轻，而且表现为皱缩秕瘪，一般粒重只相当于普通玉米的 50%～70%（见图 3-7）。由于种子皱秕，胚乳比例小，贮藏养分少，不能很好满足种子萌发及幼苗三叶期前自身营养的需要，所以它比普通玉米出苗率低，苗势弱，且幼苗生长不整齐，前期叶面积增长慢。吐丝授粉后，甜基因抑制胚乳的淀粉积累和游离氨基酸向蛋白质的转化，致使叶片的光合产物向籽粒运输受阻，抑制叶片光合效率的发挥，因而生育后期早衰快。甜玉米的栽培技术要点如下。

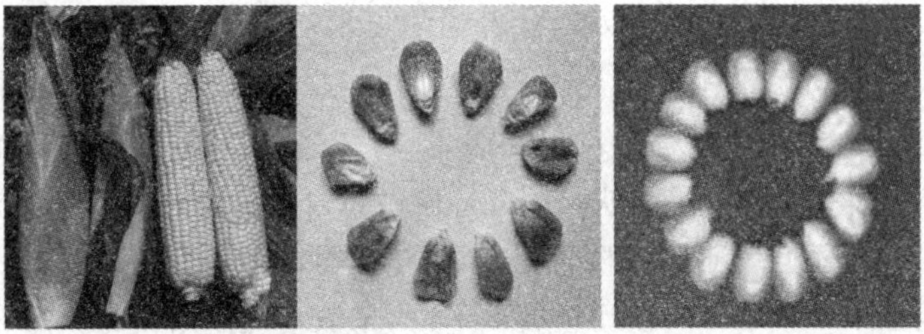

（a）甜玉米　　（b）普通玉米

图 3-7　甜玉米和普通玉米的对比

（1）隔离种植。为确保甜玉米的特性，应防止与普通玉米及其他类型甜玉米品种串粉。常用的隔离方法除空间隔离外，还有时间隔离。时间隔离主要是采用错期播种，一般错期 25～30 天，使甜玉米与普通玉米或不同类型的甜玉米花期错开。

（2）适期播种，浅播保全苗。甜玉米种子含淀粉量少，出苗率低，春播应以气温稳定在 12 ℃以上时为适宜播种期。甜玉米生育期短，一般品种从出苗到成熟只需 70～90 天，生产上还要根据甜玉米的特性和商品需要，即以嫩玉米鲜果穗供应市场和加工的特点，采用地膜覆盖或调节播期，延长采收期，播种深度以 3～5 cm 为宜，过深则苗弱。播后要适当镇压保墒，出苗后若缺苗要及时移苗补栽，以保证苗全苗壮。

（3）合理密植，加强田管。甜玉米生育期短，植株较矮小，且以生产鲜食果穗和玉米笋为主，故种植密度一般应高于普通玉米 30%～50%，如供采收玉米笋栽培，还可适当加大密度，以达增穗增收的目的。甜玉米出苗率较低，苗势较弱，为确保苗全苗壮，获得较高的产量和优质产品，加强苗期田间管理尤其重要。

（4）适时收获。适时收获的甜玉米果穗甜度高，清香可口，而且产量高。作为鲜食普通甜玉米，应在授粉后16～18天，抽丝后的有效积温达270 ℃时采收。超甜玉米在授粉后18～20天，抽丝后有效积温达300 ℃时采收较为适宜。采下来的鲜果穗糖分下降快，因此，应做到边采摘边上市出售或加工，普通型甜玉米一般不超过半天，超甜玉米不超过1天。作为玉米笋栽培，应在吐丝后1～3天采收，先采第一穗，后采第二穗，采后及时交售罐头食品厂进行加工处理。

三、青饲玉米栽培技术要点

青饲玉米是近年来玉米结构调整、适应畜牧业发展需要而出现的新类型，它是以收割鲜嫩植株或在乳熟期收获整株为主的玉米品种。目前，四川应用的青饲玉米主要有青贮玉米和分枝型青饲玉米两种类型。青饲玉米的栽培技术要点如下。

1. 青贮玉米

青贮玉米是指乳熟期收获整株或茎叶青贮的玉米。为实现生物产量的最大化，当前选用的该类型专用品种植株高大，叶片宽大，株形松散，但这些品种在生产上存在倒伏（进入穗分化前）现象，导致产量和营养品质下降。因此，青贮玉米的栽培技术除采用一般玉米高产栽培技术外，还应当重点采用以下三大技术。

（1）早播蹲苗。在气温稳定超过12 ℃或地膜覆盖超过9 ℃时及时播种，采用育苗移栽或适当深播技术均有利于蹲苗。

2. 适当密植与控氮增钾相结合。在四川，青贮玉米的合理种植密度原则上要求要达到6万株/hm^2以上；氮肥控制在纯氮180 kg/hm^2，并应坚持前重后轻的施用原则，即底肥、苗肥、攻穗肥按4∶3∶3比例施用。同时，增加钾肥的使用量，每公顷施用K_2O 180～210 kg有利于高产。

（3）适时收获。青贮玉米适时收割能获得较高的生物产量和营养价值。专用青贮玉米在籽粒乳熟末期至蜡熟初期收获，可增加籽实部分，单位面积可消化养分总量增多；兼用型青贮玉米应在蜡熟末期采摘果穗，趁“活棵”及时抢收茎叶用于青贮。

2．分枝型青饲玉米

该类型玉米是以收获鲜嫩茎叶青直接或经粉碎后饲喂牛、羊、猪、鱼及兔、鹅等为主的新玉米类型。分枝型青饲玉米的栽培技术要点如下。

（1）选用良种。一般选用丛生、多分蘖、茎叶繁茂的玉米野生近缘属植物，如墨西哥玉米；还有以玉米野生近缘属为材料育成的新型青饲玉米，如四川农业大学玉米研究所近年来选育并通过审定的玉草系列饲草玉米和饲用薏苡等品种。播种时应对这些品种的种子进行精选。

（2）精细整地。选择向阳无隐蔽、能灌能排、肥力较好的优良地块。因该类型品种种子粒小顶土力弱，播种前应精细整地，适当翻耕 15～20 cm，同时结合翻耕施用有机肥 3×10^4 kg/hm^2、尿素 75 kg/hm^2、磷酸二氢钾 375 kg/hm^2 作基肥。

（3）适期播种。当土壤播种层的温度稳定在 14～16 ℃时即可播种，如果是牧场，应根据青饲料需要确定播期，可春播、夏播或秋播，也可采用错期播种技术以保证青饲料供给。播种方式可直播，但育苗移栽效果更好。

（4）合理密植。合理密植可增加单位面积生物产量，目前生产上适宜密度为 5.25 万～6 万株/hm^2，并应随播期早晚做适当调整，春播可适当降低密度，夏秋播应适当增大密度。

（5）增施肥水。由于此类型青饲玉米分蘖力强、生长速度快，故需肥水量较大，重点是施足底肥，根据苗情酌情追施提苗肥，在每次刈割后，应以适量氮素为主，兑匀人畜粪水泼洒留茬，以肥水促分蘖迅速萌发快速生长。全生育期施氮量应在300 kg/hm^2（折纯氮）以上。

（6）适期刈割，高留桩。适期刈割既有利于提高产量、品质，又能促进分蘖。在生产上，该类型玉米如玉草1号、墨西哥玉米以每年刈割3～4次为宜，具体刈割时间应综合其生育进程及养殖场青饲料需求等因素决定。每次刈割留茬高度应在15～20 cm为宜，过低过高都不利于分蘖再生和生长。

第九节　玉米机械化生产技术

近年来，随着农村劳动力输出转移加剧、新型经营主体快速发展，玉米规模化生产面积迅速增长，对玉米机械化生产技术需求迫切。同时，采用机械化生产技术能显著提高劳动效率和玉米种植效益，其栽培技术要点如下。

一、合理的农机配置

要根据生产规模、地形地貌、地块大小、种植制度等选择配置适宜农机。一般而言，可按照以下标准选择。

（1）生产规模3.3～13.3 hm^2：配置25～35马力（1马力约为0.735 kW）拖拉机1台、2行播种机1台、脱粒机2台、旋耕机2台、行间追肥机和喷药机械等配套农机具2台（套）。

（2）生产规模13.3～33.3 hm^2：配置30～70马力拖拉机2台、2～4行播种机2台、2～4行收获机1～2台、脱粒机2台、旋耕机2台、行间追肥机和喷药机械等配套农机具2台（套）。

（3）生产规模33.3～66.7 hm^2：配置30～90马力拖拉机3台、2～4行播种机3台、2～4行穗收或籽粒收获机2台、脱粒机 2 台、旋耕机 3 台、行间追肥机和喷药机械等配套农机具 3 台（套）。

（4）生产规模 66.7 hm^2 以上：配置 30～50 马力拖拉机 4～5 台，并配置 75～100 马力拖拉机 1～2 台、2～4 行播种机 4～5 台、2～4 行穗收或籽粒收获机 3 台、脱粒机 2 台、旋耕机 5 台、行间追肥机和喷药机械等配套农机具 4 台（套）。

二、机播技术

应根据山地、丘陵、平坝等不同的地形特点，分别选用简易型手工操作的点播机具、与微耕机或手扶拖拉机配套的小型播种机、与中小型四轮拖拉机配套的精量播种机进行播种作业。精量机播可在丘陵缓坡耕地及高原平地一年一熟地区先行推广（见图 3-8）。

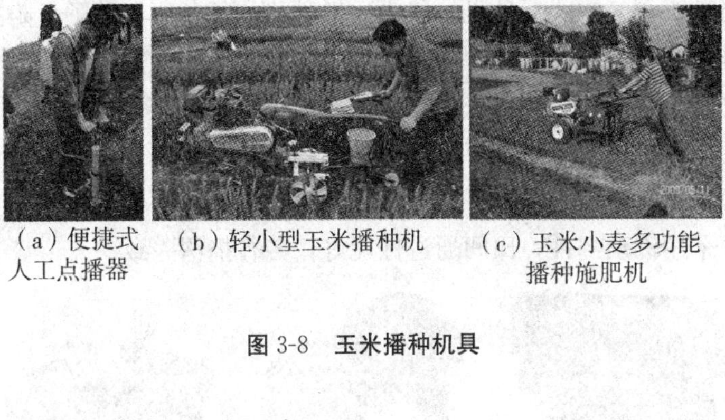

（a）便捷式人工点播器　（b）轻小型玉米播种机　（c）玉米小麦多功能播种施肥机

图 3-8　玉米播种机具

1. 机械播种的方式

玉米机械播种最常用的方式有开沟穴播、精量播种、免耕播种等。开沟穴播是利用微耕机，按种植要求开沟，再将种子按规定的行距、株距、播深定点播入，每穴播 2～3 粒，可保证苗株在田间分布均匀，提高出苗能力。一般通过缩小穴距增大种植密度。出苗后通过间苗、定苗等田间作业落实种植密度。精量播种是将种子按精确的播深、间距定点、定量播入土中。单粒精量点播为“一穴一粒”，播种密度就是计划种植密度，对种子质量要求高（发芽率应高于 96%）。免耕播种是在前茬作物收获后，不耕翻土地，原有的茎秆、残茬覆盖在地面，用免耕播种机直接在茬地上播种。

2. 播种机具

玉米播种机按排种原理可分为机械式和气动式（见图 3-9）。

（1）机械式精量播种机。目前使用较多的是勺轮式机械精量播种机，可与 12～ 30 马力的各种拖拉机配套使用。这种播种机大多无单体仿形机构，播种深浅不易把握，但在作业速度低于 3 km/h 时，可基本满足精量播种要求。

（2）气动式精量播种机。气动式精量播种机又分为气吸式播种机和气吹式播种机。气吸式播种机依靠负压将种子吸附在排种盘上，种子破碎率低，适用于高速作业，但其结构相对较复杂。气吹式播种机依靠正压气嘴将多余的种子吹出锥形孔，对排种机构的密封性要求不高，其结构相对简单。气动式播种机的播种单体采用了平行四杆仿形机构，开沟、覆土和镇压全部采用滚动部件，田间通过性能好，各行播深一致。

（a）机械式　（b）气吸式　（c）气吹式

图 3-9　玉米播种机排种器结构图

3. 机械播种技术要求

一次播种保全苗是实现玉米高产、稳产的前提。播种玉米时应考虑播种量、种子在田间的分布状态、播种深度和播后覆盖压实程度等农艺要求，先试播，待符合要求后再进行大田播种作业，以保证播种质量。西南玉米区的机播可在丘陵缓坡耕地改革耕作制度后，以及高原平地一年一熟地区进行。各地可结合当地实际，合理确定相对稳定、适宜机械作业的种植行距和种植模式。一般套种条件下，宽厢（如双六〇）套种方式相对有利于小型机械整地、播种和收获。

（1）适时播种，播量准确，符合农艺要求，籽粒破碎率≥1%。

（2）单口排量误差≥±2%，亩播量误差≥±3%（穴播每穴下种量 2～4 粒时，平均每穴下种数≤80%，穴距误差≥±5 cm）。

（3）播深符合农艺要求，播深一致性误差≥±1 cm。

（4）下种均匀，无断垄，覆盖严密；播行直，50 m 内弯度≤10 cm，行距一致，播幅内行距误差≥1 cm，机组往返交接行误差≥5 cm。

（5）地头起落线整齐，播到头、播到边，不重播、不漏播。

（6）机械播种同时完成深施肥作业，施肥均匀，施量符合农艺要求，对种子不得产生肥害。

4. 种、肥同播技术要求

随着播种机具的改进，种、肥异位一体机的应用越来越普遍，在播种的同时施入全部的磷肥、钾肥和 40%左右的氮肥，对播种质量的要求也更为严格。

（1）正位深施：肥随播种机播种作业深施于种床正下方。

肥深施于种子下方 8～10 cm。施入的肥与种子深浅一致，肥带宽度略大于种行的宽度。种与肥的距离合格率≥90.0%。

（2）侧位深施：肥随播种机播种作业深施于种床侧下方。肥深施于种子斜侧下方的 8～10 cm。肥条均匀连续，施入的化肥与种子深浅一致，无断条或漏施。种与肥的间距合格率≥90.0%。

三、机械化田管技术

1. 中耕追肥

苗期中耕可疏松土壤，提高地温，消灭杂草，减少养分、水分消耗，一般进行 1～3 次：第一次在定苗前，深度在 3～5 cm为宜；拔节前进行第二、三次中耕，苗旁宜浅，行间宜深（9～12 cm）；在大喇叭口期前可结合追穗肥进行中耕培土。机动中耕机如图 3-10 所示，机动中耕追肥如图 3-11 所示。

图 3-10　机动中耕机

图 3-11 机动中耕追肥

2. 机械化植保

(1) 作业机具。采用机械式超低量喷雾器或静电喷雾器，提高喷施药剂的雾化性、对靶性和利用率，降低人畜中毒、生态污染和农产品农药残留超标的风险。目前生产中应用较多的作业机具有高地隙喷雾机、无人植保机和机械喷雾机等（见图3-12）。

（a）机械喷雾机　（b）无人植保机　（c）高地隙喷雾机

图 3-12 植保机具

(2) 机具作业要求。

作业方法：顺向作业，要求喷头与作物距离 45～60 cm。喷药作业要掌握有利的时机适时进行，根据药剂性能按农艺要求进行喷施，喷药量和喷液量准确，喷洒均匀，不漏喷、重喷、无后滴。

①作业中目测农药喷施情况，应均匀一致，射程稳定。

②作业中经常检查工作部件，发现堵塞、漏洒或不均匀时要及时排除故障。

③作业中应抽查作物茎秆、叶面的药液（粉）黏附情况，看其是否均匀、是否符合农业技术要求，必要时进行调整。

④作业中一般不允许中途停车，如一定要停车，必须首先切断农具动力。

⑤作业中不允许机组倒退。

⑥用于除草剂喷洒作业的机具，用后必须彻底清洗干净后才能用于喷洒其他农药。

⑦农药在调剂成药液后要经过过滤才能添加。

（3）喷药作业质量评价标准。

①喷药前机组要进行喷嘴流量的测定，各喷头流量差不大于3%，实际喷液和计划喷液量误差不大于5%，超出者不允许参加作业。

②作业前搞好田间区划，地头留枕地线，并做好标记避免重漏。

③各喷头喷洒均匀，雾化良好，不漏喷，相邻喷头重复宽度为5～15 cm，且宽度一致，往复喷洒重复宽度不大于30 cm。

④喷药机车要恒速作业，速度小于7 km/h，单位面积施药量要准确，往复核对地块结清。

⑤把握喷药的适宜量，风力在3级以上或空气相对湿度低于65%时不允许喷药，气温在15 ℃以下或27 ℃以上，12 h后可能有大量降水不要进行茎叶处理。视土壤墒情，酌情增减药量。

3. 机械收获

玉米机械化收获技术是在玉米成熟时，用机械来完成对玉米的茎秆切割、摘穗、剥皮（部分收获机带剥皮功能）、集箱、秸秆处理等生产环节的作业技术。玉米联合机械收获适用于地块较大、地势较平坦的平坝地区和缓坡耕地，以及等行距、行距偏差±5 cm 以内、最低结穗高度 35 cm、倒伏程度<5%、果穗下垂率<15% 的地块作业。我国玉米收获机的主要机型有自走式和背负式，两种机型只是动力来源形式不同，工作原理相同。自走式玉米联合收获机自带动力，背负式需要与拖拉机配套使用。西南玉米区多数地区可采用 1～2 行背负式玉米收获机进行摘穗作业。需要回收秸秆再利用的地块，可以选用穗茎兼收型玉米收获机。青贮玉米可采用青贮式收获机。图 3-13为国内外几种不同类型的玉米收获机。

（a）背负式　（b）自走式　（c）互换割台式（d）茎穗兼收型

图 3-13　国内外几种不同类型的玉米收获机

（1）籽粒玉米收获。

①收获时间。

美国玉米一般在完熟后 2～4 周或更晚直接机械脱粒收获，收获时的籽粒含水量常下降到 15%～18%。我国西南许多地区收获时的玉米籽粒含水率偏高（大于 30%），因此，在没有烘干条件时，使用玉米收获机作业只可完成摘穗（剥叶）、集箱和秸秆粉碎还田等作业，不直接脱粒。如想直接完成脱粒作业，需选择早熟品种或推迟收获期，让玉米在田间脱水，直到含水量在 25%以下。

②作业条件。

收获地块不得有树桩、水沟、石块等障碍物，地面坡度不大于 8°，土壤含水率应适中（以不陷车为适度），并对机组有足够的承载能力。

凡是使用玉米联合收获机收获的地块都应种植同一品种的玉米，不与其他作物混种，利于机械收获作业。种植方式应统一在同一地块内，平作垄作不交叉，种植行距应根据玉米收获机的性能特点，在 65～70 cm 等行距种植，便于机械作业。

待收玉米应满足下列要求：玉米籽粒含水率小于 30%，茎秆含水率为 70%左右，植株倒伏率小于 5%，最低结穗高度大于 600 mm，果穗下垂率小于 15%。

③作业质量要求。

机械收获前，用人工或机械在待收地块两头顺行方向分别开出机组转弯道，长度不少于 8 m。根据运粮距离和地块大小配备运粮车，保证收获机及时卸粮。采取往复式或回式作业路线，地块较大时，可划分出几个区域分别进行作业。根据不同收获机性能以及事先调查的玉米产量、种植密度、茎穗含水率情况，确定机组作业速度。一般情况下，收获机的正常作业速度为 4～7 km/h。作业质量应达到：籽粒损失率≤2.0%；果穗损失率≤5.0%；籽粒破碎率≤1.0%；苞叶剥净率≥85%；留茬高度≤110 cm；还田秸秆粉（切）碎长度合格率≥85%；穗茎兼收茎秆切段长度合格率≥80%。

（2）青贮玉米收获。

青贮玉米是指以新鲜茎叶（包括穗）生产青饲料或青贮饲料的玉米品种或类型。根据用途，青贮玉米又分为专用、通用和兼用三种类型。青贮专用型指只适合作青贮的玉米品种；青贮兼用型指先收获玉米果穗，再收获青绿的茎叶用作青贮；青贮通用型是既可作普通玉米品种在成熟期收获籽粒，也可收获包括果穗的全株用作青饲料或青贮饲料。大面积种植青贮玉米最好采用青贮收割机。

①收获时间。

遵循产量和质量均达到最佳的原则，用于青贮的玉米最佳收获时期为乳熟末期至蜡熟初期，乳线高度在1/3～2/3，秸秆含水量60%～70%（窖贮60%～65%，罐贮或袋贮65%～75%）。若收割期提前，则鲜重产量不高，而且不利于青贮发酵。若过迟收割，黄叶比例增加，含水量降低，也不利于青贮发酵。青贮兼用型玉米在收获玉米果穗后，应尽早收获青绿的茎叶用作青贮。

②收获部位。

青贮玉米的收割部位应在茎基部距地面3～5 cm以上，因为茎基部比较坚硬，青贮发酵后适口性较差，牲畜不爱吃，在切碎时还容易损坏刀具；另外，提高收割部位可以减少杂质杂菌等带入窖内而影响青贮发酵的质量。

③收获质量评价。

青贮收获的作业质量应达到以下要求：整株青贮玉米秸秆根部切割面平整，无撕扯现象；收割部位应在茎基部距地面3～5 cm以上；切段长度6～30mm，切段长度合格率在90%以上；破节率95%以上，且90%以上的切段应破成四瓣以上，90%以上切段断面斜角小于15°；切段间缠结少，切段缠结率小于15%；切割、切碎、抛送过程中损失少，收获总损失率不大于总产量的2%。

第四章 甘　　薯

第一节 概　　述

甘薯又名“山芋、红薯”等，旋花科薯蓣属植物，原产于美洲中部热带地区。现在世界上甘薯绝大部分种植在亚洲、非洲、南美洲发展中国家，日本、美国等发达国家有一定种植面积。我国的甘薯种植面积约为 $6\,800\times10^4$ 亩，约占世界总的种植面积的一半，世界占总产量的80%以上。

在我国除部分严寒地区外，几乎各地都有种植甘薯，主要分布在黄淮平原、四川盆地和东南各省（自治区），以四川、河南、山东等省生产最多。四川省甘薯种植广泛，主产区集中在盆中及川东北丘陵地区，常年种植面积 $1\,100\times10^4$ 亩，约占全国甘薯种植面积的16%，居第一位。近年来，由于农村劳动力减少、甘薯的加工转化率低、比较效益不高等原因，四川甘薯种植面积逐年减少，单产有所提高，总产基本稳定。

中华人民共和国成立后，由于党和政府的重视，四川省的甘薯生产有很大的发展，总产和单产有显著提高，甘薯科研工作也取得了显著成绩，如南薯88、南薯99、川薯34、川薯

27、西成薯 007、南紫薯 008、绵紫薯 9 号等的选育和推广，塑料薄膜在甘薯育苗上的运用，脱毒种薯和种苗的推广应用，改独埂大厢为梯形厢栽苕，“麦/玉/苕”套作，一年两季等新技术和新模式的推广，有力地促进了甘薯生产的发展。

甘薯含有膳食纤维，胡萝卜素，维生素 A、B、C、E 以及钾、铁、铜、硒、钙等 10 余种微量元素，营养价值很高，被营养学家称为营养最均衡的保健食品。特别是甘薯含有丰富的赖氨酸，可以补充大米、面粉中缺乏的赖氨酸。甘薯中的碳水化合物含量高，所含热量较高，还含有生物类黄酮等营养元素。甘薯能滋补肝肾，助肌体恢复，具有抗癌、通便、增强抵抗力、延缓衰老等作用。随着消费水平的提高，甘薯的保健作用越来越被人们所重视和接受。

第二节　生物学基础知识

甘薯和其他植物一样也有根、茎、叶花果实和种子，产品器官主要是块根（见图 4-1）。

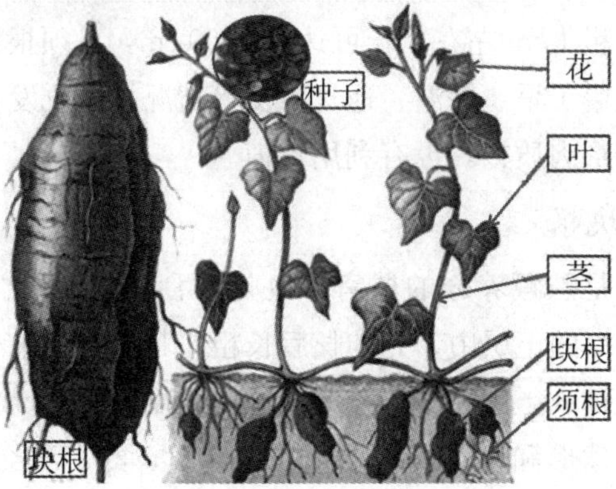

图 4-1　甘薯植株形态

一、根

甘薯根有须根、柴根和块根 3 种形态（见图 4-2）。

图 4-2　甘薯根形态

1. 须根

须根呈纤维状，有根毛，根系向纵深伸展，一般分布在 30 cm 土层内，深可超过 100 cm，具有吸收水分和养分的功能。

2. 柴根

柴根粗 1 cm 左右，长可达 30～50 cm，是须根在生长过程中遇到土壤干旱、高温、通气不良等情况，以致发育不完全而形成的畸形肉质根，没有利用价值。

3. 块根

块根是贮藏养分的器官，也是供食用的部分。它分布在 5～25 cm深的土层中，先伸长后长粗，其形状、大小、皮肉颜色等因品种、土壤和栽培条件不同而有差异，形状有纺锤形、圆筒形、球形和块形等，皮色有白、黄、红、淡红、紫红等；肉色可分为白、黄、淡黄、橘红或带有紫晕等。它具有根出芽特性，是育苗繁殖的重要器官。块根的外层通称为薯皮，薯皮以下为皮层，皮层包裹的是可食用的中心柱部分。

二、茎

甘薯的茎分为地上茎和地下茎，地上茎长短因品种、栽培季节以及土壤环境条件不同而异，长的可达 3 m 以上，短的不足 1 m。茎左旋，茎粗一般为 0.4～0.8 cm。茎色有绿、紫、褐或绿中带紫色等。茎的表面有茸毛，茎上有节。茎节有芽和根原基，能长枝发根。地下茎也叫“薯鼻子”，是连接薯块和地上部植株、生长须根的重要单元，地上合成的物质通过薯鼻向薯块转移，而地下根系吸收的营养通过薯鼻向地上转运。

三、叶

单叶互生，叶形有心形、三角形与掌形等，最大的叶片长宽可达 15～17 cm，一般的长和宽不超过 10 cm，叶缘分为全缘、带齿、浅单缺刻、浅复缺刻和深复缺刻，顶端具尖，基部心形，基出脉 9～13 条，被丁字形长柔毛，尤以背面较多；叶柄长 5～8 cm，基部色有紫、褐、绿色等。叶色有绿、浅绿和紫色等。叶片背面叶脉颜色有淡红、红、紫、淡紫和绿色等。

四、花

甘薯的花单生，或数朵至数十朵丛集成聚伞花序，生于叶腋和叶顶。甘薯的花呈淡红色，也有呈紫红色的，其中，形状似牵牛花（呈漏斗状）的花朵，一般较小。花萼 5 裂，长约 1 cm。花冠直径和花筒长 2.5～3.5 cm，蕾期卷旋。甘薯花是两性花，雄蕊 1 个，长短不一，着生在花冠基部。花粉囊 2 室，呈纵裂状。花粉球形，表面有许多对称排列的小突起。雌蕊 1 个，柱头多呈 2 裂，子房上位，2 室，由假隔膜分为 4 室。甘薯花晴天在早晨开放，到下午闭合凋萎。甘薯为异花授粉作物，自交结实率很低。

五、果实

甘薯的果实和牵牛花的果实相同，是圆形或扁形的蒴果，直径为 5～7 mm，果皮在不成熟时为绿色或紫色，成熟时变成枯黄色或褐色。每个蒴果里有黄褐色或黑色种子 1～4 粒，直径约为 3 mm。

六、种子

甘薯的种子大小和形状与一个蒴果里的种子数目有关系。一般是一个蒴果里结 1 粒种子的为圆形，结 2 粒的为半圆形，结 3 粒以上的为不规则的三角形。以结 2 粒种子的蒴果最常见，很少有结 4 粒的。种子皮较厚而坚硬，不容易吸水，发芽比较困难，一般不用于生产，多用于选育新品种。必须先磕破种皮或用浓硫酸浸种以后，洗净放在清水里使它吸水，再给以适宜温度催芽，才能播种。

第三节　主 要 品 种

现在四川省的甘薯主栽品种根据类型，可分为鲜食及食品加工型、淀粉加工型、粮饲兼用型及特用型等几类。

一、鲜食及食品加工型品种

1. 南薯 88

南薯 88 是南充市农业科学院 1980 年用晋专 7 号作母本，美国红作父本进行有性杂交后培育而成（见图 4-3）。该品种株型匍匐，叶片心脏形，顶叶绿色，叶、叶基与柄基部、叶柄均为绿色，蔓绿色、茸毛少，蔓长 170～250 cm，粗细中等，基部分枝 3～5 个，节间较长；薯块下膨纺锤形，薯皮淡红色，薯肉黄红色，薯皮较薄、光滑；萌芽性中等，产量 2 000 kg 以上，烘干率 29%左右，出淀粉率 15.0%以上；适应性强，早熟抗病性优于徐薯 18，熟食品质优。大中薯多，商品价值高。适合小食品（如薯条、薯脯等）加工及食用、饲用。

图 4-3　南薯 88

2. 香薯

香薯是 2007 年南充市农业科学院引进的食用型甘薯品种（见图 4-4、图 4-5）。该品种株型半直立，叶形深复缺，顶叶绿边褐，叶色深绿，蔓绿褐色、茸毛少，蔓长中等，粗细中等，基部分枝 3～5 个；薯块长筒形，薯皮深红色，薯肉橘红色，薯皮较薄、光滑；萌芽性中等，适应性强，早熟；耐贮性优于南薯 88，熟食品质优。中薯多，商品价值高。鲜薯亩产 1 700 kg左右，烘干率 22%～24%。适合鲜食、小食品（如薯条、薯脯等）加工及饲用。

图 4-4　香薯茎叶

图 4-5　香薯薯块

3. 广薯 87

广薯 87 是由广东省农业科学院作物研究所用广薯 69、广薯 70～9 等 10 个父本群体杂交选育而成的（见图 4-6）。该品种株型半直立，中短蔓，分枝数中等，顶叶绿色，叶形深复，叶脉浅紫色，茎为绿色。萌芽性好，苗期生长势旺。结薯集中，单株结薯数 5～9 个，大中薯率 76%，鲜薯、干薯平均亩产分别为 2 330 kg、657.1 kg，薯形下膨，薯皮红色，薯肉橙黄色，薯身光滑、美观，薯块均匀，耐贮性好。干率 28.5%，淀粉率 19.75%。熟食味粉香、薯香味浓，口感好。中抗薯瘟病，适应性较广。

图 4-6　广薯 87

4. 龙薯9号

龙薯9号是由福建省龙岩市农科所于1998年以岩薯5号为母本，金山57为父本通过有性杂交选育而成（见图4-7）。该品种蔓短，顶叶绿，叶脉、脉基及柄基均为淡紫色，叶色淡绿。短蔓，茎粗中等，分枝性强，株型半直立，茎叶生长势较旺盛。单株结薯数5个左右，大中薯率高，结薯集中，薯块大小较均匀整齐，鲜薯亩产3 786.85 kg，薯块纺锤形，薯皮红色，薯肉淡红色，口味甜糯，是食用烘烤的上等品种，适应性强，种薯萌芽性中等。薯块耐贮性中等，耐旱、耐涝、耐瘠薄、耐寒性较强，适应性广。丰产性特好，结薯特早，比同期栽培的甘薯可提前15天结薯。高抗蔓割病，高抗甘薯瘟病。薯块烘干率22%，淀粉率10%左右，食味软，较甜。

图4-7　龙薯9号

5. 南薯016

南薯016是由南充市农业科学院从浙薯13集团杂交选育而成（见图4-8）。该品种叶形浅复缺，顶叶色绿边褐，叶脉绿，柄基褐，叶色绿，叶片中等大；蔓色绿，蔓较细，蔓长中等，分枝4～6个，蔓茸毛少，株型半直立；薯形长纺锤形，皮色红色，肉色浅橘红，熟食品质优，耐贮藏；鲜薯亩产

2 275.5 kg，薯干 609.6 kg，淀粉 395.4 kg，烘干率 26.71%，淀粉率 17.06%；中抗黑斑病。

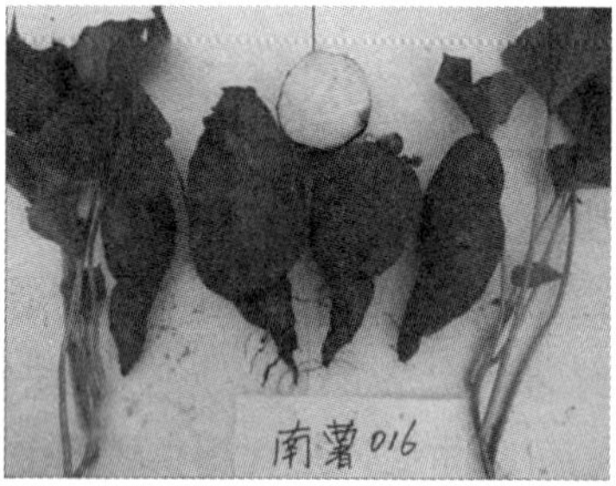

图 4-8　南薯 016

6. 烟薯 25

烟薯 25 是山东省烟台市农业科学院选育的一个优质、高产、抗病性好的食用型新品种（见图 4-9）。该品种萌芽性较好，中长蔓，分枝数 5～6 个，茎蔓中等粗，叶片浅裂，顶叶紫色，成年叶、叶脉和茎蔓均为绿色；薯形纺锤形，淡红皮橘红肉，结薯集中薯，块整齐，单株结薯 5 个左右，大中薯率较高；鲜薯亩产 2014.6 kg/亩，烘干率 27.04%，淀粉率 17.16%。食味好，鲜薯胡萝卜素含量为 3.67 mg/100 g 鲜薯，干基还原糖和可溶性糖含量较高、耐贮性较好。抗根腐病和黑斑病。

图 4-9　烟薯 25

二、淀粉加工型品种

1. 西成薯007

西成薯007是由南充市农业科学院选育的一个燃料乙醇专用高淀粉甘薯新品种。2010年通过国家鉴定（见图4-10）。该品种顶叶绿色，成熟叶绿色，叶片尖心形，叶脉绿色，蔓绿色、茸毛少、粗细中等、蔓长中等，茎基部分枝3～4个，株型匍匐，无自然开花习性。出苗早、整齐，单株幼苗数13个左右，幼苗生长势强。薯块纺锤形，皮色红，薯肉黄色，熟食品质优，结薯整齐集中，易于收获，单株结薯3～5个。产量1 909.1 kg，藤叶亩产2 310.69 kg，薯干亩产631.33 kg，淀粉亩产427.38 kg，烘干率32.81%，淀粉率22.20%。抗黑斑病，耐旱、耐瘠、耐肥性强，耐贮藏。

图4-10 西成薯007

2. 川薯34

川薯34是四川省农科院用南丰作母本、徐薯18作父本选育而成的。该品种为淀粉加工型品种。长蔓型，顶叶绿色，叶浅绿色，叶形心脏形。株型为半直立型，基部分枝8个左右，单株结薯3～4个，薯块纺锤形，薯皮紫红色，薯肉白色，结薯集中，大中薯率 88.9%。薯块萌芽早，薯块烘干率 30%～34%，淀粉率 18%～22%，熟食品质较好。抗黑斑病，耐贮藏性好。鲜薯亩产 1 811.9 kg，薯干亩产 582.8 kg，淀粉亩产 300.5 kg。

3. 渝薯 17

渝薯 17 是由西南大学以浙薯 13 为父本、以 8129～4 为母本杂交选育而成的（见图 4-11、图 4-12）。该品种顶叶和成熟叶均为心形带齿，绿色；叶脉绿色，脉基紫色；叶柄绿色，柄基绿带浅紫色。最长蔓长 273.7 cm，茎粗 0.57 cm，茎端茸毛少，基部分枝数 4 个。薯块萌芽性较优，纺锤形，薯皮红色，薯肉枯黄色，结薯集中，大中薯率为 83.82%，熟食品质优。鲜薯亩产 2 234.0 kg，薯干亩产 759.5 kg，淀粉平均亩产 518.9 kg，薯块烘干率为 34.11%，淀粉率为 23.32%。高抗蔓割病，中抗黑斑病。耐贮藏。

图 4-11 渝薯 17 茎叶

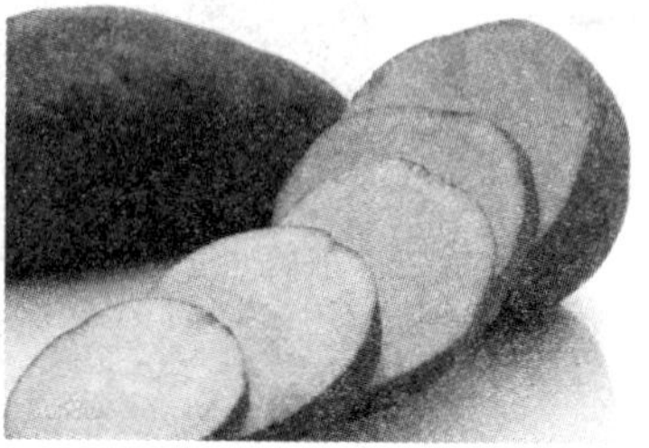

图 4-12 渝薯 17 薯块

4. 南薯 017

南薯 017 是由南充市农业科学院从 D01545 集团杂交选育而成的（见图 4-13）。该品种叶心形，顶叶色紫，叶脉淡褐，柄基褐，叶色绿边褐，叶片中等大；蔓色绿带紫，中等偏细，蔓长中等，分枝 3～9 个，蔓无茸毛，株型匍匐。薯形长纺锤形，皮色红色，肉色黄红色，萌芽性好，熟食品质优；鲜薯亩产 2 084.0 kg，薯干亩产 589.1 kg，淀粉亩产 387.0 kg。薯块干率 27.96%，淀粉率 18.17%。抗黑斑病。

图 4-13 南薯 017

5. 绵南薯 10 号

绵南薯 10 号是绵阳市农业科学研究院和南充市农科院以浙 13 为父本、南薯 99 为母本杂交选育而成的，是淀粉加工型新品种（见图 4-14）。该品种叶心齿型，叶脉绿色，蔓色绿带紫色，单株分支 4～6 个，藤粗中等，株型匍匐；萌芽性好，单块萌芽 10～15 个，长势中等；结薯集中，单株结薯 4～7 个，大中薯率 78%以上。薯块长纺锤形，薯皮浅红色，薯肉白色，薯块烘干率 31.76%，淀粉率 21.27%。中抗黑斑病，抗黑斑病性能优于对照种南薯 88。贮藏性好。鲜薯亩产 1 967.3 kg，藤叶亩产 1 808.5 kg，薯干亩产 626.7 kg，淀粉亩产 419.9 kg。

图 4-14　绵南薯 10 号

三、粮饲兼用型品种

1. 南薯 99

南薯 99 是南充市农业科学院于 1993 年用潮薯一号作母本、红皮早作父本进行有性杂交后培育而成的（见图 4-15）。该品种顶叶色绿边带褐，尖心形；成熟叶绿色，尖心形，大小中等；叶脉、脉基色为紫色。蔓为绿色，蔓尖绒毛中，蔓长中等，粗细中等，基部分枝数 3～5 个。薯块长纺锤形，皮色紫红，薯肉淡黄色；萌芽性好，出苗早而整齐，单薯萌芽数 12～15 个，出苗率 95%以上，幼苗生长势中等。结薯早，整齐集中，易于收获，大中薯率 90%以上，单株结薯 3～5 个。抗黑斑病，耐旱、耐瘠、耐肥性强，耐贮藏。鲜薯亩产 2 330.2 kg，薯干、淀粉、生物鲜产、生物干产分别亩产 667.7 kg、341.8 kg、3963.1 kg、866.7 kg。薯块烘干率 28.13%～29.67%，淀粉率 13.8%～15.44%。熟食品质中等，香味较浓，味甜，纤维含量中等。

图 4-15　南薯 99

2. 徐薯 18

徐薯 18 是江苏省徐州地区农科所以 52～45 为父本、以新大紫为母本进行杂交选育的一个甘薯品种（见图 4-16）。该品种叶片为绿色，叶脉、脉基和柄基均为紫色，叶心脏形。茎长中等，茎粗，绿色带紫，分枝数较多，属匍匐型。结薯早而集中，中期薯块膨大快，大薯率高，薯块大，薯块纺锤形或圆柱形，亩产 2 500～3 500 kg。皮紫红色，肉白色常带紫晕。薯块干率 28.1%。结薯早、膨大快，耐旱、耐湿，高抗根腐病，耐贮藏，适合在长江流域等地种植。

图 4-16　徐薯 18

四、特用型品种

1. 南紫薯008

南紫薯008是由南充市农业科学院选育的食用型、加工型、叶菜型兼用紫色保健甘薯新品种（见图4-17)。该品种顶叶紫红色，成熟叶绿色，心脏形，大小中等，叶脉绿色，柄基绿色，蔓绿带褐色、茸毛少、中粗、中长，茎基部分枝3～4个，株型匍匐，无自然开花习性。薯块长纺锤形，皮色紫，肉色紫，薯皮光滑，薯形外观好，熟食品质优，鲜薯亩产1 406.4 kg，烘干率23.86%，淀粉率13.84%；花青素15.106 mg/100 g鲜薯；萌芽性好，单薯幼苗数15.8苗，幼苗生长势强。结薯整齐集中，易于收获，单株结薯2～3个。抗黑斑病，耐旱、耐瘠性较强，贮藏性特好。

图4-17　南紫薯008

紫色甘薯具有营养、着色、保健等多重作用。长期食用有降压、补血、益气、润肺、养颜、减肥之功效。能有效预防动脉粥样硬化，尤其是抗癌物质碘、硒的含量比其他甘薯高20倍以上。紫色甘薯的花青素含量高，可以加工提取天然色素作食品添加剂或制成饮料，花青素对人体相当有益，可以有效抑制致癌物质的产生、减少基因突变，还能降低血清中的转氨酶，对高血压等心血管疾病有很好的预防作用。

2. 南薯010

南薯010是南充市农业科学院选育的一个高胡萝卜素食用及食品加工用保健甘薯新品种（见图4-18）。该品种顶叶色绿，叶形浅裂复缺，叶脉紫，柄基紫，叶色绿，叶片大小中；蔓色绿，蔓粗细中等，蔓长中等，基部分枝6～8个，茎尖茸毛多，株型匍匐，自然开花。薯块萌芽性较好，出苗早、整齐，单薯萌芽数10～14个，幼苗生长势较强。薯块长纺锤形，皮黄色，薯肉橘红，薯形美观，结薯整齐集中，易于收获，单株结薯5～6个，鲜薯亩产2 235.0 kg，类胡萝卜素含量10～13 mg/100 g鲜薯，甜味中等，熟食品质优。薯块烘干率21.03%，淀粉率11.94%。抗黑斑病，耐旱、耐瘠性强。

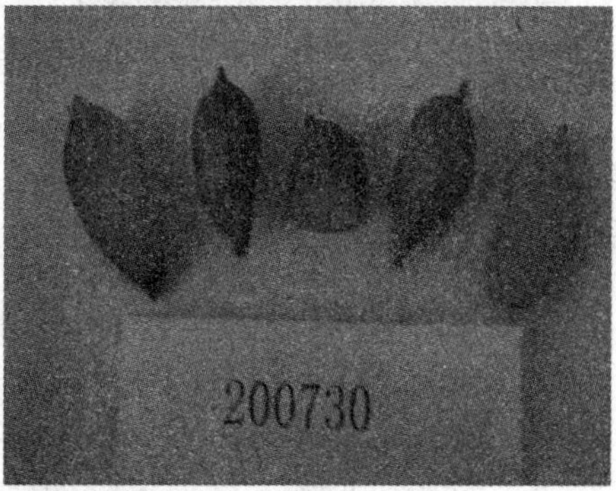

图4-18　南薯010

3. 南薯012

南薯012是由南充市农业科学院利用从国际马铃薯中心引进的“PC99－1”为母本集团杂交选育而成的（见图4-19）。该品种叶形心脏形，顶叶紫色，叶脉浅紫色，柄基绿色，叶浓绿色，叶片较大，生长势中等；蔓色绿、粗细中、较长，分枝

2～3 个，无茸毛；株型匍匐；萌芽性好，大中薯率 90%以上。薯块短纺锤形，薯肉橘红色，薯形美观，熟食品质优。鲜薯亩产 1 625 kg，烘干率 29.0%，淀粉率 18.89%。抗黑斑病、耐贮藏。

图 4-19　南薯 012

4. 绵紫薯 9 号

图 4-20　绵紫薯 9 号茎叶

绵紫薯 9 号是绵阳市农业科学研究院、西南大学从 4-4-259 集团杂交组合选育而成的（见图 4-20、图 4-21）。该品种株型匍匐，蔓长中等，基部分枝 5～7 个，蔓中等偏细，蔓色节色绿色。顶叶紫绿色，成熟叶绿色，深裂复缺刻。薯块纺锤形，薯皮紫色，薯肉紫色。薯块烘干率 29.18%，淀粉率 19.03%，大中薯率 77%。鲜薯亩产 1 778.9 kg，藤叶亩产2 023.1 kg，薯干亩产 514.5 kg，淀粉亩产 331.6 kg。熟食品质优，结薯集中，单株结薯 4 个以上。萌芽性较好，单薯萌芽 13～18 个，长势中等。中抗黑斑病，贮藏性好。

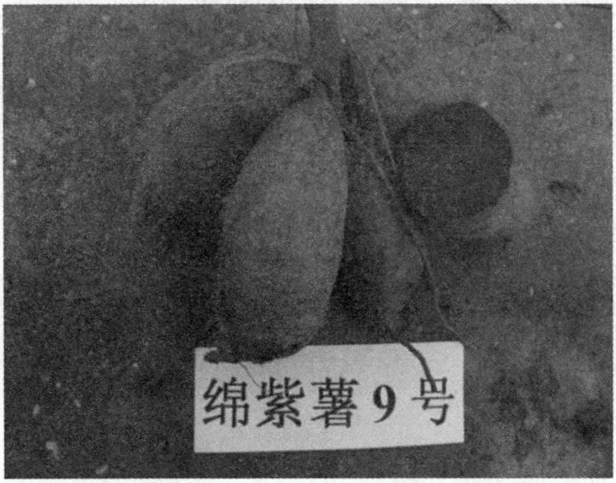

图 4-21　绵紫薯 9 号薯块

5. 南紫薯 015

南紫薯 015 是南充市农业科学院用食用亲本材料 200850 进行集团杂交选育而成的（见图 4-22）。适合在四川省甘薯种植区种植，中熟紫肉食用型品种。顶叶绿色，叶片心形，大小中等，叶片绿色，叶脉绿色，柄基紫色；蔓绿紫色，茎粗中等，蔓长中等，基部分枝 4～5 个；株型半直立。薯块纺锤形，薯皮紫色，薯肉紫色。单株结薯数 3～4 个。薯块烘干率为 31.66%，淀粉率为 21.19%；鲜薯总糖含量为 1.85%，维生素 C 含量为 32.0 mg/100 g 鲜薯，花青素含量为 44.29 mg/100 g鲜薯；大中薯率 71.7%。中抗黑斑病，贮藏性优，熟食品质优。鲜薯亩产 1 633.9 kg，薯干亩产 506.9 kg，淀粉亩产 337.1 kg。

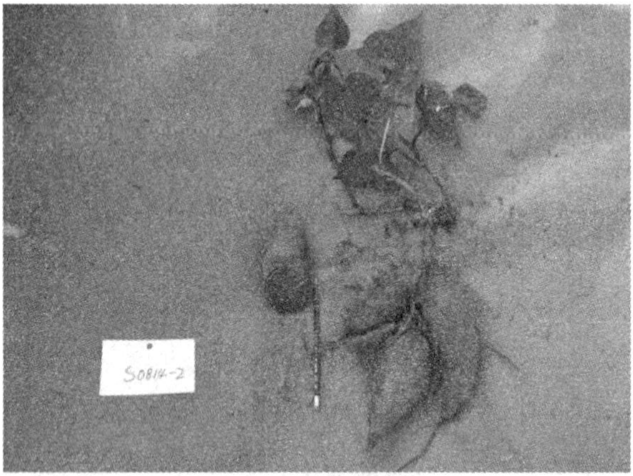

图 4-22 南紫薯 015

6. 绵渝紫 11

绵渝紫 11 是由绵阳农科院以 3-14-384（美国材料）为父本、4-4-259（浙薯 13×浙薯 78）为母本进行杂交选育而成的（见图 4-23）。该品种顶叶绿色，成熟叶心脏形，叶片绿色，叶脉绿色，叶片大小中等；株型匍匐，蔓长中等，蔓绿带紫色，单株分枝 4～6 个；萌芽性较好，单块萌芽 13～18 个，长势中等。薯块纺锤形，薯皮浅紫红色，薯肉紫色，结薯集中，单株结薯数 4～6 个。薯块烘干率 30.19%，淀粉率 19.91%，大中薯率 67.7%。鲜薯亩产 1381.1 kg；藤叶亩产 1 754.5 kg；薯干亩产 412.7 kg；淀粉亩产 271.6 kg。薯块烘干率 30.19%，淀粉率 19.91%，熟食品质优。中抗黑斑病，耐贮藏。

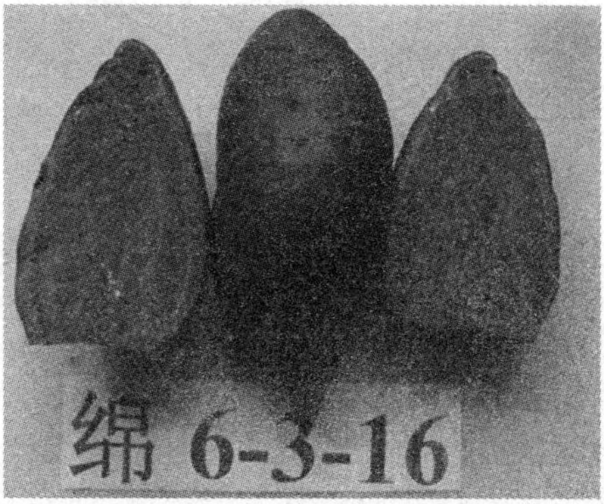

图 4-23 绵渝紫 11 号

7. 南紫薯 018

南紫薯 018 是南充市农业科学院从日本紫薯集团杂交后代选育而成的（见图 4-24）。该品种为中熟、中长蔓加工型、叶菜型兼用紫色甘薯品种。顶叶紫红色，成熟叶绿色，心脏形，较大，叶脉淡紫，脉基紫，柄基紫，蔓绿带紫色、茎顶茸毛多，茎基部分枝 3～4 个，株型匍匐，无自然开花习性。薯块长纺锤形，皮色紫，肉色紫，薯皮光滑，薯形外观好，熟食品质优，鲜薯亩产 1 776.0 kg，藤叶亩产 1 772.1 kg，薯干亩产 605.6 kg，淀粉亩产 412.3 kg。薯块烘干率 32.40%，淀粉率 22.84%。花青素含量 16.160 mg/100 g 鲜薯。萌芽性好，单株幼苗数 15.8 苗，幼苗生长势强。结薯整齐集中，易于收获，单株结薯 3～4 个。抗黑斑病，耐旱、耐瘠性较强，贮藏性特好。

图 4-24　南紫薯 018

第四节　主要栽培技术

一、育苗

育苗是甘薯生产过程中一个极为重要的环节。培育足够的壮苗是早栽、密植和夺取甘薯高产的基础。衡量育苗技术高低、成效好坏，一般有以下四项指标。

1. 产苗早

要求在小春作物收获基本结束时能产出薯苗。产苗早并不是越早越好，而是要和当地的栽插季节、茬口相衔接。例如，盆中地区小麦一般在 5 月上、中旬成熟，栽小麦土的薯苗就应在 5 月中旬产出来。如果育苗不和茬口相衔接，盲目过早育苗，就会出现苗等地的现象，导致基部叶片黄落，茎秆老化，薯苗纤细，降低薯苗质量。反之，如果育苗过迟，又会出现地等苗的问题，前作物收了，栽苕季节到了，薯埂刨起了，雨也来了，就是薯苗还没有长出来，这样就贻误了栽期。

2. 苗足

单纯苗早而数量不足还是达不到早栽的目的。因此，要求在早产苗的同时还必须产足苗，才能扩大早栽面积，做到合理密植。

3. 苗壮

壮苗和早栽是增产的两个重要条件，二者缺一不可。若培育的薯苗只早不壮，大田栽的都是苗细、节间长的弱苗，虽做到了早栽，也会由于弱苗发根难，有根也细小，成活率低，产量低，部分抵消了早栽增产的优势，就会出现早栽了并不增产的情况；如培育薯苗只壮不早，大田栽的虽然都是壮苗，同样会因栽期迟，生长期短，最后也不可能获得增产。因此，只有做到壮苗早栽，才能得到最大的增产效果。

4. 成本低，经济效果好

评价一种育苗方法有无推广价值，除了在技术上达到产苗早、足、壮外，在经济效果上还必须做到成本低、方法简、操作易。地膜育苗的成本低廉，加之方法简便，效果好，很快为广大农民所接受。

二、块根的萌芽习性及影响萌芽的外界因素

薯块是一个活的植物器官，具有特殊的萌芽特性，在外界环境条件适宜时即可发芽。

1. 块根的萌芽特性

薯块没有休眠期，只要温度、湿度、空气条件适宜，它就可以发芽。所以，无论是正在收挖的地块，或入窖的初期，或早春出窖播种之时，都能见到有萌芽的薯块。薯块上的芽没有固定位置，叫作不定芽或潜伏芽。在薯块表面常能见到许多凹陷的小点，叫作根痕或根眼。不定芽常与根眼伴生，发芽时先

是根眼处出现白点，俗称“爆口”或“发癞”，然后生出芽来。实践证明，育苗方式及其所处环境条件的不同，芽原基萌发成幼芽的数量也不相同。因此，改进育苗技术，最大限度地满足薯块萌芽对温、湿、气等环境条件的要求，就能长出更多的芽来。据调查，1 个 200 g 重的薯块，在露地育苗情况下，一般萌芽 10～20 个，而在高温催芽时，则可萌芽 70～80 个。薯块的上、中、下三个部位都有不定芽，但由于部位不同，不定芽的数量和质量是有差别的。发芽时，薯块连着薯鼻的那一头，即上部萌芽早而多，约占薯块萌芽总数的 65%；中部次之，占 26%；尾部少而出苗慢，仅占 9%，表现出明显的“顶端优势”。下种时就要利用这种顶端优势，做到头朝上、尾向下，才能使出苗快而多。同一品种，薯块大小不同，萌芽快慢和单薯萌芽数的多少也不同。小薯皮薄萌芽快，萌芽数少；大薯皮厚萌芽慢，但萌芽数较多。用大薯作种，苗子虽壮，但产苗量少，成本高；用小薯作种，苗子虽多，但薯苗弱，质量差。故薯种过大过小都不适宜，一般以 100～250 g 的中等薯块作种为好。贮藏条件对薯块萌芽快慢也有影响。用高温窖贮藏的甘薯具有萌芽较早、芽多的特点。

2. 块根发芽出苗对环境条件的要求

薯块萌芽要求的外界条件主要有温度、水分和空气，其中，对萌芽速度和数量起主导作用的是温度。至于光照和养分，都是萌芽出土以后薯苗生长的必要条件，但不是萌芽阶段的必要条件，所以没有光，不供给养分，只要满足了温、水、气三个条件的要求，薯块照样可以萌芽。

（1）温度。

薯块萌芽的最低温度为 16 ℃，最高温度为 35 ℃，当温度超过 35 ℃时，对薯块萌芽就会产生抑制作用。在 16～35 ℃范围内，温度愈高，薯块萌芽愈快，萌芽数也愈多。

（2）水分。

薯块本身虽含有较多的水分，但不能满足萌芽的需要，必须供给充足的水分，萌芽过程才能正常进行。萌芽期间如果水分供应不足，薯块就只萌芽而不发根，而且萌芽少而慢。出苗后水分过少，则根系不伸展，影响养分吸收，幼芽生长慢，叶小节短茎细，易形成老苗。所以，在薯块萌芽期间，苗床土壤应经常保持湿润状态。

（3）空气。

空气是薯块萌芽必需的条件之一。薯块在贮藏过程中呼吸作用较弱，耗氧量不大，当进入萌芽状态时，呼吸作用强度随之急剧上升。

3. 薯苗萌芽出土后正常生长发育的环境因素

（1）温度。

薯苗生长对温度的要求，同萌芽对温度的要求一样，在16～35 ℃范围内，温度愈高，薯苗生长愈快。

（2）水分。

薯苗正常生长发育需要充足的水分。如果土壤含水量太少，长期处于干旱状态，薯苗就长得黄弱细瘦，叶片变小，生长缓慢以至停止，形成“老苗”或“硬苗”。而如果土壤水分过多，薯苗又长得过于柔嫩，易成弱苗。因此，出苗后，土壤应保持干湿适度。剪苗前5～7天，则需要减少水分，使土面短期见白，以使薯苗老健，有利于栽后还苗，提高成活率。

（3）光照。

薯苗在萌芽阶段不需要光照。但当幼芽出土以后，则需要充足的光照，才有利于光合作用的进行，制造和积累营养物质，使薯苗生长健壮。因此，甘薯育苗地必须选择背风向阳的地方，才有利于培育壮苗。

（4）养分。

薯块萌芽和薯苗生长初期所需的养分，主要由薯块本身供给。当薯块和薯苗上长出根系后，就能吸收床土里的水分和养分来供应薯苗生长了。薯苗生长最需要氮肥。氮肥不足，则薯苗叶片瘦小，叶色由绿转淡黄，根系也生长不良，但追施氮肥过多，又容易使薯苗徒长，柔嫩细弱。因而苗期追肥的数量和时期，要依据苗情而定。

（5）空气。

一方面是地上叶片进行光合作用、呼吸作用离不开空气，只要薯苗生长在露地条件下，空气供应一般是充足的。如果薯苗在薄膜严密覆盖条件下生长，就必须注意通风换气。另一方面，土壤里根系发育也离不开空气，要是土壤透气不良，根系呼吸得不到充足的氧气，其呼吸功能下降，会抑制地上茎叶的生长，这就是根不壮则苗不旺的辩证关系。苗床应经常进行浅中耕，使土壤透气良好，促进根系良好发育，才能保证苗壮。

在育苗过程中，必须正确地认识薯块萌芽与生长特性及其对外界因素的要求，充分利用各项有利因素，克服不利因素才能使薯苗长得既快又壮。

4. 因地制宜选准对路的育苗方法

四川省甘薯育苗的方法很多，有露地育苗、地膜育苗、酿热温床育苗等。不同的育苗方法直接关系着出苗数量、薯苗质量和供苗时间。究竟选用什么育苗方法是一个十分重要的问题。总的来讲，一般应根据当地的海拔高度、气候条件、耕作制度来确定育苗方法，不能搞一刀切。

四川省沿江河两岸海拔 200 m 以下的河谷地带，春季气温回升早，热量资源丰富，只要薯种良好，露地育苗就能做到产苗早、壮、足。小春作物一收，薯苗就长足了，这一区域就用不着盖膜，可以露地育苗为主。海拔200～400 m的浅丘地区，早春气温回升约推迟10天至半个月，甘薯育苗所需的热量资源不足，必须采用地膜覆盖升温的办法增加热量，才能确保壮苗早栽的需要。这一区域应以地膜覆盖引苗出膜的一段育苗法为主。海拔400～600 m的深丘地带，春季气温回升更迟，甘薯育苗所需的热量资源严重不足，即便采用地膜覆盖引苗出膜的办法也不能达到早栽对薯苗的需要。可采用先地膜平盖，待薯苗萌动拱土时，再搭架起拱为拱架盖膜，以延长薯苗保温期的办法来促苗快长。海拔700 m左右的山区，要以酿热温床加上薄膜覆盖的升温办法，才能确保壮苗早栽对薯苗的需要。

5. 地膜育苗的技术要点

（1）苗床位置选择及做厢。

苗床地要选择背风向阳、水源方便、土层深厚、土质肥沃的壤土，深翻耙细，整平后开厢。厢面宽度要依膜宽而定，一般应比膜宽30 cm为宜。为了盖膜后有利排除厢面积水，厢面应做成中间略高的瓦背形。

（2）窝播种薯、重施底肥。

殡种密度与薯苗壮弱程度关系密切。殡种过密，单位面积内芽数过多，薯苗拥挤而纤细；殡种过稀，又浪费地膜和苗床地。据试验，宜采取窝播，40～45 cm见方开窝，每窝播两个薯块的密度为宜。每亩苗床地施过磷酸钙25 kg，渣肥700～1 000 kg、碳铵15～20 kg，混合均匀后施于窝底，再每亩施50～60担水肥浸泡窝子，收汗后即可殡种。

（3）适时殡种。

盆中薯区，一般以惊蛰前后殡种为宜。要选无病、无虫、中等大小的健薯殡种，做到头朝上、尾朝下，上齐下不齐。然后覆盖细土，再把厢面做成瓦背形。殡种量掌握每亩大田殡种50 kg，以确保一发苗子栽齐。

（4）平盖地膜、引苗出膜。

殡种盖土后在厢沟四周平铲浅沟，然后盖膜。使膜面紧贴厢面，膜的四周用细土压实封严，以利于升温保湿。苕种出苗前要经常检查地膜是否压实盖严、厢面是否有积水。薯苗出土后，要及时用小刀在出苗处将地膜划一小口，引出薯苗，并随即用细土盖严破口，使薯苗伸出膜外继续生长。如不及时引苗出膜，晴天膜内温度很高，容易造成烧苗。薯苗出土有早有迟，破膜引苗要经常及时进行，直至薯苗出齐为止。薯苗出齐后，及时用清淡粪水对准膜孔浇灌追肥。苗高 20 cm 左右时，除施用农家水粪外，还应增施速效氮肥，同水粪一起混匀追施，加速薯苗生长，力争多出苗、出壮苗。

三、壮苗早栽

1. 壮苗与增产的关系

选用壮苗栽插是实现甘薯增产的重要条件之一。生产实践证明，薯苗质量与增产的关系十分密切，主要表现在以下几个方面。

（1）插条部位。

国内外资料证明，尖节苗比中节苗产量高，中节苗又比基节苗产量高。据西充县农业局试验，把每根薯藤剪成 5 个节段分区栽插，比较其产量。若以尖端段亩产 2 229 kg 为 100%，而倒 5 段的亩产只有 1 372 kg，为尖端的 61.6%。由顶往下各节段的产量趋势大约是每向下 1 个节段要减产 10%。所以，在甘薯育苗技术上应当提倡多育短壮苗，才能使尖节苗在群体中的比重增大而提高产量。尖节苗组织柔嫩，顶端优势强，细胞分生力强，木质化程度低，发根力强；而基部苗组织老化，细胞分生能力弱，木质化程度高，栽后发根慢而少，生长缓慢，产量低。南充市农技站用川薯 27 试验，将薯苗剪为 3 段栽插，栽后 24～53 天，测量单株叶面积增长量，尖节苗平均每天增长 52.5 cm^2，中节苗为 38.9 cm^2，基节苗为 17.2 cm^2。证明尖节苗栽后的生长速度远远超过基节苗。

(2) 100 苗插条重。

这是把插条长度和粗度统一考虑的综合指标。在插条长度为 4～5 个节，或长 15～20 cm 的情况下，100 苗插条重与营块产量成正相关。苍溪县农业局用川薯 27 做了 100 苗插条重与产量关系的试验，结果 100 苗插条重 0.75 kg 的亩产鲜薯 716 kg，若以此为 100%，则 100 苗重 1 kg 的亩产为 117.2%，100 苗重 1.25 kg 的亩产为 131.9%，100 苗重 1.5 kg 的亩产为 151.5%。即 100 苗插条重在 0.75～1.5 kg 范围内，每提高 0.25 kg，鲜薯亩产就相应提高 122 kg。这是因为插条越重，所含养分越充足，栽后发根能力强，发根多而壮。

(3) 薯苗是否感病。

据试验，病株较健株减产 17%～18%。栽插病苗是引起单产下降的重要原因。特别是近年来 SPVD 及其疑似病毒的危害在甘薯种植上日趋明显，南充市农业科学院 2014 年的研究表明：SPVD 的脱除可增加 3.4%的茎叶产量和 2.9%的鲜薯产量，而 SPVD 浸染可使茎叶和鲜薯产量分别降低 69.9%和 49.1%。

2. 壮苗的标准

从形态特征上讲，应侧重以下几个方面：从茎部看，茎要粗，节间短，节上根原基发达而没有白根；从叶部看，要顶叶齐平，叶片肥厚，大小适中，颜色浓绿，嫩叶不皱缩，不花叶，脚叶不枯黄；从剪口看，要浆浓而多；从重量看，要求

100 根插条（每根长 4～5 个节）重 1.5 kg 以上；从插条部位看，以尖节苗好于中节苗，中节苗又好于基节苗；从群体看，以尖节苗在全部薯苗中占的比重越大越好。剪口浆浓表示薯苗养分含量多，生命力强；顶叶不皱缩、不花叶，表示没有病毒病；脚叶不黄落说明苗床密度适宜，薯苗老嫩适宜；茎部无白根，表示苗床中湿度适宜，通风透光条件良好。壮苗之所以增产效果显著，就是由于插条内贮藏的养分多，生活力旺盛，栽后发根快，抗逆力强，成活率高，且成活后生长速度快，分枝结薯早而获高产。

3. 早栽与增产的关系

四川省属夏薯区，夏薯的栽插期已不受温度条件的限制，而受前作物收获期的限制。从四川省耕作制度看，甘薯为小麦、胡豆等小春作物的后作，就以小麦而论，川东低海拔地区的小麦，最早可在 5 月初收获，而川西北高海拔地区的小麦，要 6 月底才能收获，两者相差 50～60 天。因此，对甘薯早栽迟栽的划分，不能用一个固定的时间标准。过去以芒种为界，仅仅是依据盆中海拔 300～500 m 薯区的实际情况提出的，它既不适用于川东低海拔薯区，也不适用于川西北高海拔薯区。四川省作物学会薯作专业委员会针对上述问题，对全省甘薯产区进行了实地考察。依据四川省甘薯栽培位置有垂直分布的特点，以及甘薯在旱地耕作制度中的位置，提出早栽标准的划分必须根据海拔高度进行分类指导。海拔 300 m 以下的地区，小麦一般在 5 月初成熟，小满前后栽薯即为早栽；海拔 400～600 m 的地区，小麦在 5 月中下旬收获，芒种栽薯即为早栽；海拔 700～800 m 的地区，在夏至栽完甘薯在当地也叫作早栽。分别迟于这些时候的才叫迟栽。以当地小春作物收获后 10 天以内栽的甘薯为早栽，否则为迟栽。

早栽是四川省甘薯抗灾增产的关键措施之一。南部县农业局专门做了甘薯不同栽插期试验，从小满（5月23日）栽到夏至，每5天栽一期，结果明显看出，甘薯的产量随生育期的缩短而依次递减。如以芒种即6月7日栽的这期为中线来分析，芒种后栽的甘薯减产幅度较大，若迟到夏至栽薯，其减产幅度更大。资中等地的试验结果也与南部趋势一致，充分证明了早栽的增产优势。此外，早栽还有提高薯块干物质含量和大薯率的作用。这是因为栽插愈早，生育期愈长，薯块就长得越快且干物质含量就越高。

四、合理密植

甘薯栽插密度是栽培技术中的一个重要问题。合理密植，就是因地制宜地确定适宜的栽插密度，达到个体发育良好、群体结构合理，最大限度地利用光能和地力，发挥群体生产优势，提高单位面积产量。甘薯单株产量的变幅比较大，在群体栽培条件下，其个体生长的自动调节能力又比较强，所以，其合理密度范围的灵活性就比较大。套作甘薯在亩栽3 000～7 000株条件下，都有可能获得较高产量。与净作甘薯比较，套作甘薯前期受玉米荫蔽，中期遭伏旱，后期遭秋绵雨危害，其个体发育大受影响，单株产量就达不到净作栽培那样高的水平，只有适当增大密度、增大群体，才有利于提高群体产量。

从四川省大面积生产现状看，各地栽插密度很不一致。川中薯区多数县套作甘薯亩植株数都不足3 000，但仁寿、井研、阆中等县的部分乡亩栽密度却达5 000～7 000。从各地试验、示范资料看，套作甘薯多数都是以亩植3 500～4 000的产量最高。少于3 000，虽然大、中薯多，单株薯重增加，但因亩植株数少，难获高产。超过4 500株，虽然薯块总产量较高，也因小薯较多，大、中薯较少，降低了薯块利用价值。净作甘薯应以亩植 4 500 株左右为宜。

套作甘薯的栽插密度受土壤肥力及施肥水平、栽插早迟、作垄方式、台位高低等多种因素的影响。土壤肥力水平高，或施肥水平高的，甘薯个体发育良好，单株产量高，宜适当稀植；反之宜密植。栽插愈早，甘薯生育期愈长，单株产量高，宜稍稀植；栽插愈迟，生育期越短，越要相应增大密度。低台位宜稀，高台位宜密。垄作栽培有利薯块膨大，单株产量最高，宜稀植；平作栽培，单株产量低，宜密植。

五、田间管理

根据甘薯不同生长时期的生长特点及其对外界环境条件的要求，结合栽插期、品种及水肥条件，因地、因时、因苗，正确运用田间管理措施，协调地上部和地下部生长，以获得稳产高产。

1. 查苗补苗

甘薯栽插后，常因干旱、弱苗、病虫危害或栽插技术不当等原因，造成死苗缺株，因而需要查苗补苗。查苗补苗愈早愈好，宜在插后两周内完成。补苗过迟易形成弱苗小株，降低产量。补苗时要选择壮苗补插，并浇透水，成活后追施“偏心肥”，促使小苗快发，赶上大苗。或在大田栽插同时，在地表栽些备用苗，缺株时把备用苗带土挖起，移栽补苗，成活较快。

2. 中耕、除草和培土

中耕对甘薯根系、茎叶及块根生长和产量有很大影响，据中国农业科学院甘薯研究所试验，中耕一次、二次比不耕的分别增产 13.2%与 15.5%，中耕时间多在插后 15 天至封垄前，一般进行 2～3 次，如遇多雨、垄土潮湿或杂草较多，还应增加中耕次数。中耕深度应掌握由深到浅。第一次中耕，因根系还不发达，可深些。以后每隔10～15天中耕一次，深度渐浅。薯鼻附近只需刮破地皮，以免伤根。雨水冲刷或中耕都会使垄土下塌，需重新壅土，培成原垄。及时培土有利于根系伸展，还可防止露薯变质和病虫危害。通常培土结合中耕进行，第一、二次中耕培土结合轻沟薄培，封垄前普遍进行一次中耕培土，并要求培成原垄，切忌培高培宽。培得过高，把土压在藤头上，就会使结薯节位处在土壤深层，因地温低和通气差，不利于薯块膨大；培得过宽通气也差，同样影响薯块生长。

3. 甘薯对养分的要求与施肥技术

（1）甘薯对养分条件的要求。

甘薯根系发达，吸收水肥能力强，生物产量和经济产量较一般作物高，在瘠薄土地上种植也有一定收成。但为发挥甘薯的高产性能，仍必须供应足够的养分。甘薯一生中需钾最多，其次是氮素，再次为磷素。

①钾。钾对活化淀粉合成酶、促进细胞分裂非常有效。钾能延长叶片功能期，提高叶片光合效能，促进叶片光合作用所形成的碳水化合物向块根输送，提高块根的淀粉和糖分含量，并能增强块根形成层的活动能力，对块根形成和膨大极为有利。在多氮条件下，钾具有防止茎叶徒长的作用。钾还能提高甘薯植株的抗旱性、抗病性和耐贮藏性。通常甘薯叶片含钾量与块根产量密切相关，块根产量随施钾量增加而提高。故在三要素中，钾肥的增产效果最明显。但钾的上述多方面的作用，只有在氮、磷等配合施用下才能充分发挥，单施过多钾肥会降低薯块烘干率。甘薯地上部含钾量初期较低，中期增高，后期又缓慢下降（收获时干重仍在2%以上）。地上部叶柄的含钾量最高（最高时超过10%），但生育期变化较大，其次为茎、

叶，其干重中含钾量约为4%左右，在膨大初期下降，中后期平稳，变化不大。

甘薯缺钾症状：当叶片含钾量少于干重的0.5%时，表现出生长早期节间和叶柄变短，叶片变小，接近生长点的叶片略呈灰白色，表面凹凸不平，生长后期老叶脉间严重缺绿，并逐渐坏死脱落。

②氮。适量氮素能促进茎叶生长，扩大叶面积，增加光合产物积累。甘薯茎叶重和叶面积指数随施氮量增加而提高。当叶片含氮量低于干重的2.5%时，光合强度降低；低于干重的1.5%时植株表现缺氮症状，叶色转淡，生长缓慢，叶片变小，出叶数减少，养分积累少，块根产量低。但氮素过多，容易引起茎叶旺长，地上部消耗养分过多，同时根部中柱细胞木质化速度加快，不利于块根形成和膨大，降低产量和品质。

甘薯地上部含氮量在栽插后先是降低，发根后又升高，栽后40天左右达到高峰，以后直至收获时才逐渐下降，但在生长后期下降缓慢。地上部叶片含氮量最高，占干重的3%～4%，其次为叶柄、茎，约占干重的1%。块根中的氮含量最低，约占干重的仅1%，在块根形成初期，含氮量较高，迅速膨大后含氮量下降，之后处于平稳状态。

③磷。磷素能加速细胞分裂，促进有机养分的合成和运转。磷还能促进根系生长，使薯块变长，甜度增加，品质改善，耐贮性增强。

甘薯生育期植株中磷的含量较钾素和氮素为低。磷在苗期含量最多，各部位均占干重的1%，栽后则迅速下降，大部分生长期间为干重的0.3%～0.6%，到生长末期为干重的0.2%～0.3%。地上部以叶片含量较多，其他部位差异不大。块根含磷量稍低于地上部，膨大初期含磷量略有下降，之后保持平稳状态。当叶片含磷量低于0.1%时，出现缺磷症状，表现为幼芽、幼根生长缓慢，叶片变小，叶色暗绿或少光泽，茎蔓伸长受阻，茎变细，老叶出现黄斑，以后变为紫色，不久叶片脱落。

④其他营养元素。除钾、氮、磷外，甘薯还需要一定数量的钙、硫、镁、铁、锰、硼、铜等营养元素。据国外研究资料，甘薯施用硼和镁能显著提高块根的蛋白质含量。在某些土壤条件下，有时也会出现缺乏上述元素的各种生长不良症状。

(2) 甘薯的需肥特性。

甘薯对肥料三要素的吸收量以钾最多，其次为氮，再次为磷。据分析，每产生1 000 kg薯块需要氮7 kg，磷3.5 kg，钾11 kg。氮、磷、钾的比例约为2∶1∶3。地上部茎叶三要素含量亦以钾最多，氮次之，磷最少（仅叶片的氮含量与钾含量相近）。根据一般土壤分析结果，甘薯从土壤中吸收三要素的趋势亦大体如此。各地实践表明，甘薯植株对养分的吸收利用在一定范围内是随产量水平和土壤中养分含量的增加而升高，但是对氮、磷、钾的吸收数量和比例并不是成比例递增，高产田与低产田比较，生产相同量的鲜薯需氮量，高产田有减少的趋势，需钾量则明显增加，这也是高产栽培对营养元素吸收利用的特点之一。因而在实际施肥时，需要根据具体情况确定施用量及三要素的适宜比例。

甘薯在不同生育阶段吸收肥料三要素的状况是各不相同的。氮素的吸收一般以前、中期为多，主要用于茎叶生长，当茎叶进入盛长阶段，氮的吸收达到高峰，后期茎叶衰退，薯块迅速膨大时，氮的吸收则较少。磷素一般在茎叶生长阶段吸收较少，薯块膨大阶段略有增加。钾素在整个生育期都较氮、磷为多，尤以后期薯块膨大阶段更为明显。

（3）施肥技术。

四川省大面积甘薯生产，都是小春一收就起垄栽薯，习惯不施底肥，只在玉米收后施一次追肥。套作甘薯怎样施肥才科学？经多年反复试验形成的做法是，在劳力、肥料充足的地方，先施包厢肥，薯苗成活后再施一次追肥。一般田块只进行一次穿林追肥。

深施包厢肥。四川省薯区以“麦/玉/苕”三熟制为主。小麦收后，结合作垄给甘薯施包厢肥，在大面积实施起来确有困难，主要是在“双抢”大忙时期，没有劳力去搬运大量的肥料施作包厢肥。但从小区试验和一些高产户的经验看，施了包厢肥的都有明显增产效果。总结各地经验，给甘薯施包厢肥要掌握两条原则：一是要以有机肥为主。如堆渣肥，油枯，收小春后的麦壳、油菜壳等，它们既可以供给甘薯丰富的氮磷钾，又能使土壤疏松，提高土壤保肥保水能力，还具有防旱抗旱作用。二是要集中深施。将上述肥料用作包厢肥集中深施。有机肥施入底层，地温低，肥料分解缓慢，肥效长。据研究，甘薯在生育前期主要靠分布在土壤表层的“茎根”起吸收作用。到了生育后期，“茎根”已大部分枯死，自块根发生的“薯根”逐步担当起了吸收养分的作用。但由于它分布在心土层，所以事先将底肥深施，到了生育后期，就恰好被“薯根”吸收利用。这对于后期块根膨大是极为有效的。

适时穿林追肥。甘薯在净作条件下，早追肥比迟追肥增产，这是各地实践一致证明了的客观规律。但是，在套作条件下，由于与玉米有 50 天左右的共生期，如果追肥过早，收玉米前 40～50 天追肥，玉米还没有开花，正处于喇叭口期，其地下根系吸收功能正强，与甘薯争肥、争水矛盾激烈；其地上叶面积系数还未达高峰期，对甘薯荫蔽正日趋严重。此时追肥，虽供给了氮素营养，由于光照、土壤水分等条件的制约，并不能促进藤叶早发，反而造成肥料的浪费。到玉米收后藤叶快速增长时，肥效又过了。所以增产效果不显著。如果追肥过迟，玉米收后才追肥，因前期得不到充足的氮素供应，藤叶生长最小，到了生长中后期，本应转入薯块膨大阶段，此时却因氮肥过多，促使地上藤叶猛长，最后生物总产虽高，但因藤叶过于旺盛，经济系数低，薯块产量不高，增产亦不显著。据试验，同样多的肥料，仅仅追施时间不同，其增产效果大不一样。收玉米后追肥的亩产鲜薯 1 081 kg。收玉米前 20 天穿林追肥的，高产鲜薯 1 233 kg，增产 14%。以收玉米前 20～30 天追肥的产量最高，因为此时追肥正赶上收玉米后甘薯藤叶生长高峰期对氮素的需要。同时，玉米在收前 20～30 天，其根系的吸收功能正逐渐减弱，与甘薯争肥、争水的矛盾愈来愈小，玉米叶面积系数也逐渐下降，使甘薯的光照条件逐步得到改善，肥料施下去就能发挥作用。

甘薯穿林追肥要以腐熟了的人畜粪水为主，根据土质肥瘦不同，亩追人畜粪水 20～40 担及适量氮素化肥。掌握亩追纯氮量一般田块 3 kg 左右，肥土可少点，瘦土 4～5 kg 为宜。

近年来，一些地方实践表明，在有条件的情况下，还可视其土壤、气候和甘薯的田间长势，酌情于 8 月下旬至 9 月上旬增施一次以农家肥为主、配合适量速效磷钾肥的“长薯肥”，一般以氮、钾为主，亩施稀薄人粪尿 20～30 担或氮素化肥 5～7 kg对水浅施，另外可施草木灰 150～200 kg，或用硫酸钾 10 kg 对水浇施，增产效果也较明显。

根外追肥一般在收获前 40～45 天进行，也有一定增产效果。常用肥料有 2%～3%过磷酸钙液，1%硫酸钾液，或 5%～10%过滤草木灰水，每亩喷液 75～100 kg，每隔 10～15 天喷一次，共喷2～8次。对长势较差的则可喷施2%尿素液。

4. 灌溉与排水

薯苗栽插和前期生长阶段，需水敏感，部分地区常发生夏旱，影响栽插时间、栽后发根成活以及茎叶生长和块根形成。特别是栽苗后，若干旱无雨，应每天浇水，连续进行2～3次，促进薯苗发根成活。灌水时应小水穴浇，不宜灌水浇苗，以防土壤过早沉实，影响根系生长和结薯。甘薯生长中期，地上部旺盛生长，块根已开始迅速膨大，同时由于温度升高，植株蒸腾量和地面蒸发量加大，是需水最多时期。一些主产区在此阶段常出现不同程度"伏旱"天气，对地上、地下部生长及产量影响非常严重，应该尽量创造灌溉条件，争取早灌、浅灌、勤灌。连续高温干旱时，一般每隔10天灌水一次，对块根膨大十分有利。

甘薯生长后期，常常秋雨过多，土壤湿度过大，甚至田间积水，易造成茎叶徒长，对块根膨大极为不利。多雨地区及低洼地块，除在整地时做好高垄深沟和排水沟外，生长期还应根据雨湿情况及时排水，防止垄土过湿和受涝。生产中还可按植株生长状况掌握灌排，如茎叶有徒长趋势时，应控制水分供应，以水控肥，控制徒长。又如在正常生长情况下，晴天中午甘薯叶片蔫萎后恢复缓慢的，显示植株已受干旱影响，应及时灌溉。

5. 藤蔓管理

各地栽培甘薯多有翻蔓习惯，一般认为翻蔓能拉断不定根，抑制茎叶徒长，并且便于中耕除草，是一种有益的措施。但大量事实证明，翻蔓害多利少，除在前期为便于施肥、中耕、培土，以及多雨受涝后便于开沟排涝等田间管理措施外，不应单独进行翻蔓。据中国农业科学院甘薯研究所统计，

1947—1961年全国各地149次翻蔓试验，其中，翻蔓减产约有145次，一般减产10%～20%。1964年，江苏省徐州地区8个县100多个点对比试验结果，不论土质、地势和品种，翻蔓均减产（减产幅度15%左右），而且翻蔓次数愈多，减产幅度愈大。提蔓翻蔓减产的原因，一是翻蔓降低了茎叶制造养分的能力。翻蔓由于机械损伤和搅乱茎叶正常分布，黄落叶增加，茎叶受到损伤后，叶面积减小（最大叶面积来临期推迟），使植株制造养分的能力削弱。同时，翻蔓使叶片被翻转或重叠荫蔽，在短期内叶片的光合效能降低。据中国农业科学院甘薯研究所1960年以51-93品种为材料测定结果，叶片因翻蔓被翻转后，其光合强度较正常叶降低28.2%，茎叶制造养分能力削弱是翻蔓减产的主要原因。二是翻蔓搅乱了植株体内养分的正常分配。由于翻蔓茎叶受到损伤后，刺激腋芽萌发，新枝新叶迅速增长，需要消耗大量养分，从而使输送到块根的养分大大减少。据山东省农业科学院测定，翻蔓以后，运往新芽的养分高达73.7%，而不翻蔓的运往新芽的养分只占19.3%。据中国农业科学院甘薯研究所用^{32}P测定结果，翻蔓的薯块^{32}P含量比不翻蔓的薯块降低8.9%。有人认为翻蔓有抑制茎叶生长期和促进养分向块根运转的作用，但上述资料表明，翻蔓反而会刺激茎叶生长和减少养分向块根的输送数量。

提蔓，即将薯蔓自地面轻轻提起，拉断不定根后仍放回原处。但据各地对比结果，在一般条件下，提蔓与不提蔓产量差异不大，且提蔓费工，故不必进行。但在雨后薯地受涝、茎蔓被淤于土中的情况下，提蔓有通风散湿和利于排水的作用。又如水肥过多、植株生长过旺时，提蔓可拉断不定根，减少吸肥吸水的能力，也有抑制茎叶徒长的效果。至于干旱薄地、水肥不足、长势差的则不宜提蔓，否则，将导致茎叶衰退而影响产量。

此外，丰产栽培常因肥水过头，使地上部和地下部生长失调而出现茎叶徒长现象。据各地经验，当出现徒长趋势时，采用摘心、提蔓，抠毛根或剪除枯枝老叶等措施，均有一定程度的抑制作用。近年来，有些地区试喷某些化学激素，如 B9、矮壮素和苯乙酸等，对抑制徒长也有一定效果，但喷射时间和浓度尚需进一步研究明确。

6. 一年两季高产栽培技术

四川气候属中亚热带湿润气候区。该区全年温暖湿润，年均温 16～18 ℃，日温在 10 ℃及以上的持续期 240～280 天，积温达到 4 000～6 000 ℃，回春早，冬暖夏热，无霜期 230～340 天。为了实现优良食用型甘薯品种的周年供应，近年来研究人员集成了一年两季甘薯高产高效种植新技术，即采用“脱毒种薯、提早育苗、地膜覆盖、增施钾肥、提前收获、原地移栽夏或秋甘薯”等高产高效关键技术，大幅度提高薯农的种植效益。该种植模式使鲜甘薯提前收获上市，而优质食用甘薯 6—8月市场价达到 4～6 元/ kg，亩产量可达 1 500 kg 以上；夏、秋薯亩产 1 800 kg 以上，市场价 2.0 元/ kg，两季亩产值可达 8 000 元以上，效益非常显著。

该技术要点如下。

(1) 品种。选用结薯早的南薯 88、龙薯 9 号、烟薯 25、广薯 87、南紫薯 008、香苕等鲜食型甘薯品种。

(2) 早育壮苗。选在背风向阳、土层深厚、土壤肥沃、靠近水源、管理方便的地方，床土须每年更换，一般于 1 月开始覆三层膜或电热温床育苗。

(3) 选地与施肥。选择土壤肥力较高、土层较深厚、排灌方便的地块。采取秸秆还田、施用有机肥进行地力培肥，深松

30 cm 左右进行耕层扩容；底肥在整地时一次性施入。

(4) 覆膜早栽密植。3 月中下旬气温稳定在 13～15 ℃时就可进行覆膜栽培，密度为 4 000～6 000 株/亩。

(5) 田间管理。栽后 4～5 天进行查苗补苗，对栽插时施肥不足，出现叶黄脱肥的地块进行根外追肥，可喷 2%尿素溶液 750 kg·hm^2 2～3 次，每次时间间隔 7 天左右。生长正常的地块，在中、后期喷 0.2%的磷酸二氢钾水溶液 60 kg/亩，连喷 2～3 次。

(6) 病虫害综合防治。采用杀虫灯、性诱剂等进行病虫害综合防治。生长期利用杀虫灯诱杀甘薯天蛾、斜纹夜蛾及造桥虫等。发蛾盛期可采用黑光灯等诱杀成虫。危害初期可用甲氨基阿维菌素苯甲酸盐加水喷雾，防治甘薯天蛾、斜纹夜蛾、造桥虫等危害。

(7) 收获与夏薯或秋薯种植。最早 6 月即可开始收获，收获前将顶端苗剪好置于阴凉处，原地起垄栽植夏薯或秋薯，密度为 4 000～6 000 株/亩，栽植后浇水保苗，栽植的夏薯或秋薯立冬前收获。

7. 甘薯“早育早栽、蘸根免浇”轻简化栽培技术

该技术是利用植物生长调节剂促进细胞分裂、分化和伸长生长，促进甘薯插枝生根。

该技术流程如下。

(1)“大棚＋小拱棚”双膜育苗：一般从 12 月下旬至翌年 2 月上旬殡种育苗。

(2) 提前起垄增墒：一般于 3 月中下旬起垄，主要用于夯实土壤，吸收部分雨水，增加垄内墒情。

(3) 蘸根栽插：直接栽插，无须浇水，该技术主要有两种。

①水剂蘸根：每袋生根剂兑水 4 kg 和适量多菌灵，将剪好的薯苗蘸根 2～3 min，然后移栽，最后提垄覆土。

②泥浆蘸根：每袋生根剂拌 4 kg 左右的细土（黄泥土为佳）和适量多菌灵，再加适量水，搅拌均匀，成稀泥状，将剪好的薯苗蘸取生根剂后晾 3～4 h，使薯苗蘸取的生根剂泥浆风干，然后栽插，最后提垄覆土。

（4）栽插时间：从 4 月初到 6 月上旬均可栽插，以泥浆上午蘸根，下午栽插效果更佳。

六、收获

1. 适时收获

甘薯收获早迟与块根产量和安全贮藏关系很大。甘薯在热带地区可以越冬，是多年生作物，没有明显的成熟特征，只要温度合适，就可以继续生长。若收获过早，生长期不足，产量和烘干率都低，而且早期收获，温度较高，容易发生黑斑病而引起腐烂。同时，薯块容易发芽，对安全贮藏不利。收获过迟，由于气温下降，不但不能增加产量，而且还会受低温冷害，使淀粉发生水解作用，转化成糖和水，出粉率、烘干率和耐贮性降低。因此，适时收获对提高产量、提升品质和防止腐烂损失，都有重要意义。

适宜的收获期，主要是根据气温、耕作制度、品种和薯块用途来确定。甘薯在气温达 15 ℃时，薯块增重和茎叶均已停止，若较长时间处于 9 ℃以下，就会受冷害。因此，当旬平均气温降到 15 ℃时，就应收获。一般早栽的地、早播小春地和早熟、不耐寒的品种应早收；反之，可适当晚收。就用途而言，先收晒薯干的，再收种薯，后收鲜食和饲用薯。从四川地区来看，一般在 10 月下旬（霜降）开始，到 11 月中旬（小雪前）收获完。

2. 收获方法

四川省甘薯收获季节，阴雨天较多，应尽量选择晴天或阴天进行，切忌雨天挖薯。为了便于操作，避免土壤太湿，可在收获前半天到一天，先将藤叶割去，让水分散失一些，再行挖薯。割藤应留薯鼻，以使收获时有目标。收留种薯，应特别注意品种保纯，避免混杂。具体办法是实行去杂去劣去病，选优留种，分别贮藏。收挖时应注意收净，保证丰产丰收。同时，要做到轻挖、轻装、轻运、轻放，尽量减少薯块损伤，增强耐贮性，防止腐烂。

七、甘薯的安全贮藏技术

20 世纪 70 年代后期，四川省全面推广了高温大屋窖贮藏甘薯的技术，烂薯率由常年的 30%左右下降到 5%以下，使烂薯问题基本得到控制。80 年代初期，随着农村家庭联产承包责任制的普及，甘薯由集体贮藏发展成了分户贮藏，高温大屋窖逐渐失去了作用。由于不少农户不懂得安全贮藏技术，于是烂薯问题在一些地方又较为严重。

1. 贮藏期中引起烂薯的原因

甘薯在贮藏期中发生腐烂，往往容易被人们片面地认为是薯窖不好或管理不当。其实，甘薯从种到收再到贮的整个过程中，只要有任何一个环节出了问题，都可能导致烂薯。例如，把甘薯栽在排水不良的地里，秋雨一来，甘薯在地里淹水过久，入窖后就会出现软腐病而引起烂薯；在收获时挑选不严，把病薯、伤薯带进窖里，就是管理再精细，也会发病烂薯；如果薯窖质量不好，即使选择好薯入窖，管理精细，也会因冬天保不住温，发生冻害而烂薯。总之，收不好、窖不好、管不好，都会引起烂薯。因此，必须树立全面观点，采取综合措施，从收到藏到管，在几个关键环节上都要围绕防止烂薯制定相应的技术措施，绝不要以为单抓了高温处理或药剂处理就能防止烂薯。任何片面地只抓某一两项措施的观点都不可能解决烂薯问题。

甘薯在贮藏期中发生腐烂，主要有以下五个方面的原因。

（1）温度。

甘薯安全贮藏需要的温度是 10～15 ℃。甘薯在窖藏期间维持生命活动的最低温度，大多数品种为 9 ℃，因此，一般把 9 ℃以下的温度叫冷害温度，9 ℃则称为甘薯贮藏的临界下限温度。窖温如果连续几天低于 9 ℃，甘薯就会遭受冻害，其症状有以下几点。一是用刀削薯皮，能看见黑筋；将甘薯横切，断面无浆，有黑点；用手挤压，要滴清水。二是甘薯的一头或两头变为暗褐色而腐烂。三是煮不熟，出现硬心。15 ℃是甘薯贮藏的临界上限温度，凡窖温超过 15 ℃就算高温。如果窖内薯块不带病菌，单纯 17～18 ℃的高温，只会引起薯块萌芽，提早糠心，但大面积生产上，多数薯块在田间就带有黑斑病病菌，这些带菌薯块在窖里遇上高温，就会引发黑斑病的蔓延。特别是入窖初期，往往高温高湿同时出现，会造成贮藏初期大量烂薯。

（2）病害。

病害是引起烂薯的主要原因之一，窖藏期的主要病害有黑斑病和软腐病。黑斑病引起的是干烂，烂薯干缩，表面有大小不等的黑疤，嗅起有苦味。软腐病引起的是腐烂，烂薯用手捏即有黄色带酒味的浆汁流出。

（3）氧气。

甘薯在贮藏期间是有生命的，它要不断地吸收空气中的氧气进行呼吸作用。若窖内装薯过满，不留空间，或封窖过早、过严，或长期密闭，不注意通风换气，都会造成窖内氧气逐渐减少，二氧化碳浓度逐渐升高，从而使呼吸作用受到抑制。当窖内氧气含量低于临界值4%时，甘薯的呼吸作用不能正常进行，被迫转变为缺氧呼吸，体内产生酒精，酒精积累多了，就会自身中毒而腐烂，这就是通常所说的“闷窖”现象。由闷窖而引起的烂薯，窖中都有较浓的酒精味。

（4）湿度。

贮藏期间窖内相对湿度以80%～90%为宜。湿度过高，窖内常凝结成水珠，浸湿薯块表层，造成湿害助长了病菌侵入，会引起烂薯；湿度过低，长期低于70%，会引起薯块大量失水、萎蔫、糠心和干腐。

（5）种薯质量。

甘薯入窖时，如果质量掌握不好，混进了病伤薯、虫伤薯、锄伤薯、鼠害薯、水胀地甘薯等，由于这些薯带有病菌，容易引起烂薯。

在上述五个原因中，造成大面积烂薯的主要原因还是病害。

2. 甘薯安全贮藏的原理

四川省在甘薯贮藏上，有各种各样的窖型、各种各样的方法。归纳起来，安全贮藏不烂薯的原理，可分三大类。

（1）高温灭菌的安全温度贮藏法。

各种类型的高温窖就是采用的这一原理。薯块入窖后，先烧火升温，用35～38 ℃的高温处理2～3天，达到灭菌的效果。然后把窖温迅速降至10～14 ℃的安全温度贮藏。它的优点是从根本上排除了在窖内发生黑斑病、软腐病的可能性。

（2）用低温抑制病菌活动的安全温度贮藏法。

一切旧式窖，包括坛子窖、立门窖、防空洞窖、平温窖等，都是采用的这一原理。即甘薯入窖后，采取各种措施，始终把窖温控制在10～15 ℃。窖温低于15 ℃，就能抑制黑斑病病菌的活动，防止甘薯生芽。窖温高于10 ℃就能避免冻害，达到安全贮藏的目的。这种办法的缺点是没有把随甘薯带入窖内的病菌杀死，只是病菌被低温抑制而暂时停止活动，一旦窖温上升到15 ℃以上，病菌活跃，仍有发病烂薯的可能。

（3）药剂灭菌的安全温度贮藏法。

在甘薯入窖前，先用托布津或多菌灵兑成药液，将甘薯放在药液中浸一下，起到灭菌作用，然后再放到大窖中用10～14 ℃安全温度贮藏。这种方法既能有效地杀死黑斑病病菌，又适合各种窖型，特别适合分户贮藏甘薯。

3. 药剂浸薯保鲜的技术要点

（1）薯窖消毒。

在薯块入窖前一周，要清理薯窖，并对薯窖进行消毒处理。用70％托布津1 000倍液，或50％多菌灵800倍液，对窖内四壁、窖底进行喷雾消毒，杀灭病菌，薯块方能入窖贮藏。

（2）药剂浸薯。

用70％甲基托布津可湿性粉剂1 000倍液，浸500～750 kg薯块。或用50％多菌灵800倍液浸400～600 kg薯块。兑药要先用少量水将托布津（多菌灵）调成糊状，然后再将全部水加入。药液装在瓦缸、脚盆里，也可在地上挖坑，铺上塑料薄膜，将配好的药液倒入。把薯块用稀眼竹篼装好，浸在兑好的药液中，上、下提动几次，使药液将薯块表面全部浸湿就提起来，滴干余水后趁湿入窖。

（3）注意事项。

一是提倡当天收获，当天浸药，当天入窖。不能做到当天入窖的，甘薯在家中的堆放时间最长不超过7天。堆放时间过长，病菌已侵入薯皮，再浸药处理，效果就大大降低。二是托布津、多菌灵对甘薯软腐病菌无效。水涝地甘薯，其表皮组织已部分坏死，入窖后最容易发生软腐病。因此，对于水涝地的甘薯，不要用托布津、多菌灵处理。

4. 甘薯贮藏期中的管理

甘薯自立冬前后入窖到第二年惊蛰后出窖殡种，长达4个多月，可划分为冬前期、越冬期和立春后三个管理阶段。

（1）冬前期的管理。

从甘薯入窖到日平均气温降到10℃为止为冬前期。按节气来讲，一般是自立冬开始，到大雪为止。

冬前期的特点：气温高，日平均气温在10℃以上；甘薯刚入窖，水汽重，呼吸旺盛，放出热量多，因而窖温高、湿度大。

冬前期管理的中心任务是降温排湿，其方法包括：一是在甘薯入窖时就要安放通气竹筒，便于降温排湿；二是隔天或隔2～3天换用一次干谷草放在薯堆上面，提“汽汗水”，白天把谷草取出来晒干；三是实行全天敞窖，降温排湿，逐步过渡到日敞夜闭，再过渡到全天闭窖。具体安排要依窖温为准，当窖温在15℃以上时，则敞窖，当窖温在10℃及以下时就闭窖，保持窖内温度在12～13℃。

（2）越冬期的管理。

从大雪起到第二年立春止，为越冬期。越冬期的特点是寒潮频繁，气温低于10℃，窖温也较低。这一时期管理的中心任务就是保温防寒，要千方百计把窖温保持在10℃以上，其方法包括：一是封闭窖门、窖口，严防寒风侵袭，每隔几天选择晴天中午测一次窖温，顺便通风换气；二是当窖温低于10℃时，高温窖可以烧火升温，把窖温升到14℃时停火。没有升温设备的一般窖，可在薯堆表面加盖干谷草保温，还可在窖门外加草帘，防寒风。

（3）立春后的管理。

立春后气温开始回升，窖温也随之回升。由于早春气候冷暖无常，加之薯块已失水较多，开始糠心，这一时期管理的中心任务就是调节好窖温，并酌情补充水分。具体办法就是勤检查，依据窖温高低实行敞闭结合，并酌情向窖内补充水分。

第五节　主要病虫害及其防治

四川省是甘薯的主要种植区，也是一些病虫害发生的主要区域，本地区甘薯上的病害主要有黑斑病、蔓割病、干腐病和软腐病；虫害主要有甘薯麦蛾、斜纹夜蛾、甘薯天蛾和甘薯叶甲。

一、四川甘薯主要病害

1. 甘薯黑斑病

甘薯黑斑病是甘薯生产上的一种重要病害，发生普遍，我国各甘薯生产区均有发生。甘薯在幼苗期、生长期和贮藏期均能发病，主要危害块根及幼苗茎基部，不浸染地上的茎蔓。育苗期染病，多因种薯带菌引起，种薯变黑腐烂，造成烂床，严重时，幼苗呈黑脚状，枯死或未出土即烂于土中。病苗移栽大田后，生长弱，叶色淡，茎基部长出黑褐色椭圆形或菱形病斑，稍凹陷，初期病斑上有灰色霉层，后逐渐产生黑色刺毛状物和粉状物，茎基部叶片变黄脱落，地下部分变黑腐烂，严重时幼苗枯死，造成缺苗断垄（见图 4-25）。

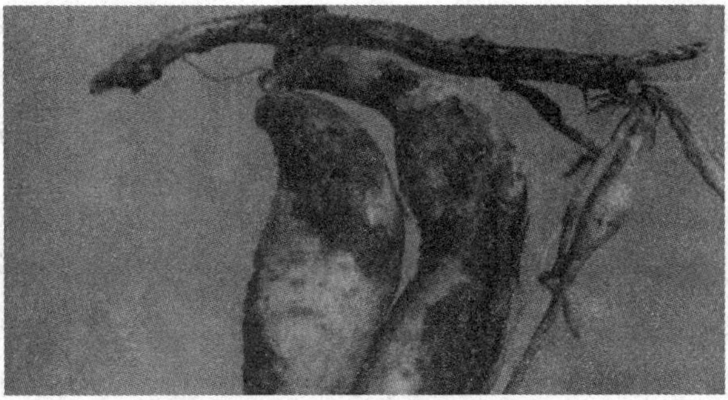

图 4-25 甘薯黑斑病

黑斑病主要靠带病种薯传病，其次为病苗，带病土壤、肥料也能传病。在收获、贮藏过程中，操作粗放，造成大量伤口，均为病菌入侵创造有利条件。窖藏期如不注意调节温湿度，特别是入窖初期，由于薯块呼吸强度大，散发水分多，薯块堆积窖温高，在有病源和大量伤口情况下，容易发生烂窖。黑斑病发病温度与薯苗生长温度一致，最适宜温度为 25～27 ℃，最高 35 ℃；高湿多雨有利于发病，地势低洼、土壤黏重的地块发病严重；土壤含水量在 14%～60%范围内，病害随温度升高而加重。品种间的抗病性有差异。

［防治方法］：

（1）培育无病薯苗。种薯经过严格挑选，汰除病、虫、冻、伤薯块，然后进行消毒处理。接着进行药剂浸种，用 50%多菌灵可湿性粉剂 800～1 000 倍液或 50%甲基托布津可湿性粉剂 500 倍液浸种 5 min。种薯上床前要施足底肥，浇足水，育苗期注意保温、炼苗，培育无病壮苗。

（2）栽插无病薯苗。大田栽插时要严格汰除病苗。

（3）适时收获，安全贮藏。种薯收获后用 50%多菌灵可湿性粉剂 800～1 000 倍液或 50%甲基托布津可湿性粉剂 500 倍液浸种 5 min，晾干入窖。

（4）建立无病留种地。黑斑病严重发生区，应建立无病留种地。选用3年未种过甘薯的地块，采用高剪苗进行扦插，施无病粪肥、净水，并注意防治地下虫，单收、单运、单藏。

2. 甘薯蔓割病

甘薯蔓割病又叫“甘薯枯萎病、甘薯萎蔫病”等，除危害甘薯外，还危害烟草、马铃薯、番茄、棉花、玉米、大豆等多种作物。该病主要浸染茎蔓、薯块（见图4-26）。苗期发病，主茎基部叶片先发黄变质。茎蔓受害，茎基部膨大，病薯鼻部常发生腐烂。病株叶片自下而上发黄脱落，最后全蔓枯死。病薯和病苗是远距离传播的途径，流水和耕作是近距离传播的途径。土温27～30 ℃，雨量大，次数多，有利于病害流行，连作地、沙土、砂壤土发病较重。

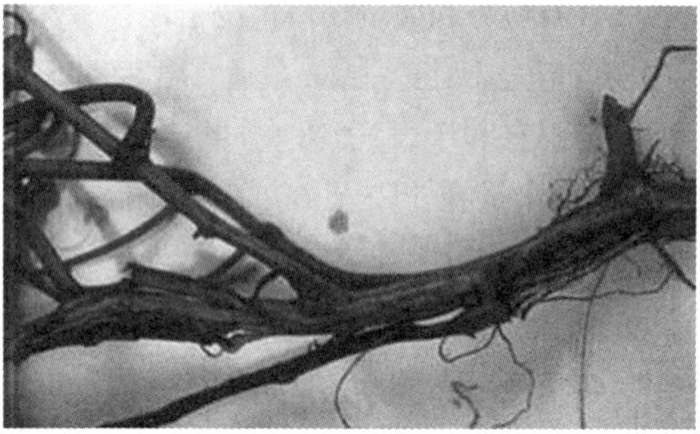

图4-26 甘薯蔓割病

［防治方法］：

（1）选种抗病品种，禁止从病区调入薯种、薯苗。

（2）用50％甲基托布津可湿性粉剂700倍液浸薯种 。

3. 甘薯干腐病

甘薯干腐病是甘薯贮藏期的主要病害之一，严重时全窖发病，损失严重。该病浸染薯块，发生于收获初期和整个贮藏期。发病初期，薯皮不规则收缩，后期薯皮表面产生圆形病斑，黑褐色，稍凹陷，轮廓有数层，边缘清晰（见图 4-27）。用病薯育苗，可直接浸染幼苗。病菌随薯苗在田间呈潜伏状态，成熟期病菌通过维管束到达薯块。发病适温为 20～28 ℃，30 ℃以上病情停止发展。

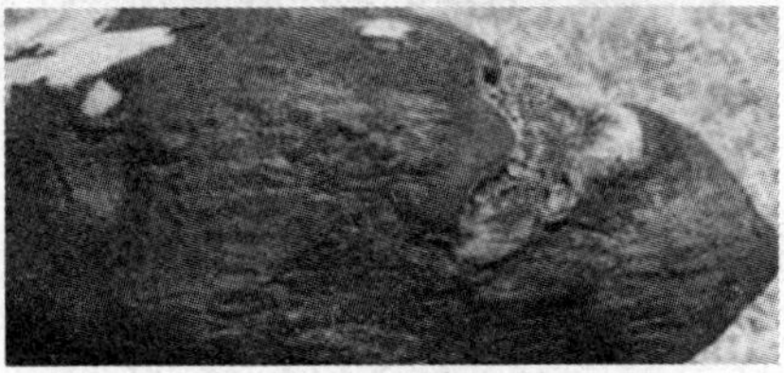

图 4-27　甘薯干腐病

[防治方法]：

（1）适时收获，适时入窖，避免霜害。

（2）清洁薯窖，消毒灭菌。旧窖要打扫清洁，或将窖壁刨一层土，然后用硫黄熏蒸（每立方米用硫黄 15 g）。

（3）种用薯块入窖前用 50％甲基托布津可湿性粉剂 500～700 倍液，或用 50％多菌灵可湿性粉剂 500 倍液，浸蘸薯块 1～2次，晾干入窖。

4. 甘薯软腐病

甘薯软腐病为甘薯贮藏期的主要病害之一，分布广泛，全国各甘薯生产区均有发生。它是由黑根霉菌引起，能为害多种作物。该病浸染薯块，患病初期薯肉无明显变化，以后薯块变软，内部腐烂，有酒味，薯肉变黄褐色或浅褐色（见图 4-28）。薯块损伤、冻伤则病菌从伤口侵入。温度 15～23 ℃、相对湿度 78％～84％的环境，易于使病害发生。

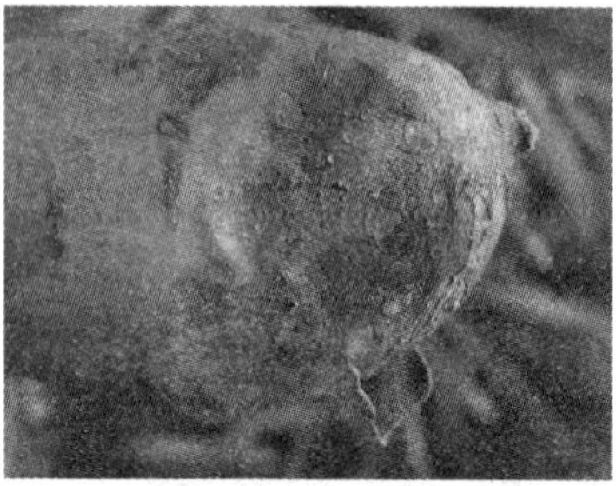

图 4-28　甘薯软腐病

[防治方法]：

（1）适时收获，适时入窖，避免霜害。

（2）清洁薯窖，消毒灭菌。旧窖要打扫清洁，或将窖壁刨一层土，然后用硫黄熏蒸（每立方米用硫黄 15 g）。

（3）种用薯块入窖前用 50%甲基托布津可湿性粉剂 500～700 倍液，或用 50%多菌灵可湿性粉剂 500 倍液，浸蘸薯块 1～2次，晾干入窖。

二、四川甘薯主要虫害

1. 甘薯麦蛾

甘薯麦蛾又叫“甘薯卷叶蛾”。该虫害除为害甘薯外，还为害蕹菜、牵牛花等旋花科植物。它是以幼虫吐丝卷折红薯叶片，并栖居其中取食叶肉，只留表皮，发生严重时，大量薯叶被卷食，严重影响产量。成虫是一种黑褐色小蛾子，体长 5～7 mm，翅展 15 mm，前翅狭长，中央有 2 个环形圈纹，外缘有 1 列黑点，后翅菜刀状，淡灰色，缘毛很长（见图 4-29）。

图 4-29　甘薯麦蛾成虫

卵椭圆形，长约 0.6 mm，初产乳白色后变淡褐色，表面有细网纹。幼虫纺锤形，老熟幼虫 15～18 mm（见图 4-30）。蛹纺锤形，长 7～9 mm，呈黄褐色。成虫昼伏夜出，有趋光性。卵散产于幼嫩叶片背面中脉或叶脉间，卵期 3～5 天，幼虫共 6 龄，初龄幼虫在叶背啃食叶子，2 龄幼虫开始吐丝卷叶，3 龄后食量大增，1 头幼虫可转移为害数片薯叶。在温度高、湿度低的环境中有利于该虫害发生。

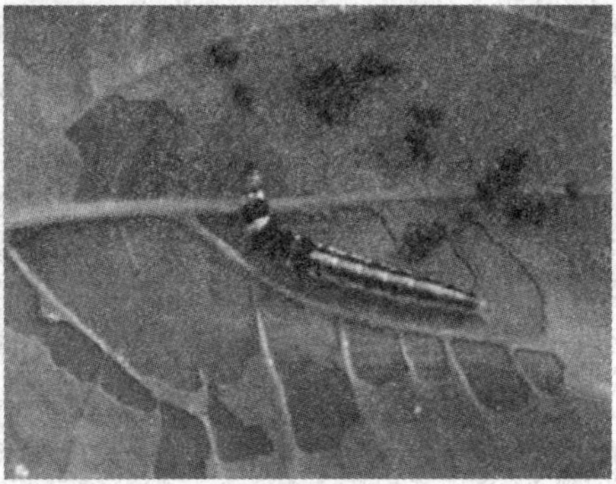

图 4-30　甘薯麦蛾幼虫

［防治方法］：

（1）农业措施：一是在甘薯收获后及时清除田间残株枯叶和杂草，以消灭越冬蛹；二是在为害初期及时捍杀新卷叶内的幼虫。

（2）药剂防治：在幼虫发生初期，用90%晶体敌百虫800～1 000倍液，在下午4时后每亩喷施50～75 kg。

2. 斜纹夜蛾

斜纹夜蛾又名“莲纹夜蛾”。它的幼虫叫夜盗虫、五彩虫、乌蚕、野老虎等（见图4-31）。幼虫为杂食性，为害甘薯以吃叶为主，严重时也吃嫩茎或叶柄。成虫是灰褐色的中型蛾子，体长16～20 mm，翅展36～42 mm；头、胸部黄褐色，有黑斑；前翅褐色，表面有许多灰白和黑色斑纹，后翅灰白色，半透明，带紫红色闪光（见图4-32）。卵呈馒头状，顶端稍凹，初产时黄白色，后变为灰黄色，近孵化时为暗灰色。幼虫近圆筒形，小时暗灰绿色。蛹为长卵形，头钝尾尖，红褐色至暗褐色，有光泽，长18～20 mm。以蛹在土中过冬。成虫在白天隐藏在荫蔽处，黄昏后出来活动，以晴天无风的夜晚8～12时活动最盛，飞翔力强，趋光性大。随着虫体长大，食量增加，为害加重，虫口密度大时，可将叶片吃光。幼虫共6龄，老熟时钻入土下10～30 cm处，做土室居中化蛹。

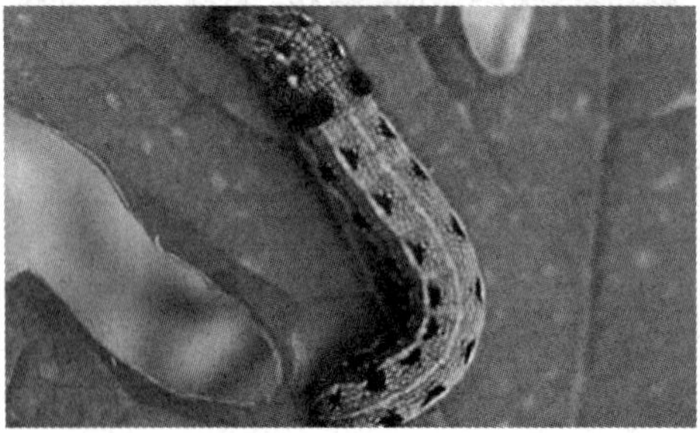

图4-31 甘薯斜纹夜蛾幼虫

图 4-32 甘薯斜纹夜蛾成虫

[防治方法]：

(1) 盛发期在甘薯地寻找叶背上的卵块，连叶摘除。

(2) 用黑光灯诱杀成虫。幼虫 2 龄以前，用 90%晶体敌百虫 800～1 000 倍或 50%杀螟松乳剂 1 000 倍液喷洒。

3. 甘薯天蛾

甘薯天蛾又名“旋花天蛾”，主要为害甘薯，也取食牵牛花等旋花科植物。幼虫食害甘薯的叶和嫩茎，严重时能把叶吃光，影响产量甚大（见图 4-33）。成虫灰褐色，体长 43～52 mm，翅展 100～120 mm。前翅灰褐色，上有许多锯齿状纹和云状斑纹，后翅淡灰色，有 4 条黑褐色斜带（见图 4-34）。雄蛾触角栉齿状，雌蛾触角棍棒状，末端膨大。卵球形，淡黄绿色，直径约为 2 mm。老熟幼虫体长 100～120 mm，体色有绿色和褐色，共 5 龄，头顶圆，第八腹节背面有一光滑成弧形的尾角。蛹体长约 56 mm，褐色，喙伸出很长并弯曲呈象鼻状。以蛹在土下 10 cm 处越冬。第二年 5 月羽化。成虫白天潜伏，黄昏后飞出活动。成虫趋光性强，能迁飞远地繁殖为害。初孵幼虫有取食卵壳的习性。夏季雨量少，温度高，有利于甘薯天蛾的发生与为害。

［防治方法］：

（1）农业措施：冬、春季多耕耙甘薯田，破坏其越冬环境，杀死蛹，减少虫源；早期结合田间管理，捕杀幼虫；利用成虫吸食花蜜的习性，在成虫盛发期用糖浆毒饵诱杀，或到蜜源多的地方捕杀，以降低田间卵量。

（2）药剂防治：每亩用 2.5%敌百虫粉或用 90%晶体敌百虫。

图 4-33　**甘薯天蛾幼虫**

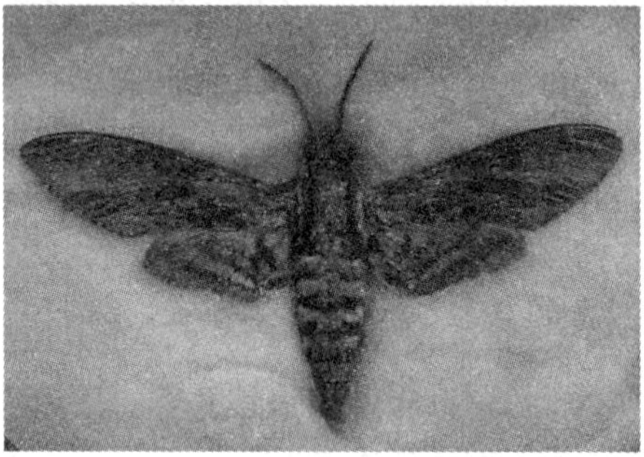

图 4-34　**甘薯天蛾成虫**

4. 甘薯叶甲

甘薯叶甲又名“甘薯金花虫、蓝黑叶甲、甘薯猿叶虫、老母虫、红苕蛀虫”等，是鞘翅目肖叶甲科甘薯肖叶甲属的一种甲虫。成虫为害幼苗顶端嫩叶、嫩茎，使顶端折断，严重时植株枯死，造成缺苗现象。幼虫生活在土壤中（见图 4-35），为害寄主的根，块根表面有弯曲的伤痕。这种虫害还啃食薯块表面，使薯块表面发生深浅不同的伤疤，致黑斑病、软腐病菌等侵入危害。严重时，薯块被害率可达 30%～60%，常年损失率达 20%～30%。

图 4-35　甘薯叶甲幼虫

成虫体长 5～7 mm，卵圆形，体色变化大，多为蓝黑色，有金属光泽。触角 11 节，端部 5 节略扁平。头、胸部背面密布刻点，前胸背板呈横长方形，小盾片近方形（见图 4-36）。1 年发生 1 代，多以成熟幼虫在土下 15～25 cm 处做土室越冬；有少数在甘薯内越冬；也有以成虫在岩缝、石隙及枯枝落叶中越冬。越冬幼虫于 5～6 月化蛹。成虫耐饥力强，飞翔力差，有假死性。清晨露水未干时多在根际附近土隙中；露水干后至上午 10：00 时和下午 16：00～18：00 活动最活跃。当土温下降到 20 ℃以下，大多数幼虫进入越冬。

图 4-36　甘薯叶甲成虫

[防治方法]：

(1) 轮作及清洁田园：宜稻、薯轮作。田间秸秆及时妥善处理，如饲用或高温积肥等。

(2) 捕杀成虫：利用成虫假死性和活动习性，宜在黄昏和清晨时间，当多数害虫聚集在幼茎叶上觅食活动时，集中力量捕杀。

第六节　甘薯加工情况

我国甘薯产后加工企业的发展起源于传统的农民家庭作坊式手工生产，兴起于 20 世纪 80 年代的乡镇企业，后来相继转型升级，向产业化与规模化方向高速发展。目前，我国甘薯企业发展已从数量型增长向质量效益型转变，出现了一些起点较高、装备齐全、设备先进、规模较大的加工企业和集团。目前，全国获得食品生产许可证和卫生许可证的甘薯加工企业约有 200 多家，主要分布在北方及长江中下游部分薯区，地域集中度较高。长江中下游薯区淀粉加工用甘薯量约占总消费量的 30%。随着甘薯加工产业结构调整、经济发展方式的转变，手工作业的家庭作坊和半机械化生产的中小型加工厂因生产设备陈旧、生产工艺落后、缺乏专业技术人才，难以实现生产加工技术和工艺的改进和创新，在市场竞争中逐步被淘汰或被先进的大中型规模化企业所取代。

一、四川甘薯加工现状

长期以来，四川甘薯以鲜食和饲用为主，传统的淀粉粉条是主要的加工形式，随着人们消费水平的提高，近年来开发了以鲜薯、薯泥和全粉为原料的方便特色食品，有全粉、粉丝、红薯面、小食品、烘焙食品等系列。这类产品改革了传统淀粉生产工艺，使甘薯营养成分得到很好的利用，减少了废渣排出，避免了环境污染，受到消费者的推崇，市场前景巨大。

二、制约四川甘薯加工的主要因素及解决措施

1. 专用型品种的推广应用面积不够

以传统的食用型或饲用型甘薯（如南薯 88、徐薯 18 等）的种植面积较大，淀粉专用型甘薯（如西成薯 007、渝薯 17、商薯 19 等）或特用加工型甘薯（如南紫薯 008、绵紫薯 9 号、南薯 012、岩薯 5 号等）的推广力度不够，相应的高产栽培应用率较低，导致产量低下且种植与销售脱节，大大挫伤了种植户的积极性。应结合新品种新技术的示范应用，推广适销对路的特用加工型品种，增加比较效益，提高农户的种植积极性。

2. 贮藏设施和技术落后

目前四川甘薯以小农户分散贮藏为主，气调库、高温大屋窖、防空洞窖等拥有良好贮藏技术的大型贮藏设施少，这就导致贮藏技术良莠不齐，损失严重，损失率达到 15%～20%，高的可达 30%。应加强对种植户的贮藏技术培训，同时加强产地初加工以提高转化利用效率等措施，以降低甘薯损失率。

3. 加工企业少，产品单一

目前四川省甘薯加企业主要有光友、白家、昌凌等，产品以粉丝、小食品等为主，远不能满足消费者对多样化产品的需求（见图 4-37 到图 4-41）。自 2012 年农业部启动农产品产地初加工补助项目以来，四川省甘薯产业初加工技术与设备得到了进一步提高，但技术和设备应用力度不够，还需积极开发地方特色品牌，特别是提升主食化和精深加工技术及其产品档次，打通从种植、加工到销售的产业链，促进四川甘薯产业又好又快向前发展。

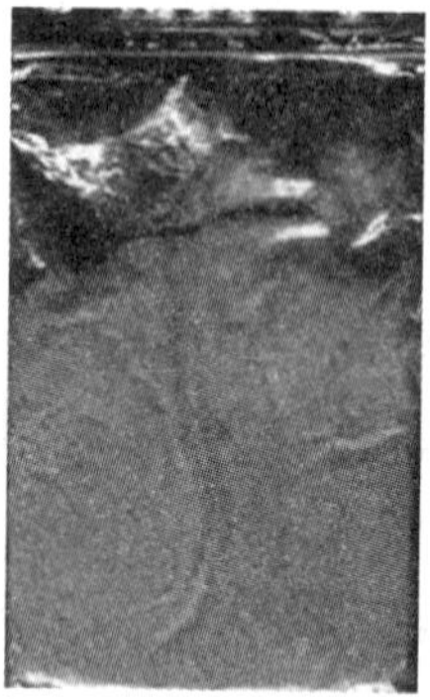

图 4-37　紫甘薯全粉

图 4-38　紫甘薯粉丝

图 4-39　光友粉丝

图 4-40　**甘薯饮料**

图 4-41　**甘薯片、甘薯脯等小食品**

第五章　马　铃　薯

第一节　马铃薯营养健康和产业发展概述

马铃薯又名“洋芋、土豆”，起源于南美洲，于16世纪末期至17世纪初期传入我国。马铃薯高产，适应性强，营养丰富，贮存时间较长，被誉为“地下苹果”和人类的“第二面包”。联合国粮农组织将2008年定为“国际马铃薯年”，将马铃薯定义为地球“未来的粮食”，也是继2003年确定“国际水稻年”后，第二次以农作物命名国际年。国际马铃薯年的宗旨是：提高马铃薯这一具有全球重要意义的粮食作物和商品的形象，重视其生物和营养特点，从而促进其生产、加工、消费、销售和贸易。

一、马铃薯的营养健康

1. 马铃薯的营养价值

马铃薯的营养价值主要是指马铃薯块茎作为食品的营养价值。国外营养专家检测发现，马铃薯所含蛋白质与维生素B_1相当于苹果的10倍，维生素C是苹果的3.5倍，维生素B_2和铁质是苹果的3倍，磷是苹果的2倍，糖和钙质与苹果相当，只有胡萝卜素含量略低于苹果。

从营养价值来说，马铃薯是一种极好的食物，既可当蔬菜，又可当主食。马铃薯块茎中含有糖类、蛋白质、矿物质、维生素和脂肪等人类生命活动所需的基本营养物质，是一种养分很丰富的食物。第一，马铃薯含有丰富的矿物质，它是典型的高钾、低钠食品，可有效预防脑中风及高血压；它的钾、镁含量高于精米和白面，是一种碱性食物，而所有的精米、白面都让人体质偏酸。第二，马铃薯的蛋白质很优质。虽然马铃薯的蛋白质含量只有2%，但是其中富含人体必需的各种氨基酸。第三，马铃薯富含各种维生素，特别是维生素C（抗坏血酸）的含量较高，这可是精米、白面无法比拟的。这就是我国高寒地区和山区人民在秋冬季缺乏蔬菜水果的情况下，长期食用马铃薯仍能保证身体健康的重要原因之一。第四，马铃薯含有丰富且柔软的膳食纤维，这种膳食纤维能够让人产生饱腹感，既不会刺激肠胃，又可减少食物的摄入；马铃薯块茎中的淀粉以支链淀粉为主，一般淀粉酶无法消化它，所以有人称马铃薯淀粉为抗性淀粉。用马铃薯来代替主食具有一定的减肥效果，而且由于马铃薯的纤维质地柔软，各类人群都可以吃，患有胃溃疡或肠炎的人也可以放心地吃马铃薯。第五，马铃薯块茎的脂肪含量极低，一般在0.1%左右，是典型的低脂肪食品。

马铃薯营养全面，质地柔软细腻，加之性味甘平和低热量、低脂肪，有补中、益气、和胃、健脾、消肿之功效。马铃薯除具有丰富的营养价值外，还有一些鲜为人知的特殊作用，如它是潜力较大的优质婴儿食品、功能神奇的药用食物、抗衰老食物和美体食物。

2. 马铃薯主食化与烹饪

（1）马铃薯主食化。

马铃薯在我国已有400多年的种植历史，但在消费方式上仍然以鲜食菜用为主，没有像大米、面粉一样成为老百姓一日三餐的主食。推进马铃薯主食产品及产业开发，是保障国家粮食安全、促进农民增收的重大举措。科学引领马铃薯主食消费，是提高我国居民营养健康水平的重要途径。2015年以来，我国积极推进马铃薯主食产品及产业开发，取得了阶段性成效，筛选出一批适宜主食加工的马铃薯新品种，在传统的淀粉、薯条、薯片等加工品的基础上，逐步开发出马铃薯主食系列新产品来，成功开发了马铃薯馒头、糕点、面条、米粉等大众型马铃薯主食产品，马铃薯消费需求呈现上升趋势。

四川省从2015年开始实施“马铃薯主食产品及产业开发试点项目”，在马铃薯优势产区和马铃薯主食产品消费潜力区的成都市、绵阳市和凉山彝族自治州（简称凉山州）开展试点工作。开发的主食产品包括马铃薯馒头（花卷）、面条（方便面、干挂面、湿面）、米粉（粉丝、粉条、粉皮）、饼干（脆片、薯片、土豆酥）和糕点（四季饼、迷你饼、月饼）等。马铃薯馒头（花卷）、方便面、四季饼、土豆酥等产品深受广大消费者的喜爱。

（2）马铃薯烹饪。

中国作为一个对饮食特别重视的国度，自然不会将马铃薯置之度外。马铃薯的吃法很多，长期以来，各地形成了一系列相对固定的马铃薯食用方法并在一定的区域内流行，包括做成各种菜肴和主食。值得注意的是，中国菜的传统做法一般要求色、香、味俱全，所以使用的配料特别多，而马铃薯只用部分配料也可以做出可口的菜肴和主食。

购买马铃薯，要挑选表面完整、干净的，且触手坚实光滑，避免选择外皮有皱纹，或枯萎、软黑、呈绿色的马铃薯。烹饪马铃薯也有诀窍。为完整保留马铃薯的营养，连皮煮是最好的方法，且最好整颗煮，不要切片或削块。如果必须要削皮再煮，应该使用削皮机轻轻削去薄皮，避免削厚，因为许多营养成分都在靠近马铃薯表皮处。变绿或发芽的马铃薯含有龙葵碱，对健康不利。

二、马铃薯产业发展

马铃薯是集粮、菜、饲和加工原料于一体的重要作物，在我国种植业中占有重要地位，全国各省（自治区、直辖市）均有栽培，尤其在北方冷凉地区和西南山区种植更广泛。目前我国马铃薯种植面积达 $8\,000\times10^4$ 亩左右（1 亩约等于 667 m^2），总产量达 $9\,000\times10^4$ t 左右，均居世界首位。

四川是马铃薯种植大省，21 个市（自治州）均有马铃薯种植，有春作、秋作和冬作之分，马铃薯是目前最具增产、增收和市场需求潜力及加工增值潜力的优势作物，它集粮食安全和特色产业发展于一身，成为稳定发展粮食生产、改善居民膳食结构以及增加农民收入的重要突破口。大力发展马铃薯产业是确保粮食安全的需要，是促进农村区域经济发展的需要，是满足营养健康消费的需要。近年来，四川省狠抓马铃薯产业发展，大力探索创新马铃薯种植模式，集成马铃薯高产高效种植技术，通过增、间、套作和发展秋、冬马铃薯，马铃薯产业稳步发展，形成了川西南加工型马铃薯、川东北种薯及兼用型马铃薯、川东南冬马铃薯和川西川中秋马铃薯四大各具特色和优势的集中产区，全省种植马铃薯呈现“周年生产，周年供给”的格局。2015 年，全省马铃薯种植面积 $1\,195.8\times10^4$ 亩、鲜薯总产量 $1\,538\times10^4$ t，面积和产量均位居全国第一。马铃薯为全省粮食增产、农民增收发挥了重要作用，马铃薯产业已成为四川省部分地区农村经济发展的支柱产业。

今后，四川省将以确保粮食安全和促进农民增收为出发点，以市场为导向，以科技为支撑，以龙头企业为带动，突出优势区域和重点地区，继续按照“抓良繁带基地、抓协会带营销、抓企业带加工、抓凉山带全省”的“四抓四带”工作思路，通过项目带动、良繁促动、营销拉动、主食化推动，进一步做优基地、做强加工、做活市场、做响品牌、做长链条、做大产业，促进马铃薯产业发展再上新台阶。未来的发展方向是：稳定面积攻单产，春、秋、冬作协调发展，推动马铃薯主食化。

第二节　马铃薯生长发育与环境条件要求

一、马铃薯的形态特征

马铃薯为茄科、茄属一年生草本植物。生长习性分为直立、扩散和匍匐三种类型（见图 5-1）。与其他一年生草本植物一样，马铃薯植株也是由根、茎、叶、花、果实和种子等器官组成（见图 5-2）。在形态上与其他植物不同的是，它具有块茎，一种变态的茎——而且是其最重要的经济器官。

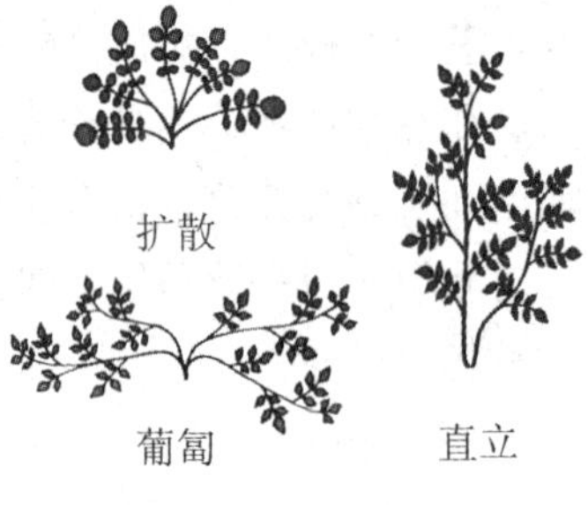

图 5-1　马铃薯生长习性

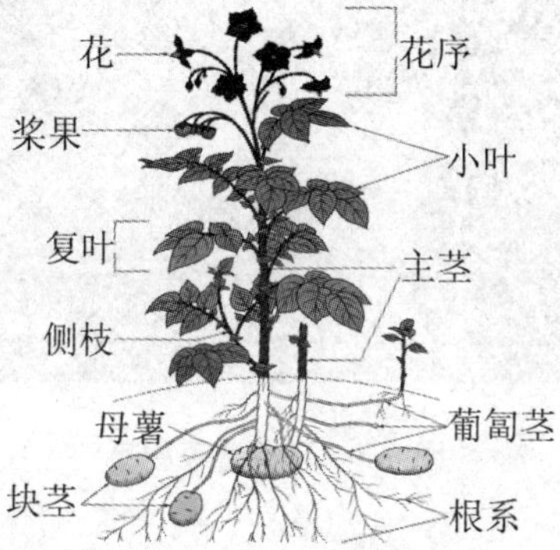

图 5-2　马铃薯植株

1. 根

马铃薯的根系根据播种材料的不同而不同，用种子繁殖的为直根系（见图 5-3），有主根和侧根之分；用块茎繁殖的则为须根系（见图 5-4），全部为不定根，没有主根、侧根之分，不定根从种薯幼芽基部发出，而后又分枝形成许多侧根。根系发育及分枝情况因品种和栽培条件不同而异。马铃薯根系分布浅，大部分品种的根系分布在土壤 30 cm 左右的深度，一般不超过 70 cm，在砂质土壤中根深也可达 100 cm。早熟品种的根系一般不如晚熟品种的根系发达，而且分布很浅，晚熟品种的根系分布广而深。抗旱品种根系发达。所以种植马铃薯时要根据不同品种的属性和根系的分布情况来确定株距、行距，才能获得高产。

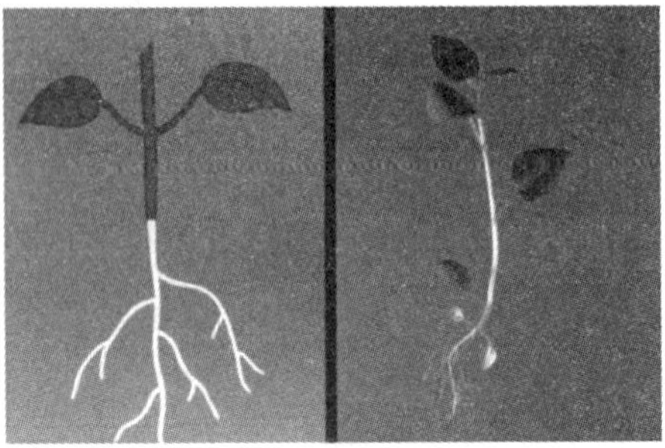

图 5-3　马铃薯直根系

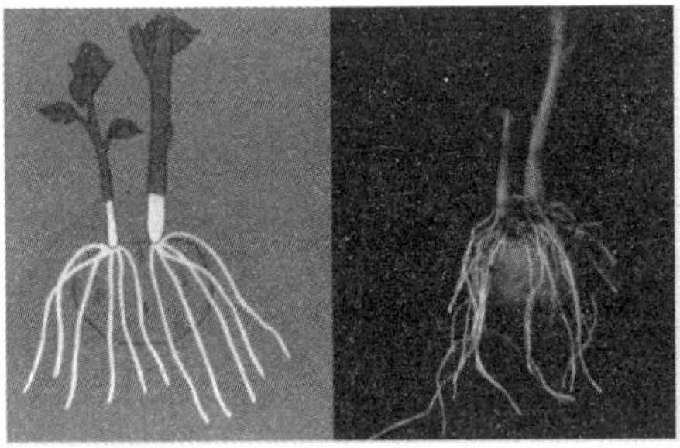

图 5-4　马铃薯须根系

2. 茎

马铃薯的茎分为地上茎、地下茎两部分，有主茎、侧茎、匍匐茎和块茎（见图 5-5），它们的形态和功能各异。

从种薯上直接伸长的茎为主茎，一个植株可能有多个主茎，从主茎上产生的分枝称为侧茎或侧枝。茎的颜色因品种而异，有绿色、紫褐色等。一般早熟品种植株矮小，茎高 40～70 cm，分枝少；中、晚熟品种植株高大，茎高 80～120 cm，分枝多。

图 5-5　马铃薯的茎

匍匐茎是主茎地下茎的腋芽伸长形成的侧枝，是形成块茎的器官。匍匐茎大部分集中在 5～20 cm 的土层内。一般来说，匍匐茎越多，形成的块茎越多，如果覆盖不好，匍匐茎露于土表可能形成新的枝条而不形成块茎。所以种植时应及时培土，把茎下部的节埋上，这对匍匐茎生长和结薯非常重要。

块茎既是马铃薯的经济器官又是繁殖器官，着生于匍匐茎顶端，由匍匐茎膨大形成，是茎的变态。块茎上有芽眉、芽眼和皮孔等。块茎与匍匐茎的连接处称为基部或脐部，另一端为顶部（见图 5-6）。块茎上的芽眼呈螺旋状排列，基部稀，顶端密。马铃薯块茎的形状、皮色和肉色因品种不同而异。一个特定的品种，其块茎形状、皮色和肉色在正常培养条件下不会发生变化，这些均是鉴别品种的重要指标。但因为栽培条件和栽培地点不同，有色品种的颜色深浅可能略有差异 。马铃薯块茎形状有圆形、卵形、长卵形、椭圆形、长椭圆形、扁圆形、长扁圆形、长筒形等（见图 5-7）；薯皮有光滑、粗糙或网纹状；皮色有白、黄、红及紫色等；肉色一般为白色到黄色，也有带红色、紫色等（见图 5-8）；芽眼深浅有突出、浅、中等、深和很深。

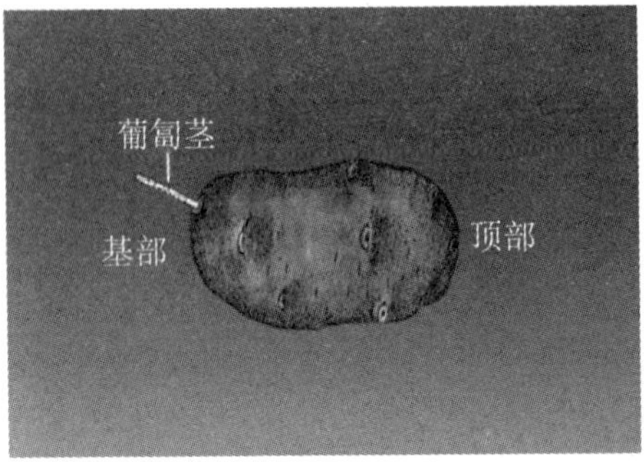

图 5-6　马铃薯的外部结构

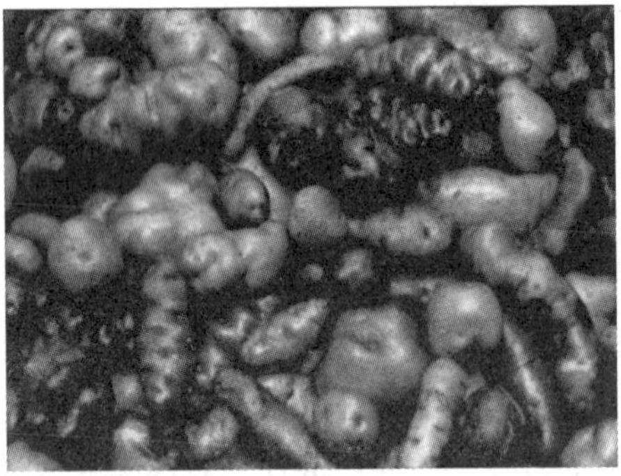

图 5-7　马铃薯块茎的形状

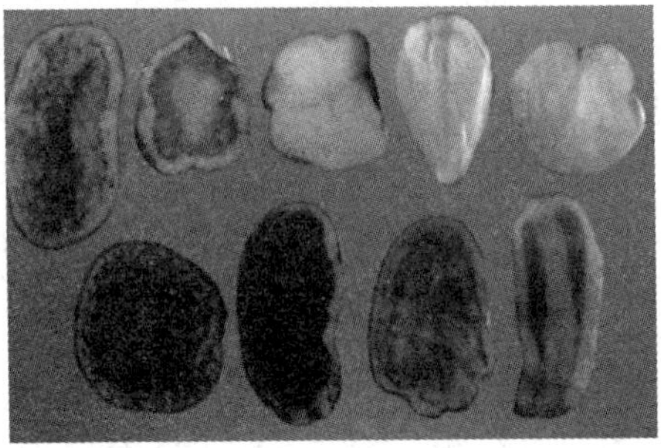

图 5-8　马铃薯块茎的肉色

3. 叶

马铃薯的第1、2片初生叶片均为单叶，第3～5片为不完全复叶，以后随着植株生长，长出的叶为奇数羽状复叶（见图5-9）。

图5-9 马铃薯复叶

4. 花

马铃薯属于自花授粉植物，马铃薯花为两性花，雄雌一体，花序为顶生分枝型的聚伞花序（见图5-10）。开花持续时间花朵为5天左右，花序为15～20天；花冠的颜色有白、粉红、紫、蓝紫等。

图5-10 马铃薯花序

5. 果实、种子

马铃薯果实为淡绿或紫绿色浆果，呈圆形，少数为椭圆形，看上去像小番茄（见图 5-11）。每个果实含 100～250 粒或更多种子（马铃薯真正的种子，称为实生种子），种子很小，呈扁平形或卵圆形，千粒重 0.5～0.6 g，呈黄色或暗灰色，新收的种子有较长的休眠期。

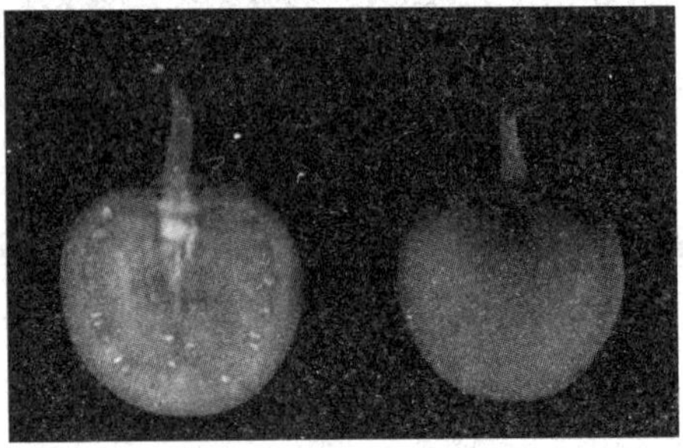

图 5-11　马铃薯果实

二、马铃薯的生长发育

马铃薯的生长发育与大多数农作物不同，它不一定需要经过播种、发芽、开花和结实等全过程，即使没有开花和结实这两个关键过程，也能获得很好的收成和收益。在种子的来源上，马铃薯也与其他作物有很大的差别，马铃薯生产上普遍使用的“种子”称为种薯，也就是用块茎进行无性繁殖（营养繁殖）；马铃薯也可以用开花结果后获得的种子进行繁殖，这种繁殖方式主要用于马铃薯育种。

马铃薯从块茎到块茎的整个生活史包括：块茎—度过休眠期—萌发—出苗—幼苗生长—植株发育—新的块茎形成—块茎快速膨大—植株死亡—新块茎（见图 5-12）。马铃薯的生育期一般以播种后出苗到成熟之间的天数表示。由于马铃薯是进行营养繁殖的作物，其成熟期的特征不像禾谷类作物明显，生育期长短的伸缩性很大。根据马铃薯生育期长短，划分为早、中(分为早中、中、晚中)、晚熟品种，早熟种生育期在 75 天以内，中早熟种为 76～85 天，中熟种为 86～95 天，中晚熟种为 96～105 天，晚熟种在 105 天以上。

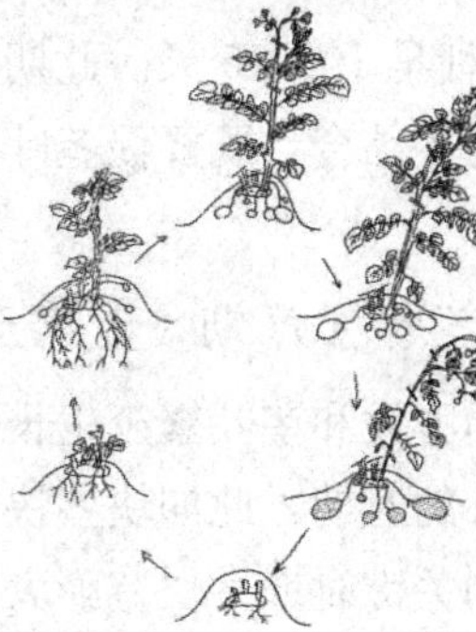

图 5-12　马铃薯从块茎到块茎的生活史

马铃薯在田间的生长发育过程要经历下列五个时期。

1. 发芽期（萌芽至出苗）

发芽期是指马铃薯从种薯解除休眠，芽眼处开始萌芽直至幼苗出土生长至 3～4 片微具分裂的幼叶的时期。此期是以根系形成和芽的生长为中心，根系强壮是构成壮苗的基础。此期需要的水分和养分主要靠种薯供给。此期长 15～40 天，所需时间与土温有关，温度高所需时间短，温度低则所需时间长。

2. 幼苗期（出苗至孕蕾）

幼苗期是从出苗到第 8 叶出现，长 15～25 天。此期是以茎叶生长和根系发育为中心，同时伴随匍匐茎的形成和花芽的分化。植株发育的好坏影响着块茎形成的数量。马铃薯无性繁殖时苗期短，幼苗速熟是它不同于其他作物的最大特征之一。

3. 块茎形成和茎叶生长期(孕蕾至开花初)

此期是植株从团棵到主茎形成封顶，从孕蕾开始至主茎出现9～17片叶，地上部开始开花的时期。此期生长中心已逐渐转向地上部茎叶生长和地下部块茎形成，块茎形成并开始膨大，茎叶急剧增长，需20～30天。早熟种块茎形成期较中熟种早4～5天，较晚熟种早10～15天。此期是决定结薯多少的关键时期，生产上应促控结合，既要促茎叶生长良好，又要防止茎叶疯长。

4. 块茎膨大和茎叶繁茂期(盛花至茎叶衰老)

此期是从块茎开始膨大和茎叶繁茂生长到茎叶衰老，是以块茎膨大和增重为中心的时期，此期块茎快速膨大，是决定块茎产量和大、中薯率的关键时期。块茎膨大期时间长短与品种有关，生育期长的中晚熟或晚熟品种，块茎膨大的持续期长；早熟与中早熟品种，块茎膨大的持续期较短。

5. 淀粉积累和成熟期(茎叶衰老至茎叶枯萎)

开花结果后，茎叶生长缓慢直到停止，植株下部叶片开始枯黄，便进入了块茎淀粉积累期。此期块茎体积不再增大，茎叶中贮藏的养分继续向块茎转移，淀粉不断积累，块茎重量快速增加，周皮加厚。当50%植株枯黄时，块茎成熟；当茎叶完全枯萎，薯皮容易与薯块剥离时，块茎充分成熟，逐渐转入休眠。此期的特点是以淀粉积累为中心，淀粉积累可一直持续到叶片全部枯死。此期既要防止茎叶早衰，也要防止后期水分和氮素过多而贪青晚熟，以免降低产量和品质。

三、块茎的休眠和发芽

1. 块茎的休眠

马铃薯块茎收获后，需要经过一段时间才能萌芽，这一时期称为马铃薯的休眠期。刚收获的块茎，就是给予最好的条件也不会很快发芽，因为新收获的马铃薯块茎内含有较高的脱落酸等抑制芽眼萌发的激素，抑制了块茎的萌芽，加之块茎外部致密的木栓化周皮阻止了块茎内外的氧气交换使呼吸作用等生理代谢活动减弱。一般栽培的马铃薯品种，不管是早熟种还是晚熟种，都有休眠期，休眠期长短与品种、收获时间和环境温度等有关。一般来说，早熟品种的休眠期比中晚熟品种的要短，同一品种在贮藏温度较高的条件下比在贮藏温度较低的条件下要短。马铃薯的休眠期一般为 2～3 个月。休眠期短的品种在块茎收获后 30～60 天即可发芽，休眠期长的品种需 90 天以上才能发芽；温度为 1～4 ℃时，块茎保持休眠状态不能萌发，温度升至 20 ℃，可缩短休眠时间；同一品种，幼小块茎的休眠期较完全成熟块茎的休眠期长，在试管中生产的微型薯休眠期更长。通过休眠期的块茎，芽眼中的主芽逐渐生长并开始萌发。块茎上不同部位的芽眼萌发速度不同，顶部芽眼有顶端优势，较先发芽（见图 5-13）。

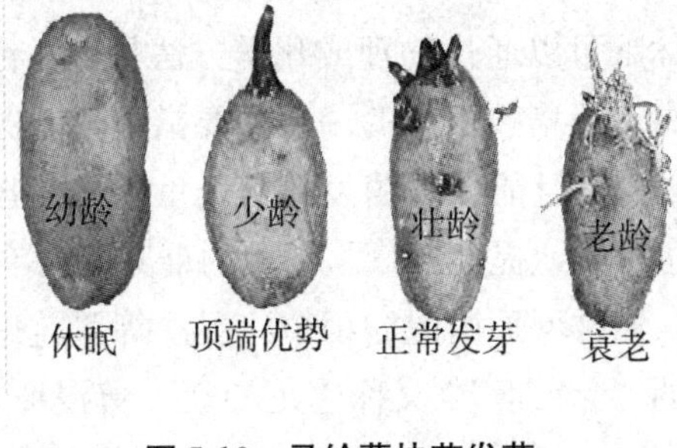

图 5-13　马铃薯块茎发芽

休眠期长的品种适合一季作区种植和加工利用，休眠期短的品种适合两季作区种植和鲜食利用。休眠期长的品种催芽困难，常延误播期或发芽不整齐，影响产量。

2. 块茎的生理年龄

马铃薯种薯的生理年龄是指块茎作为种薯栽培时的生理状态，以及栽培后植株在田间生长过程中表现的状态。块茎的生理年龄对田间出苗早晚、茎叶长势、根系强弱、块茎发生早晚、块茎产量等都有重要影响。种薯的生理年龄一般用芽条数及其发育程度来表示，可分为四个年龄状态（见图 5-13），即没有萌芽的休眠块茎、只有一个顶芽发育的块茎、具有 5～6 个壮芽的块茎和具有多数衰老细芽的皱缩块茎，分别对应生理幼龄、少龄、壮龄和老龄的块茎。

同样的种薯，用不同生理年龄的块茎播种，对马铃薯生长和产量影响很大。用生理幼龄、少龄的块茎播种，出苗较晚、出苗不整齐，苗数不够，成熟晚，产量低；用生理老龄的块茎播种，虽然出苗早、苗数多，但茎叶衰败迅速，产量低；只有用生理壮龄的块茎播种，才能做到出苗早而齐、茎数多、根系强、产量高。

3. 块茎的催芽

块茎的休眠可以通过物理或化学方法打破，称为催芽。催芽是马铃薯高产栽培技术中的一项重要措施，能保证种薯生理年龄达到壮龄，并且能保证萌发的芽长度适中、强壮。播前催芽，可以促进早熟，提高产量。常用的催芽方法有变温法和激素处理方法，通常可采用湿润稻草、湿沙等覆盖进行催芽，或用一定浓度的“赤霉素”（又称“九二〇”）等浸种或喷雾催芽。

四、马铃薯生长的环境要求

1. 温度

马铃薯喜冷凉，不耐高温。虽然马铃薯栽种经过多年的人工选择，有早、中、晚熟不同品种，在多种气候条件下可以种植，但马铃薯植株和块茎在生物学上对温度的反应有其自然特性。

（1）温度对块茎萌芽出苗的影响。

块茎萌芽的最低温度为 4～5 ℃，播种在地面下 10 cm 深的马铃薯块茎在土温达 7～8 ℃时，幼芽即可生长，10～20 ℃时，幼芽可茁壮成长并很快出土。播种早的马铃薯出苗后常遇到晚霜，一般气温降到－0.8 ℃时幼苗即受冷害，气温降到－2 ℃时幼苗受冻害，部分茎叶枯死、变黑，但在气温回升后还能从节部发出新的茎叶，继续生长（见图 5-14）。

图 5-14 马铃薯幼苗受冻害后继续生长

（2）温度对植株生长的影响。

马铃薯植株生长的最低温度为 7 ℃，最适宜温度为 17～21 ℃，当温度达到 29 ℃以上时，茎叶停止生长，气温在－1.5 ℃时，茎部受冻害，－3 ℃时茎叶全部枯死。开花最适温度为 15～17 ℃，低于 5 ℃或高于 38 ℃则不开花。开花期若遇－0.5 ℃低温，则花朵受害，气温降至－1 ℃时花朵枯死。当然，因抗寒性不同，不同品种对温度的反应也有差异。

（3）温度对块茎生长的影响。

块茎生长的最适温度为 17～19 ℃，温度低于 2 ℃和高于

29 ℃时，块茎停止生长。昼夜温差大对块茎形成和膨大有利，以昼温为 20～25 ℃和夜温为 0～15 ℃最为适宜；日均温 25 ℃或以上时块茎几乎停止生长。在生产实践中常会遇到两种块茎生长的反常现象。

第一种现象是播种后块茎上的幼芽变成子块茎，也称“闷生薯”或“梦生薯”。这种现象是由于播种前块茎贮藏条件不好，窖温偏高（在 4 ℃以上），块茎休眠期过后即开始发芽。有的窖温在 10 ℃以上，块茎上的芽长得很长，播种后块茎内养分向幼芽转移时遇到低温，幼芽没有生长条件，便把养分贮藏起来形成新的小块茎（见图 5-15）。如果播种时块茎未发芽或只是开始萌芽而未生长，待温度升高后才正常生长，这样就不会产生子块茎。

第二种现象是块茎的二次生长。在块茎遇到长时间高温时即停止生长，待浇水或降雨后土壤温度下降，块茎又开始生长，即二次生长，使块茎出现多种畸形，有的像哑铃，有的呈念珠状（见图 5-16）。当然，这种现象与品种是否耐高温有很大关系。对高温敏感的品种遇到干旱缺水，土壤温度升高时，二次生长的块茎特别多，而耐高温品种可不出现或很少出现二次生长。还有的品种在土壤温度高时，块茎发芽后长出地面变成枝条，这就会严重影响产量或降低块茎品质，种植这类品种要及时灌溉降低土温。

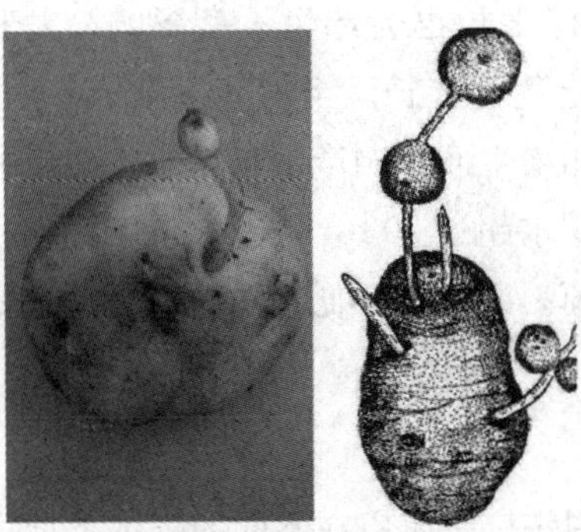

图 5-15　子块茎的形成

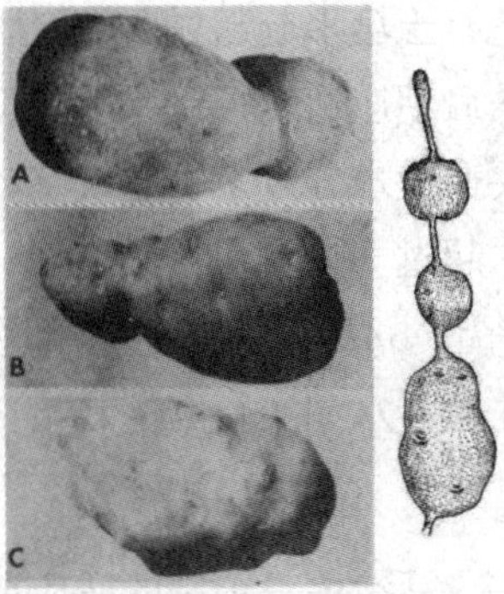

图 5-16　块茎二次生长

2. 水分

马铃薯耐旱，即使在严重干旱情况下也有一定的产量，但是马铃薯根系分布浅，是水分敏感作物，生长过程中必须供给足够的水分才能获得高产。马铃薯的需水量与植株所处的气候条件、土壤类型、土壤中的有机质含量、施用的肥料种类与数量以及田间管理、马铃薯品种等，都有很大关系。

各生育阶段的需水量不同，苗期需水量占全生育期需水量的10%～15%，块茎形成期占20%以上，块茎膨大期占50%以上，淀粉积累期占10%左右。块茎形成期和块茎膨大期需水量占全生育期需水量的70%以上。需水敏感期是薯块形成期，需水量最多的时期是块茎膨大期。若苗期干旱，植株发育不良；块茎形成期干旱，块茎数量少；块茎膨大期干旱，块茎小、易畸形，产量低、品质差。块茎膨大期间若干湿失调，块茎时长时停，容易形成次生薯和畸形薯（见图5-17）。通常土壤水分保持在60%～80%比较合

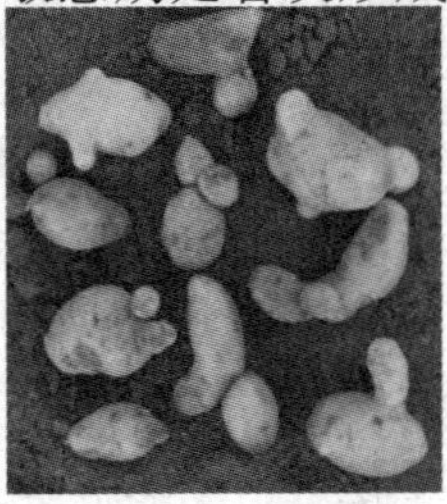

图 5-17　畸形薯

适，土壤水分超过80%对植株生长也会产生不良影响，尤其是后期应适当控制水分，防止茎叶徒长。当块茎逐渐成熟时，要避免水分过多引起块茎皮孔增生而影响产量和品质。如果积水超过24 h，块茎易腐烂；积水超过30 h，块茎大量腐烂；积水超过42 h，块茎将全部烂掉。因此，在低洼地种植马铃薯要注意排水和实行高垄栽培。

3. 土壤

马铃薯对土壤的适应范围较广，可以在不同的土壤类型中生长，但最适合马铃薯生长的土壤是轻质壤土。轻质壤土比较肥沃又不黏重，透气性良好，不但对块茎和根系生长有利，而且还有增加淀粉含量的作用。用这类土壤种植马铃薯，一般发芽快，出苗整齐，生长的块茎表皮光滑，薯形正常，而且便于收获。

在黏重的土壤中种植马铃薯，最好进行高垄栽培。这类土壤通气性差，平栽或小垄栽培，常因排水不畅造成后期烂薯。土壤黏重易板结，常使块茎生长变形或块茎形状不规则。但这类土壤只要排水通畅，其保水、保肥力强，种植马铃薯往往产量很高。对这类土壤的管理，中耕、除草和培土非常重要，一旦土壤板结变硬，田间管理很不方便，尤其是培土困难，如块茎外露会影响品质。这类土壤种植的马铃薯块茎淀粉含量一般偏低。

沙性大的土壤种植马铃薯应特别注意增施肥料。因为这类土壤保水、保肥力差。种植时应适当深播，一旦雨水稍大，把沙土冲走，很易露出匍匐茎和块茎，不利于马铃薯生长，而且会增加管理上的困难。沙土中生长的马铃薯，块茎特别整洁，表皮光滑，薯形正常，淀粉含量高，易于收获。

马铃薯是较喜酸性土壤的作物，土壤pH在4.8～7.0，马铃薯生长都比较正常，以 pH 为 5.5～6.0 最为适宜，在最适的土壤 pH 时，有增加块茎淀粉含量的趋势。但当土壤 pH 在 4.8 以下，土壤接近强酸性时，则植株叶色变淡，呈现早衰、减产现象；土壤 pH 在 7.0 以上，则绝大部分不耐碱的品种产量大幅度下降；土壤 pH 在 7.8 以上则不适宜种植马铃薯，在这类土壤中种植马铃薯不仅产量低，而且不耐碱的品种在播种后块茎的芽不能生长甚至死亡。另外，石灰质含量高的土壤种植马铃薯，容易发生疮痂病，使马铃薯块茎表皮受到严重损害，如遇到这种土壤，应选用抗病品种和施用酸性肥料。

4. 肥料

马铃薯是高产作物，需要的肥料较多。肥料充足时植株可达到最高生长量，相应块茎产量也高。氮、磷、钾三要素中，马铃薯需要的钾肥量最多，其次是氮肥，需要磷肥较少。

(1) 氮肥。

氮肥主要是促进马铃薯茎叶生长，增加块茎数量，增大块茎体积，防止茎叶早衰。适量施用氮肥，能促进马铃薯枝叶繁茂、叶色浓绿，对提高块茎产量和淀粉含量有很好的作用。马铃薯的各个生长期均需氮素的不断供应，但在生长中期需要量较多，前期和后期需要量较少。氮肥虽是马铃薯健康生长和获得高产的重要肥料，但是施用过量会引起植株徒长，结薯延迟，影响产量，而且枝叶徒长还易加重病害，造成更大的产量损失；相反，如氮肥不足，则马铃薯植株生长不良，产量低。早期发现植株缺氮应及时追肥，可以变低产为高产。实践证明，氮肥施用过多比氮肥不足更难控制。因此，施用氮肥要注意适量，没有把握时，宁可苗期追施，不可基肥过量。一般情况下，每生产 1 000 kg 马铃薯块茎，马铃薯需要从土壤中吸收 4.5～6 kg的纯氮。

（2）磷肥。

磷肥虽然在马铃薯生长过程中的需要量较少，但却是植株健康发育不可缺少的重要肥料。磷肥充足，既能促进马铃薯根系发育，增强植株的抗旱和抗寒能力，使幼苗发育健壮，还能促进早熟、增进块茎品质和提高耐贮性，减轻贮藏期的烂窖损失。磷肥不足时，马铃薯植株生长发育缓慢，茎秆矮小。缺磷时块茎外表没有特殊症状，切开后薯肉常出现褐色锈斑。随着缺磷程度的增重，锈斑相应地扩大，蒸煮时薯肉锈斑处脆而不软，严重影响品质。一般情况下，每生产 1 000 kg 块茎，马铃薯需要从土壤中吸收 P_2O_5 1.66～1.85 kg。

（3）钾肥。

钾是马铃薯苗期生长发育的重要元素。钾肥充足，植株生长健壮，抗病力强。钾还对薯块淀粉积累有重要作用，钾肥往往使成熟期有所延长，使块茎大，产量高。缺钾时马铃薯植株节间缩短，发育延迟，叶片变小，后期叶片出现古铜色病斑，叶片向下弯曲，植株下部叶片早枯，根系不发达，块茎小，产量低，品质差，蒸煮时薯肉易呈灰黑色。一般情况下，每生产 1 000 kg 块茎，马铃薯需要从土壤中吸收 K_2O 8～10 kg。

此外，马铃薯还需要钙、镁、硫、锌、钼、铁、锰等微量元素，缺少这些元素时，也可引起病症，降低产量。但绝大部分土壤中这些元素并不缺乏，所以一般不需施用。

4. 光照

马铃薯是喜光作物，光照充足时枝叶繁茂，生长健壮，容易开花结果，块茎大，产量高。在高原与高纬度地区，由于光照强、昼夜温差大，适合马铃薯生长和养分积累，一般都能获得较高产量。在树荫下或与玉米等作物间套作时，如间隔距离小，共生时间长，玉米等作物遮光，导致植株较矮的马铃薯光照不足，养分积累少，茎叶嫩弱，不开花，块茎小，产量低；在马铃薯单作条件下，如用植株高大的品种，当密度大时，也常因出现植株互相拥挤，下部枝叶交错，通风、透光差，而影响光合作用和产量。

光照可明显地抑制块茎上芽的生长。贮藏窖内贮藏的薯块在不见光的条件下经过休眠期后，如窖温较高，会长出又白又长的芽子，但把萌芽的薯块放在散射光（非阳光直射）下，即使在15～18 ℃的温度下，芽子长得也很慢。我国南方架藏种薯和北方播种前催芽，都是利用了这一点来抑制芽子的过度生长。而且在散射光下对种薯催大芽（浴光催芽）（见图5-18），是一项重要的增产措施。

图 5-18　种薯浴光催芽

薯块见光，表皮会变绿。播种浅和免耕稻草覆盖栽培的秋马铃薯，稻草覆盖不好时，常出现块茎绿化现象（见图5-19）。

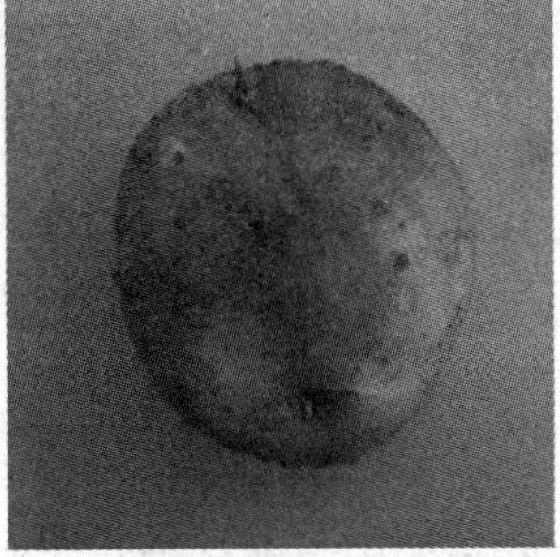

图 5-19　块茎绿化现象

第三节　四川马铃薯主栽品种介绍

一、优良品种的选用

优良品种就是人们所说的好品种，具有产量高、抗逆性强（适应性广，能抗病虫害、抗旱、抗涝等）、薯块性状好（薯形好，芽眼浅，大中薯率高，商品性好）、品质优良（干物质含量高，淀粉含量高或适当，食用性好，耐贮藏等），或有其他特殊优点（如保健的紫色薯，或早熟，或薯形长得特殊，比如特别长，含还原糖低，非常适合油炸薯条用等）。简而言之，符合高产、优质、高效的马铃薯品种，就是优良品种。因地制宜选用优良品种是一项增产增收的有效措施，一般情况下能增产20%以上。选择马铃薯品种要注意以下几方面。

1. 根据种植目的来选用

种植者可根据需要决定，是种植鲜薯食用（菜用）型马铃薯供应市场，还是种植加工专用型马铃薯供应加工厂，或是繁育种薯，然后根据种植目的来确定选用的品种。

2. 根据生产条件来选用

种植者可根据当地的自然条件、生产条件以及种植习惯与种植方式等，来选用不同的品种。如城郊或交通便利的地方，可选用早熟菜用型品种，以便早上市、多卖钱；在平坝、丘陵春秋二季作区种植，要选用生育期和休眠期短、茎矮的中早熟品种，以便复种间套种植；在高海拔的盆周山区要选择高产、抗晚疫病等的中晚熟品种；在癌肿病、青枯病等流行地区，要考虑选择抗病的品种；实行间套种植，要选择耐荫蔽、株型和生育期适宜的品种。

3. 根据品种特性来选用

在雨水较多的地方，可选用耐涝的品种；冬作马铃薯的地方要选择抗寒的品种；在晚疫病、疮痂病、青枯病等多发区可选用抗晚疫病、疮痂病、青枯病等的品种。

4. 科学引种

在生产中引调种薯要注意品种的地区适应性、成熟期和休眠期长短、种薯质量等因素，切忌大引大调、南引北调、商品薯作种薯，以及不管质量高低、不分熟期、不论休眠期长短等，避免造成大量烂薯、成片不出薯、光长苗不结薯或产量很低等。同时，在引种时，要严格进行植物检疫，避免将危险的检疫性病害或虫害一同引入。

二、不同品种类型

马铃薯的品种分类有多种方法，以生育期和用途进行分类的方法最为常见。

1. 品种熟性分类

生产上栽培的马铃薯品种，其块茎形成期与品种的熟性及开花期的长短有明显的一致性。一般来说，块茎形成早，其品种熟期就早；开花晚的品种花期时间较长，块茎形成时期也较长，熟性为晚熟。马铃薯品种的生育期，四川一般根据播种后从出苗到成熟（茎叶枯黄）的天数来划分，根据生育期的不同，可将马铃薯品种熟性分为以下几种。

（1）特早熟品种。播种出苗后60天左右可收获的品种。

（2）早熟品种。播种后从出苗到成熟在75天以内的品种，如川芋56、川芋早、川芋5号、川芋8号、川芋12、川芋彩1号、中薯2号等。

(3) 中早熟品种。播种后从出苗到成熟在 76～85 天的品种，如川芋 117、川芋 39、川芋 6 号、川芋 10 号、川芋 16 号、费乌瑞它、川芋 802、蓉紫薯 5 号、川凉薯 6 号、川芋 18、岷薯 4 号等。

(4) 中熟品种。播种后从出苗到成熟在 86～95 天的品种，如凉薯 8 号、凉薯 17、大西洋、鄂马铃薯 3 号、坝薯 10 号等。

(5) 中晚熟品种。播种后从出苗到成熟在 96～105 天的品种，如米拉、凉薯 3 号、凉薯 97、凉薯 30、川凉薯 (2、4、5、7、8、9、10 号)、青薯 9 号、达薯 1 号、西薯 1 号、西芋 2 号、川凉芋 1 号等。

(6) 晚熟品种。播种后从出苗到成熟在 105 天以上的品种，如凉薯 14、川凉薯 (1、3 号)、合作 88、夏坡地等。

2. 专用品种分类

根据商品性马铃薯鲜薯的不同用途将马铃薯品种分为以下几种。

(1) 鲜薯食用型品种。作为鲜薯食用的品种，应具备大中薯率高 (在 75%以上)、薯形好、薯块整齐、芽眼不深、表皮光滑等基本条件和优良品质，以及蛋白质、维生素 C 含量高，食味优良，炒、煮、蒸口感好等特性。鲜食对淀粉含量的要求不高。鲜薯食用出口品种还须耐贮藏和运输等。鲜薯食用型品种主要有川芋 56、川芋 117、川芋早、川芋 39、川芋 10 号、凉薯 97、凉薯 3 号、凉薯 14、费乌瑞它等。

(2) 淀粉、全粉原料加工型品种。一般来说，任何马铃薯品种都可用于淀粉加工，但用不同淀粉含量的马铃薯做原料，淀粉加工成本差异很大。所以，淀粉、全粉加工专用品种，除了要求鲜薯产量高以外，关键的是块茎干物质含量高，一般要求淀粉含量在 16%以上，还原糖含量应低于 0.40%，不空心，同时芽眼最好浅一些。淀粉、全粉原料加工型品种主要有川芋10号、凉薯14、凉薯8号、米拉、大西洋、合作88、川凉薯(1、3、10号)、西薯1号、青薯9号等。

(3)鲜薯油炸食品加工型品种。这种加工对马铃薯品种的要求较高，要求芽眼浅，容易去皮，干物质含量在19.60%以上，还原糖含量在0.20%以下，休眠期较长，且耐贮藏。该品种又分为以下两种。

①油炸薯条品种。要求大中薯率要高，薯形长形或长椭圆形，无空心，无青头，薯肉质地均匀，较耐低温贮藏。目前生产上可应用的油炸薯条品种有川芋10号、夏坡地等。

②油炸薯片品种。要求薯形接近圆形，大小适中，不空心，薯肉质地均匀，较耐低温贮藏。目前生产上可应用的油炸薯片品种有川芋56、川芋10号、大西洋、合作88等。

(4)保健紫色薯。此品种包括川芋彩1号、蓉紫薯5号等。

三、主要品种介绍

四川在生产上应用较多的品种主要有米拉、费乌瑞它、川芋系列(川芋117、川芋56、川芋5号、川芋早、川芋6号、川芋39、川芋10号)、凉薯系列(凉薯97、凉薯14、凉薯17、川凉薯1号等)、中薯系列(中薯3号、中薯2号、中薯5号)、合作88、青薯9号，以及从省外引进的会-2、抗青9-1(川芋13)、秦玉30、鄂薯3号等。

1. 米拉

米拉是从东德引入的品种，20世纪50年代引进推广至今。属于中晚熟品种，生育期100天左右；株型开展，分枝较多，茎绿色带紫褐色斑纹，叶绿色，花冠白色；块茎呈圆形，黄皮黄肉，表皮稍粗，芽眼较多、深度中等，外观稍差（见图

5-20)。结薯较分散，休眠期长，耐贮藏。产量潜力好，较抗癌肿病，感染晚疫病，不抗病毒病。特点是适应广，品质优，食口好，淀粉含量为14%～18%，还原糖含量为0.25%。鲜薯食用，也可作淀粉加工用。适宜春季栽培。

图5-20　米拉

2. 费乌瑞它

费乌瑞它从荷兰引入，早熟，60～65天便可以收获；株型直立，分枝少，茎紫褐色，生长势强，叶绿色，复叶大、下垂，花冠蓝紫色；块茎呈长椭圆形，皮淡黄色、肉鲜黄色，表皮光滑，块茎大而整齐，芽眼少而浅（见图5-21）。结薯集中，块茎膨大速度较快；块茎休眠期短，贮藏期间易烂薯；鲜薯干物质含量为17.70%，淀粉含量为12.40%～14%，还原糖含量为0.30%。易感晚疫病，感环腐病和青枯病。蒸食品质较优，适合鲜薯食用和鲜薯出口，是目前最主要的鲜薯出口品种，适合各地作为早春蔬菜栽培。该品种较耐水肥，退化较快，应选择在水肥条件较好的地块，施足基肥种植。

图 5-21　费乌瑞它

3. 川芋系列

川芋系列是四川省农科院作物所育成的品种。

(1) 川芋 117。

中早熟，生育期 80～85 天；植株生长势较强，株型直立；薯块呈圆形，薯皮白色，薯肉（心）浅黄色，芽眼中等深（见图 5-22）；耐贮藏性好，食味较好。抗病毒病，中抗晚疫病。该品种综合性状好，适应性广泛。适宜在山区和平坝推广种植。

图 5-22　川芋 117

(2) 川芋 56。

早熟，生育期 67 天左右；株型开展，主茎粗壮，叶绿色，复叶较大，花冠白色；块茎呈椭圆形，表皮光滑，黄皮黄肉，芽眼较浅（见图 5-23），块茎较大而整齐，结薯集中；块茎商品性好，品质优良，淀粉含量为 13.50%，还原糖含量为 0.19%，适合鲜薯食用；块茎休眠期短，夏收后为 30～40 天，冬收后 50 天左右即开始萌芽，耐贮藏；田间高抗癌肿病，较抗晚疫病，不抗青枯病。该品种主要在西南马铃薯二季作区栽培，因植株较矮，适合与玉米等作物间套作。

图 5-23　川芋 56

（3）川芋早。

早熟，株型开展，茎秆粗壮，复叶较大，花冠白色；薯形椭圆，薯皮光滑，皮黄色，肉淡黄色，芽眼浅（见图 5-24），块茎大而整齐，结薯集中；淀粉含量为 14.19%，还原糖含量为 0.04%；块茎休眠期短，夏收后 35～40 天，冬收后 50 天左右。较抗晚疫病。适宜在四川浅丘、平坝地区作春、秋两季栽培，并能和其他作物间套复种。

图 5-24　川芋早

（4）川芋 5 号。

早熟，植株矮健，分枝少，叶色绿，复叶较小，花紫色；结薯集中，块茎扁圆，黄皮黄肉，表皮光滑，芽眼较浅（见图

5-25)；休眠期较短为59天，耐贮；淀粉含量为13.66%，干物质含量为19.4%，还原糖含量为0.15%。高抗晚疫病，抗病毒性强。适宜中、低海拔地区春、秋净作和与其他作物间套栽培。

图5-25 川芋5号

（5）川芋39。

中早熟，田间植株生长繁茂，块茎表皮光滑、黄皮黄肉，芽眼少且深度中等（见图5-26）；块茎休眠期中等，休眠性较浅，耐贮；淀粉含量为15.14%，还原糖含量为0.30%；具有高抗卷叶和花叶病毒、抗晚疫病的特性，高产、喜阳、耐瘠。宜在四川一、二季混作区种植。

图5-26 川芋39

（6）川芋6号。

早熟，茎矮，植株生长繁茂，株型直立，复叶大小中等，花冠白色；块茎呈圆形，薯皮黄色，薯肉白色，表皮光滑，芽眼深度中等（见图 5-27）；结薯集中，休眠期较长，耐贮。鲜薯块茎干物质含量为 21.67%，炸片口感好，色泽均匀，符合炸片标准，是鲜薯食用和加工兼用型品种。抗晚疫病，耐青枯病。适合中、低海拔地区春、秋净作和与其他作物间套栽培。

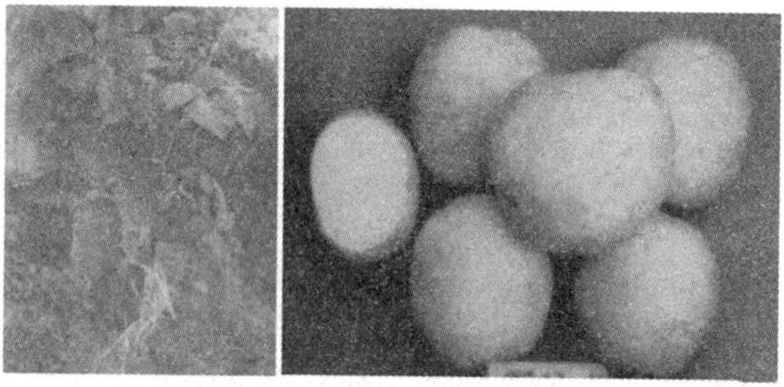

图 5-27　川芋 6 号

（7）川芋 10 号。

中早熟，生育期 80 天左右；植株生长繁茂，株型直立，株高 60.8 cm，复叶小，花冠白色；块茎呈椭圆形，薯皮浅红杂色，薯肉黄色，表皮光滑，芽眼浅、少，呈红色（见图 5-28）；结薯集中，单株结薯 4～5 个，休眠期中等，耐贮；鲜薯块茎干物质含量为 25.55%（淀粉含量为 19.80%），还原糖含量为 0.19%，符合炸片标准，是鲜薯食用和加工兼用型品种。抗晚疫病。适合中、低海拔地区春、秋净作和与其他作物间套栽培。

图 5-28　川芋 10 号

4. 凉薯系列

凉薯系列是凉山州农科所及农技站选育的品种。

(1) 凉薯 97。

四川省凉山州昭觉农科所育成，中晚熟，结薯集中，薯形椭圆，块茎黄皮黄肉，表皮光滑，芽眼较少（见图 5-29），休眠期长；块茎淀粉含量为 15.60%。抗癌肿病，较抗晚疫病，病毒病轻。适宜在四川省凉山州等一季区种植。

图 5-29　凉薯 97

(2) 凉薯 14。

凉山州农技站育成，晚熟，株型直立，株高 85～90 cm，茎粗，茎叶绿色，花白色；块茎呈椭圆形，皮乳白色，肉淡黄色，芽眼中等深（见图 5-30）。结薯集中，食味性好，淀粉含量为 20%，属淀粉加工型品种。抗晚疫病。适宜在四川省凉山州等一季作区种植。

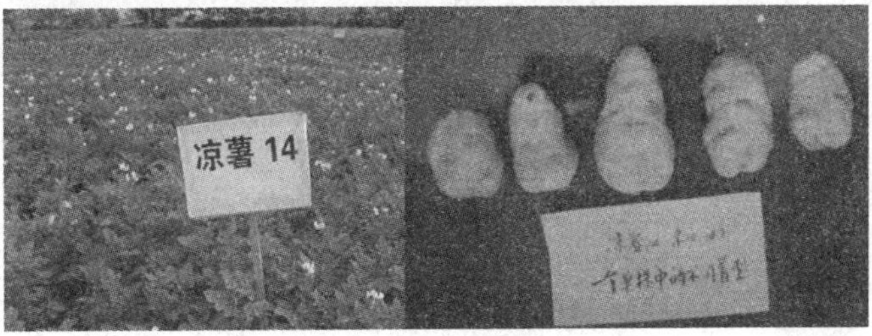

图 5-30　凉薯 14

（3）凉薯8号。

凉山州西昌农科所高山站育成，中熟，株型松散，茎、叶均为绿色，花冠白色；块茎呈椭圆形，黄皮黄肉，表皮光滑，芽眼较浅（见图5-31）；结薯集中，单株结薯较多，块茎休眠期中等，较耐贮藏；食用品质好，鲜薯干物质含量为23.51%，淀粉含量为17.80%，还原糖含量为0.19%，适合鲜薯食用和淀粉加工。植株高抗晚疫病，抗癌肿病。适宜在凉山州二半山、山区种植。

图5-31 凉薯8号

（4）川凉薯1号。

凉山州西昌农科所高山站育成，晚熟，株型扩展、分枝数中等、生长势较强，茎绿色，叶绿色，复叶大小中等，花冠白色；薯块呈椭圆形，黄皮白肉，芽眼数量中等、深度浅，表皮光滑（见图5-32）；耐贮藏，结薯集中，休眠期中等；干物质含量为23.20%，淀粉含量为17.67%，还原糖含量为0.10%，适合鲜食及淀粉加工。抗晚疫病。适宜在凉山州等一季作区种植。

图5-32 川凉薯1号

5. 中薯系列

中薯系列是由中国农业科学院蔬菜花卉研究所育成的品种。

(1) 中薯2号。

早熟，株型扩散，分枝较少，茎紫褐色，叶色深绿，复叶中等大小，花冠紫红色；块茎近圆形，皮肉淡黄，表皮光滑，芽眼深度中等（见图5-33)；结薯集中，单株结薯4～6块；休眠期短，2个月即可通过休眠。块茎品质好，淀粉含量为14%～17%,还原糖含量为0.20%左右。植株感染疮痂病。植株较矮，可与玉米等作物间套作，适合二季作区栽培。

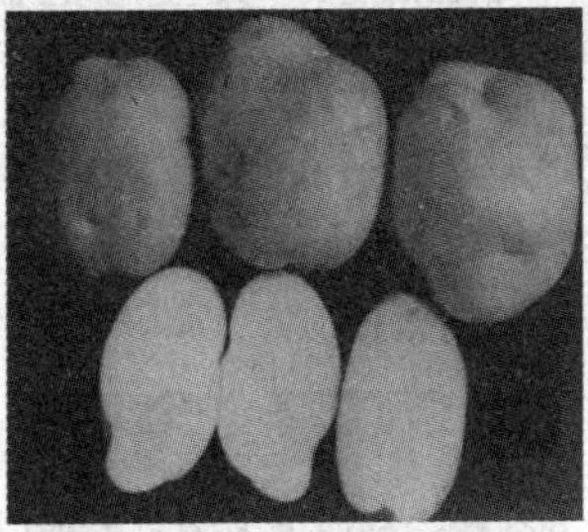

图5-33 中薯2号

(2) 中薯3号。

早熟，株型直立，茎粗壮、绿色，分枝少；复叶大，叶色浅绿，花冠白色；薯块呈卵圆形，皮肉浅黄色，芽眼少而浅，表皮光滑（见图5-34)；结薯集中，块茎休眠期50天左右，耐贮藏。食用品质好，鲜薯淀粉含量为12%～14%，还原糖含量为0.3%。植株较抗病毒病，不感疮痂病，不抗晚疫病；适应性较广，较抗瘠薄和干旱。适于二季作区春、秋两季栽培和一季作区早熟栽培。

图 5-34　中薯 3 号

（3）中薯 5 号。

早熟，株型直立，茎绿色，分枝较少；复叶大小中等，叶缘平展，叶色深绿，花冠白色；块茎略呈扁圆形，皮淡黄色，肉淡黄色，表皮光滑，芽眼极浅（见图 5-35）；结薯集中，抗晚疫病，不抗疮痂病。干物质含量为 18.50%，还原糖含量为 0.51%。适宜在二季作区进行春、秋两季种植，在一季作区做早熟栽培种植。

图 5-35　中薯 5 号

6. 合作 88

由云南师范大学薯类作物研究所育成，晚熟，株型直立，植株较紧凑；茎色绿紫，叶色深绿，复叶大，紫花；薯块为长椭圆形，红皮、黄肉，表皮光滑，芽眼浅少（见图 5-36）；结薯集中，休眠期长；蒸煮品味微香，适口性较好，干物质含量为 25.80%，淀粉含量为 19.90%，还原糖含量为 0.30%，宜加工炸片用和鲜食。中抗晚疫病，抗癌肿病，感青枯病。较适宜在西南山区偏南 2 000 m 以上地区种植。

图 5-36 合作 88

7. 青薯 9 号

青海省农林科学院生物技术研究所选育，中晚熟，株丛繁茂；叶色浓绿，花色淡紫；结薯集中，薯块呈椭圆形，红皮、肉色淡黄，表皮光滑，芽眼较浅（见图 5-37）；耐贮性中等，休眠期（45±5）天。植株耐旱、耐寒，抗晚疫病和抗环腐病。

图 5-37 青薯 9 号

8. 其他品种

其他品种是未在四川审定或认定，但生产应用较多，或较为大家熟悉或示范效果较好的品种。

（1）大西洋。

从美国引入，是国内外主要的炸片品种。中熟，株型直立，分枝数中等，叶绿色，复叶肥大，花冠浅紫色（见图5-38）；块茎介于圆形和长圆形之间，淡黄皮、白肉，芽眼浅，结薯集中；块茎休眠期中等，耐贮藏，蒸食品质好；鲜薯淀粉含量为15％～17.90％，还原糖含量为0.03％～0.15％，炸片专用型品种。该品种喜肥水，但不抗晚疫病。

图5-38　大西洋

（2）夏波蒂。

从加拿大引入。晚熟，株型开展，茎绿色、粗壮，分枝数多，复叶较大，叶浅绿，花冠浅紫色，（见图5-39）；块茎呈长椭圆形，白皮白肉，芽眼浅，表皮光滑，结薯集中；鲜薯干物质含量为19％～23％，还原糖含量为0.20％，炸条和食用品质优良。该品种对栽培条件要求严格，不抗旱、不抗涝，不抗晚疫病、早疫病。适宜在高海拔冷凉、干旱一作区种植。

图 5-39　夏波蒂

（3）秦芋 30 号。

陕西省安康市农业科学研究所育成，中晚熟，茎、叶均为绿色，花冠白色（见图 5-40）；块茎长扁形，小薯近圆形，肉淡黄色，表皮光滑，芽眼浅而少，结薯集中；块茎休眠期长为 80～150 天，耐贮藏；淀粉含量为 15.40%～17.04%，还原糖含量为 0.19%，可作鲜薯食用、全粉加工用。植株高抗晚疫病。

图 5-40　秦芋 30 号

（4）鄂马铃薯 3 号。

湖北省恩施中国南方马铃薯研究中心育成，2000 年通过湖北省品种审定。中熟，生育期从出苗到成熟 90 天左右；株型半扩散，株高 60 cm 左右，生长势较强，茎、叶均为淡绿色，叶片肥大，花冠白色；块茎呈扁圆形，黄皮白肉，表皮光滑，芽眼浅，块茎较大，结薯集中（见图 5-41）；块茎食用品质优良，耐贮藏；鲜薯干物质含量为 24.1%，淀粉含量为 18.20%，还原糖含量为 0.11%，适合鲜薯食用和炸片，淀粉、全粉加工用。植株高抗晚疫病，耐青枯病。

图 5-41　**鄂马铃薯 3 号**

（5）坝薯 10 号。

由张家口市坝上农科所育成。中晚熟，株型直立，主茎粗壮，分枝数中等，生长势较强，叶绿色，复叶大，花白色；块茎呈扁圆形，皮和肉均为淡黄色，表皮光滑，芽眼中等深度（见图 5-42）；结薯集中，休眠期较长，耐贮藏；鲜薯淀粉含量为 17%左右，还原糖含量为 0.20%。植株抗晚疫病，感疮痂病，病毒性退化轻，抗旱性强。

图 5-42　**坝薯 10 号**

（6）希森 3 号。

由乐陵希森马铃薯产业集团有限公司育成。早熟，株型直立，茎绿色，复叶大，花冠淡紫色，薯块呈长椭圆形，黄皮黄肉，表皮光滑，芽眼浅，结薯集中（见图 5-43）；块茎干物质含量为 21.20%，淀粉含量为 13.10%，还原糖含量为 0.60%。不抗晚疫病。

图 5-43 **希森 3 号、6 号**

（7）希森 6 号。

由乐陵希森马铃薯产业集团有限公司、国家马铃薯工程技术研究中心选育而成。中熟，株型直立，茎绿色，白色花冠，单株平均主茎数 2.3 个，单株平均结薯数 7.7 块；块茎呈长椭圆形，黄皮黄肉，薯皮光滑，芽眼浅（见图 5-43）；干物质含量为 22.6%，淀粉含量为 15.1%。高感晚疫病，晚疫病重发区慎用。

9. 彩色马铃薯

彩色马铃薯有紫色、红色、黑色、黄色。目前，我国已培育出以紫色、红色为主的彩色优质马铃薯。紫色、红色、黑色马铃薯中的花青素含量丰富。花青素对人体具有抗氧化、抗衰老、增强免疫力等多重功效。优质彩色马铃薯的市场开发前景广阔。

(1) 蓉紫芋5号。

由成都市农林科学院作物研究所和四川紫金都市农业有限公司联合选育而成。2014年通过四川省农作物品种审定委员会审定。早熟，生育期64天左右；株型直立，分枝数中等，茎紫色，叶绿色，复叶大小中等，花冠白色；薯块呈长椭圆形，紫色皮深紫色肉，表皮光滑、芽眼数量少、深度浅，耐贮藏（见图5-44）；结薯较集中，平均单株结薯6～8个，休眠期短；淀粉含量为12.50%，还原糖含量为0.20%，花青素含量为43.9 mg/kg。轻感晚疫病，中抗病毒病。

图5-44　**蓉紫芋**5**号**

(2) 川芋彩1号。

由四川省农科院作物所育成，2013年通过四川省品种审定。中早熟，茎绿色，叶绿色带浅紫色，花浅紫色；块茎呈长圆形，皮红色，肉黄色带紫色环状花纹，表皮光滑，芽眼浅（见图 5-45）；淀粉含量为 16.80%，鲜薯块茎淀粉含量为 15.60%，干物质含量为 21.50%，还原糖含量为 0.23%，花青素含量为 0.76 mg/kg。抗晚疫病。适宜在四川省中、低海拔地区及平丘区排、透水性好的地方种植。

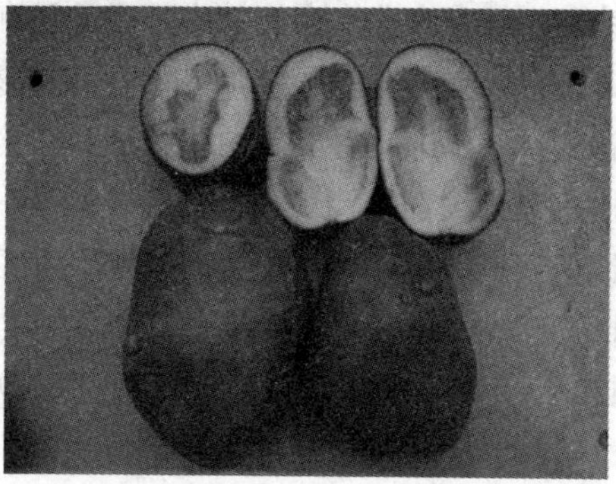

图 5-45　川芋彩 1 号

第四节　马铃薯种植及配套技术

一、春、秋、冬三季种植

四川是马铃薯单、双季混合作区。全省各地都有马铃薯种植，但主要分布在盆周山区、川西南山地区和部分丘陵地区。全省一年四季均有马铃薯种植，鲜薯上市时间长，具有周年生产、周年供应的特点。根据马铃薯的需温特性和多样的地形、气候条件，四川一年可进行春、秋、冬三季马铃薯种植，分别称为春作马铃薯、秋作马铃薯和冬作马铃薯。其中，海拔较低的平坝、丘陵和浅山地区（海拔 1 000 m 以下），由于夏季温度多在 25 ℃以上，不适宜马铃薯生长，因而进行春、秋两季栽培，且多数为春作马铃薯，称小春马铃薯；夏季凉爽的高海拔山区或高原地区（海拔 1 000 m 以上），一般一年春种一季，称为大春马铃薯；在川东、川南等冬季温光条件较好的地区可种植冬马铃薯。

根据马铃薯播种和收获的季节，可将其划分为小春、大春和秋、冬马铃薯，但在农业生产统计中，通常只有小春马铃薯和大春马铃薯，一般将冬马铃薯统计入小春马铃薯，将秋马铃薯统计入大春马铃薯，即小春马铃薯包括小春马铃薯和冬马铃薯，大春马铃薯包括大春马铃薯和秋马铃薯。

小春马铃薯：1 月上旬至 2 月上旬播种，山区有的在年前冬播，5 月中下旬至 6 月中下旬收获。

大春马铃薯：2 月下旬至 4 月中旬播种，甘孜、阿坝个别高海拔地区的播种时间可推迟到 5 月上中旬；收获时间为 7 月中下旬至 9 月上中旬，多数在 8 月收获。

秋马铃薯：平坝、丘陵地区 8 月下旬至 9 月上旬播种，山区为 7 月下旬至 8 月上旬播种，11 月下旬至次年 1 月收获。

冬马铃薯：10 月下旬至 12 月中下旬播种，2 月下旬至 5 月上旬收获。

二、实行轮作，忌连作

马铃薯适宜轮作，不宜连作，不宜与茄科作物如茄子、番茄、烟草、海椒等作物连作，最好与禾本科、豆科等作物轮作，否则，产量会逐渐降低，更会加重晚疫病、病毒病、疮痂病、青枯病以及蚜虫等病虫害的危害。在四川平坝、浅丘地区，马铃薯主要与水稻、玉米、小麦等作物轮作；在山区，主要与玉米、大豆等作物轮作。

三、推广间、套作多种种植模式

马铃薯适应性强、植株矮小、生育期短，宜与其他作物进行间作和带状套作。近年来，四川省不断探索创新马铃薯高产高效种植模式，在不与其他大宗粮食作物争地的情况下，充分利用发达的耕作制度和秋（冬）季空闲田土，通过增、间、套作扩大马铃薯种植面积。除马铃薯与玉米间套种植（见图 5-46）外，还有马铃薯与油菜（见图 5-47）、小麦、大豆、红薯、蔬菜、果树等间套种植。

图 5-46　马铃薯与玉米间套种植

图 5-47　稻田秋马铃薯与油菜间套种植

四、因地制宜选用良种

种植马铃薯，首先要根据种植季节、气候条件、生产需求等来选择优质、高产、抗病、适合当地栽培的品种。

1. 不同种植区域适宜的品种

马铃薯种植区域品种不是严格区分的，一般中早熟品种在高山区及高纬度地区也可种植，但鲜薯产量不及中晚熟品种高；中晚熟品种在低海拔的平丘区种植，产量可能低，有的品种可能不结薯；低山平丘区春、秋两季种植还应注意品种的休眠特性。

低山平丘区品种：主要是间套种植，一般宜选用生育期短、休眠期短的中早熟品种，如川芋 56、川芋 117、川芋早、费乌瑞它、中薯 3 号、中薯 2 号等。

盆周山区、川西南山地区品种：宜选择高产、抗晚疫病等的中晚熟品种，如米拉、川芋 6 号 、凉薯 97、凉薯 14、凉薯 8 号、川凉薯 1 号、青薯 9 号、合作 88 等。

2. 不同季节适宜的品种

早春马铃薯适宜品种：早熟，抗晚疫病，抗旱、耐寒，高产优质、薯皮光滑、芽眼浅。

晚春马铃薯适宜品种：抗旱，耐涝，抗晚疫病，高产优质，薯皮光滑、芽眼浅。

秋马铃薯适宜品种：早熟，休眠期短，结薯早，抗晚疫病，耐涝，高产优质，薯皮光滑、芽眼浅。

冬马铃薯适宜品种：早熟，休眠期短，耐寒，高产优质，薯皮光滑、芽眼浅。

五、大力推广脱毒种薯

1. 马铃薯的退化和脱毒

（1）马铃薯的退化。

马铃薯在生长期间植株变矮、变小，叶片皱缩失绿，块茎逐渐变小，产量和品质明显下降，如果将其作为种薯种植，则产量和品质将一年不如一年。生产上从寒冷北方或山地调运种薯，往往当年产量较高，连续留种，产量逐年下降，薯块品质变差，失去留种价值。这就是马铃薯的退化现象。马铃薯的退化是由病毒造成的，所以一般又称为“病毒性退化”。除了产生各种类型的退化症状外，受到病毒感染的马铃薯将大大减产，一般减产20%～30%，严重者减产80%以上。

（2）马铃薯的脱毒。

病毒性退化是各地马铃薯生产的主要威胁。退化的种薯不排除病毒就不能恢复种性，即使栽培条件再好，也达不到品种应有的产量水平。退化的马铃薯经过一系列技术措施将其所带的病毒脱除，获得不带病毒的马铃薯（包括块茎和试管苗），称为脱毒马铃薯。

通过脱毒可恢复马铃薯品种原来的特性，达到复壮的目的。同时，脱毒过程能将所感染的真菌和细菌病原物一并脱除，所以，脱毒薯在一定时间内没有病毒、细菌和真菌病害，其生活力特别旺盛。种植脱毒种薯的增产效果十分明显，可比一般种薯增产30%～50%，甚至1倍以上。采用脱毒种薯还可显著提高马铃薯品质，不仅块茎变大，而且商品薯率大大提高，能极大地避免种植感病种薯引起的腐烂、尖头、龟裂、畸形、疮疤等现象。

马铃薯良种繁育的主要目的就是脱除病毒，生产健康的脱毒种薯，避免病毒和其他病虫害传播扩散，充分发挥优良品种的生产性能。

由于脱毒马铃薯只是利用生物技术脱除了马铃薯所感染的病毒，并没有改变原品种遗传学上的抗病性。所以，如果原品种不抗病毒，尽管通过脱毒技术脱除了该品种所感染的病毒，并恢复了原品种的特性，也可能不抗病毒。在开放条件下种植经过脱毒的马铃薯，一段时间后可能又会重新感染病毒而发生退化。在开放条件下使用脱毒种薯必须采取综合防治措施，才能充分发挥脱毒种薯的生产能力。

2. 选用脱毒种薯

在选择对路品种的同时，有条件的要大力推广脱毒种薯。在没有脱毒种薯的情况下，应到就近高山区域调购种薯，这是保证马铃薯高产的关键措施。因四川盆周边缘山区是四川主要的种薯基地，大部分都是海拔 1 000 m 以上的高山区，气候凉爽，马铃薯病毒感染和积累轻，基本保持了其品种的高产特性。

提倡选用 30～50 g 小整薯作种薯，以避免切口传病和利于保苗，提高产量。湿度较大、雨水较多的地区，播种时不宜切块。对特大薯块必须切块时，应在播前一周做好切块处理，以便伤口在播前愈合，忌边切边播薯块，否则将会造成田间成片死苗。切块时，一般应采取自薯顶至脐部纵切（见图5-48），每个薯块重 20～40 g，带有 1～2 个芽眼。要注意切刀的消毒和切块的处理，以防烂种（切刀每使用 10 min 后或切到病、烂薯时，应用 35％的来苏水溶液或 75％酒精浸泡 1～2 min 或擦洗消毒，提倡两把切刀交替使用。切块后立即用草木灰拌种，或在阳光下晾晒并吸去伤口的水分，使伤口愈合，勿堆积过厚）。

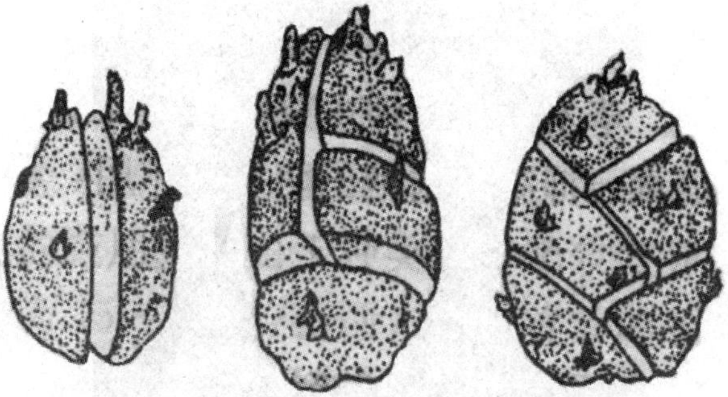

图 5-48　马铃薯种薯切块方法示意图

六、整地及施足底肥

马铃薯是需要深耕栽培的作物，整地应精细，只有土壤松软，才有利于根系的发育和块茎的膨大，同时深耕还可以消灭杂草，保蓄水分，改善土壤的通气性和保肥能力，促进微生物活动，增加土壤中的有效养分，提高抗旱能力，为马铃薯的根系充分发育和薯块膨大创造良好条件，为保证马铃薯高产打下基础。提倡垄作（见图 5-49），垄的宽窄和高低因地势、土壤和种植方式而不同，排水良好的可作宽垄，排水差的宜作窄垄、高垄。起垄方式有小垄单行（垄距为 60～65 cm，垄上穴距为 25 cm）和宽垄双行（垄距为 82～100 cm，每垄双行穴距为 25 cm）两种，可于播种时起垄或在中耕培土时成垄。如在水稻后种马铃薯，应深沟高畦窄垄，浅播，以利于排湿；在排水良好的坡土旱地播种时不起垄，中耕时培土成垄。

图 5-49 垄作

马铃薯生育期短，施肥应以底肥为主，不施或少施追肥，以免造成后期茎叶生长旺盛而不结薯。底肥应以渣肥、厩肥等农家肥为主，配合氮、磷、钾无机化肥混合施用。

七、加强病虫害防治

马铃薯生产中应加强对以晚疫病、病毒病、青枯病、疮痂病和蚜虫、蛴螬、地老虎等为主的病虫害的防治。

1. 晚疫病

晚疫病是全世界最重要的马铃薯病害，是一种类似真菌病，连续 7 天以上田间湿度大，空气湿度达 90％以上为晚疫病发生与流行的适宜条件。晚疫病是对四川马铃薯产量影响最大的病害，各产区每年均有不同程度的晚疫病发生，当年减产可达到 20％～50％。

（1）症状。感染晚疫病的植株，常在叶片坏死斑区域外围有一个淡绿色至黄色的晕圈，叶片背面的病斑、叶片边缘出现白色霜霉（见图 5-50）。在田间，被晚疫病严重浸染的植株散发出一种特殊的气味。被浸染植株的块茎表面出现无规则的、萎缩变褐、凹陷的表皮，并腐烂（见图 5-51）。

图 5-50　感染晚疫病的植株

图 5-51　感染晚疫病的块茎

（2）防治。晚疫病发病迅速，一旦发生，很难控制，危害严重，要加强观察，及时防治。春季是重点发病时期，关键是早预防，可采用高效低毒内吸性杀菌剂防治，如瑞毒霉、甲霜灵锰锌、克露、银发利等。必须在晚疫病发生前进行药剂防治，下雨后或空气相对湿度超过 90％有 8 h 以上，4～5 天后喷洒药剂进行防治，当日平均气温应在 10～25 ℃。每亩可用 70％代森锰锌可湿性粉剂 175～225 g 兑水进行叶面喷洒。当田间发现中心病株时，应立即拔除或摘下病叶销毁，并采用不同杀菌剂轮换使用，连喷 2～3 次，可达到相当好的效果。也可用 25％的瑞毒霉锰锌 600 倍液，或 72％克露 700～800 倍液等喷雾植株进行防治。

2. 病毒病

马铃薯病毒病的病原物为病毒。马铃薯在生长期间容易被病毒浸染造成病毒性退化，所以马铃薯虽然是高产作物，但常常并不高产、稳产。病毒性退化是四川马铃薯生产中受到的主要威胁，病毒病害虽很少是致死性的，但却能造成产量的严重损失。四川省的马铃薯生产中发现了至少有五种以上的病毒，一般在中低海拔（1 200 m 以下）地区发病较重。

图 5-52 马铃薯卷叶病毒病

（1）症状。病毒病的病症表现因感染的病毒种类不同而不同，可出现卷叶（见图 5-52）、花叶（见图 5-53）、叶皱缩、叶黄化，植株矮小、丛生、薯皮裂口等现象。

图 5-53　马铃薯花叶病

（2）防治。主要采用脱毒种薯和高山调种方式进行预防。

3. 青枯病

马铃薯青枯病是一种细菌病，是一种难以解决的世界性细菌性病害，是四川省马铃薯生产中的重要病害，一般鲜薯产量损失20%以上（包括田间和贮藏烂薯），严重时导致绝收。

（1）症状。青枯病的田间症状是叶片萎蔫，茎枯萎严重（见图 5-54）。被浸染植株的块茎，可以不表现症状，但横切通常有灰白色的细菌菌脓溢出（见图 5-55）。

图 5-54　感染青枯病的植株

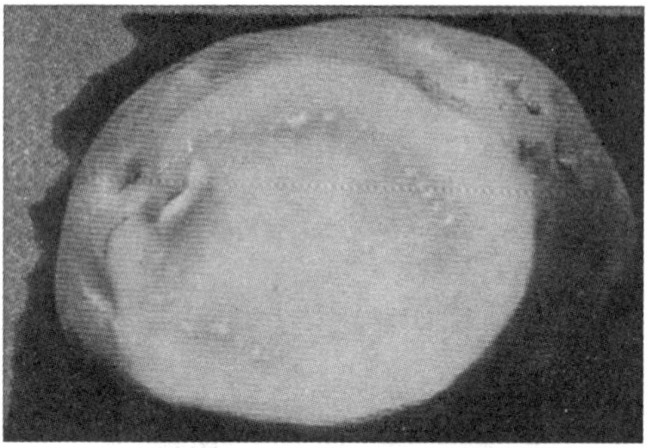

图 5-55　感染青枯病的块茎

（2）防治。目前尚无抗性品种，也无有效化学药剂防治，结合耐病品种，采用农业综合防治措施尤为重要。苗期应注意预防青枯病，发现田间病株，应及时拔除、销毁病体，并应把病薯挖净。在发病初期，每亩用 14～28 g 的 72%农用链霉素可溶性粉剂 4 000 倍液，或用 3%中生菌素可湿性粉剂 800～1 000倍液，或用 0.15～0.2 kg 的 77%氢氧化铜可湿性微粒粉剂 400～500 倍液灌根。

4. 疮痂病

疮痂病不同程度地存在于大部分马铃薯种植区，严重了影响薯块质量。连续种植马铃薯的土壤一般都会加重疮痂病的发生。延长轮作时间可降低疮痂病的发生率。在偏碱性的土壤中种植易发生疮痂病。

（1）症状：块茎上的病斑通常为圆形，严重时整个块茎表面被病斑覆盖，病斑呈淡棕褐色到褐色，凹陷的病斑为暗褐色或近黑色（见图 5-56）。

图 5-56 马铃薯疮痂病

（2）防治。采用农业综合技术措施进行控防，如避免种植带有疮痂病的种薯，增加轮作年限，选用抗病品种，施用硫肥和酸性肥料以提高土壤的酸度，采用五氯硝基苯、甲醛尿素和其他的土壤杀菌剂。代森锰锌（8%）粉剂作为种薯消毒剂，能有效地控制酸性疮痂病。在薯块膨大时期增加土壤湿度，用8%代森锰锌粉剂灌窝等。

5. 蚜虫

蚜虫对马铃薯的危害有两种情况：第一种是直接危害，蚜虫群居在叶子背面和幼芽的顶部取食，直接影响产量；第二种是在取食过程中，把病毒传给健康植株，不仅引起病毒病，造成退化现象，还使病毒在田间扩散，比第一种危害造成的损失更为严重（见图 5-57）。多雨大风可以阻止蚜虫的迁飞和繁殖。温度高于 30 ℃或低于 6 ℃时，蚜虫数量减少。

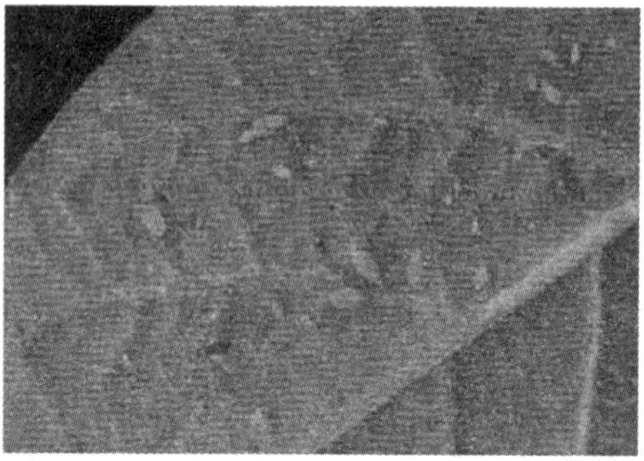

图 5-57　蚜虫

防治：种薯繁育区域一定要选择高海拔、隔离条件好的冷凉区域，种薯田要远离大面积生产田。可用黄板诱杀蚜虫，即每亩悬挂 30～40 块黄板（25 cm×40 cm）。也可用 50%抗蚜威可湿性粉剂 2 000～3 000 倍液或 10%吡虫啉可湿性粉剂 1 500 倍液喷雾防治。

6. 蛴螬、地老虎

蛴螬是金龟子的幼虫（见图 5-58）。在马铃薯生产中，它主要危害地下嫩根、地下茎和块茎，成虫（金龟子）还会飞到植株上，咬食叶片。

图 5-58　蛴螬

地老虎也叫“土蚕”，以幼虫为害植株，主要危害马铃薯的幼苗，把幼苗咬断，使整棵苗子死掉，它也会在地下咬食块茎（见图 5-59）。

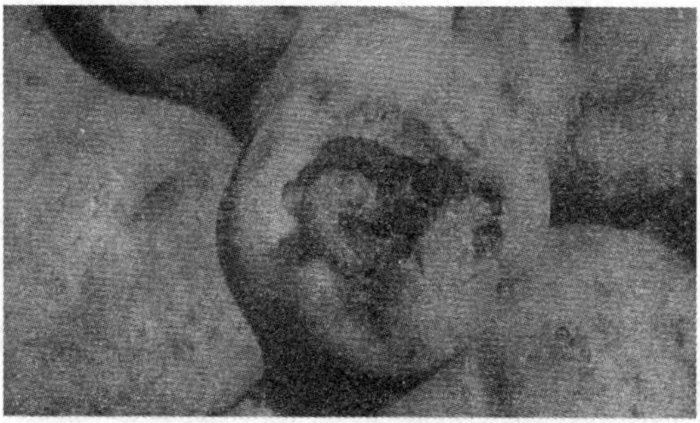

图 5-59 地老虎

防治：蛴螬、地老虎都在地下活动，防治方法基本一致。播种时在沟内每亩均匀撒施 2%二嗪农颗粒剂 1.25 kg 或 5%辛硫磷颗粒剂 2 kg 进行防治。

八、收获与贮藏

1. 收获

当植株达到生理成熟期时即可收获，标志是大部分茎叶转黄、枯萎，块茎停止膨大，易于植株脱落。只要茎叶不枯，块茎仍能继续增重，在达到生理成熟前，收获越早，产量越低。可根据市场需要或后熟作用的要求，提前收获。过迟收获，会增加病虫害感染机会。种用块茎应适当早收，以获得生理上的幼龄健薯。秋马铃薯可等到春节前后价好时收获。收获马铃薯应选在晴朗干燥的天气进行，若遇高温烈日，则宜在早上或傍晚收挖，防止薯块被雨淋和在烈日下暴晒（暴晒会降低种用和食用品质），在收获过程中应轻装轻放，减少皮伤，收获后先剔去病薯、伤薯和畸形薯，再将薯块薄摊或筐装于避光通风处贮藏，防止表皮绿化。薯块在运输、分级、贮藏过程中都要尽量避免损伤。

2. 贮藏

马铃薯贮藏是马铃薯生产过程中的一个重要部分，如何把种用、食用和加工用鲜薯进行科学贮藏，是延长马铃薯产业链条的关键环节，通过科学贮藏，既可调节市场供求，又可增值20%～30%。马铃薯贮藏与禾谷类作物贮藏相比具有较大的特殊性，薯块在贮藏过程中极易遭受病菌的侵染而腐烂（见图5-60)，对温度等环境条件的要求比禾谷类作物要严格得多，必须尽可能减少有机物消耗和淀粉转化，保持薯块的新鲜、健康，防止各种病害的发生、发展，避免腐烂损失。由于马铃薯既不耐寒，又怕高温，块茎在贮藏期间对温度、湿度和空气的要求十分严格，如果贮藏不当，容易受冻或发芽，影响食用品质和种用价值。

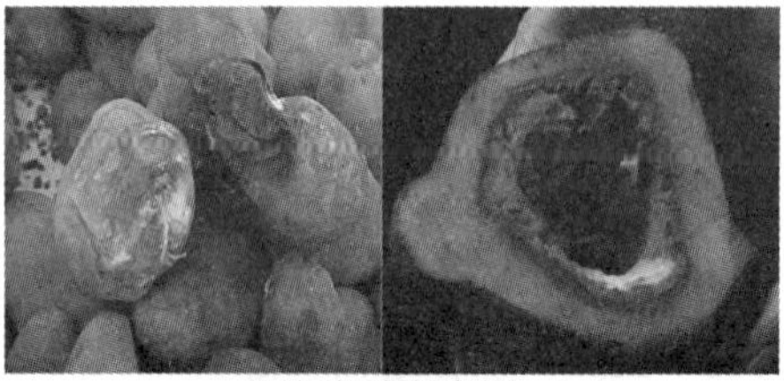

马铃薯霉变腐烂

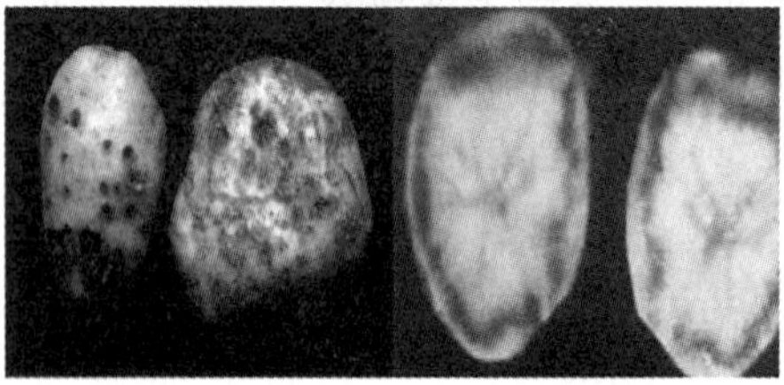

马铃薯疮痂病　　马铃薯环腐病

图 5-60　马铃薯贮藏期病害

四川省马铃薯贮藏的方式基本为传统的简易堆放贮藏，贮藏设施多为没有温湿度控制的土窑和简易仓库。因马铃薯贮藏粗放，管理措施跟不上，贮藏损失高达5%以上。贮藏中存在着以下问题。

一是不分用途混合贮藏。一些农户家中只有一个窖，将食用薯、种薯和加工薯混合贮藏，不仅造成品种退化、病菌传播，影响种薯的种性，同时对食用薯的品质及加工薯的加工价值造成不利影响。

二是入窖质量不能保证。入窖质量是指要求入窖薯块完整，薯皮干燥、无病斑、无腐烂、无冻害、无伤口、无泥土及其他杂质。有的农户将马铃薯收获入窖时，不经晾晒、挑选，将带泥薯块和病残薯混在一起入窖，或从窖口向窖内倾倒薯块，造成人为损伤薯块。

三是贮藏期间管理不当。有些农户在贮藏期间，把窖口封得很严，一直到春季出窖时再打开窖口，其间不检查、不通风，常出现烂窖、伤热、发芽、黑心等现象，造成重大经济损失。还有的农户由于怕冻坏薯块，尤其注重保温，贮藏期间不通气，使薯块正常呼吸受阻，影响种薯发芽出苗。此外，贮藏期间避光不好会使表皮绿化，影响商品薯的价值。

九、各季马铃薯栽培技术的要点

不同季节的马铃薯其栽培技术有所不同，春、秋、冬季马铃薯栽培技术要点分别如下。

1. 春马铃薯种植技术要点

四川省春马铃薯的年种植面积占一半以上，春季是四川省马铃薯的主要种植季节。春马铃薯在山区栽培，平坝、城镇郊区也广泛种植。

（1）适时早播。

视其海拔高度和气候特点，四川春季播种时间一般在1—3月（其中，1月上旬—2月上旬播种，5—6月收获的为小春马铃薯；2月下旬—3月下旬播种，6—8月收获的为大春马铃薯）。早播出苗早，薯块膨大期长，产量高。平坝浅丘区主要种植小春马铃薯，应在立春前播完；海拔较高的山区主要种植大春马铃薯，一般在解冻后播种，也可提早冬播。部分海拔较高的冷凉高原山区如甘孜、阿坝、凉山的部分县，可在4—5月播种。

（2）选用良种。

春马铃薯由于播种时期气候冷，可播种时间随意性较大，大部分地区种薯已通过休眠期，品种选择范围较宽，播种技术也较易掌握。目前四川主要推广米拉、费乌瑞它、川芋系列（川芋117、川芋5号、川芋10号、川芋早等）、凉薯系列（凉薯97、凉薯14、川凉水薯1号等）、中薯系列（2号、3号、5号）、青薯9号、合作88等品种。中高海拔山地、高原区大部宜选用凉薯系列和米拉、青薯9号、合作88等中晚熟品种；中低海拔平坝、浅丘地区大部宜选用川芋系列、中薯系列等生育期较短的品种。间套作栽培地区，适宜选用早熟、耐阴、植株矮而紧凑的高产品种，如川芋10号、川芋8号、川芋11-7、中薯2号、米拉等。

（3）开厢垄作，合理密植。

四川春马铃薯种植模式有净作和间套种植，其中，马铃薯与玉米等作物间套带状种植是主要模式。马铃薯净作或间套种植都应提高整地质量，起垄垒厢，采取适当深播、厚盖土、地膜覆盖等御寒措施，确保一次性全苗。合理密植，带状种植每亩3 000～4 500窝，净作每亩4 500～6 000窝，可根据气候条件、土壤肥力、生产用途和栽培方式等做适当调整。

(4) 地膜覆盖。

春马铃薯生产上常采用地膜覆盖栽培（见图 5-61）。地膜覆盖有提高土温和保持土壤水分等作用，从而显著增产。但在干旱少雨地区，当土壤本身比较干旱、播种时浇水又不多时，不宜覆盖地膜，覆膜后不利于土壤接纳雨水，容易出现干旱。盖膜的方法有两种：一种是最常见的先播种后盖膜，出苗后及时破膜引苗；另一种是先盖膜后播种，在起垄后铺膜，经过几天日晒，土温升高后，用打孔工具按规定窝距打孔破膜播种，然后用湿润细土盖严，封好膜孔。

图 5-61　地膜覆盖栽培马铃薯

(5) 科学施肥。

80%以上的肥料应作底肥用。结合整地，一般亩施有机渣肥 2 000 kg 左右，配施 25～50 kg 过磷酸钙和适量氮、钾肥（草木灰 100 kg、尿素 5～10 kg）作底肥，并用 2 000 kg 左右人畜粪水浸窝播种。

视苗情追肥，追肥宜早不宜晚，以促进壮苗早发。追肥宁少毋多。即在齐苗后轻施一次以氮肥为主的促苗肥，并再培土一次（当苗高 10～15 cm 时，每亩追施人畜粪 1 500 kg、硫酸钾 10 kg)。收获前 20 天，植株封行或开花后不宜再进行追肥。

（6）加强对晚疫病等的防治。

加强对晚疫病、青枯病和蚜虫等病虫害的防治。

2. 秋马铃薯栽培技术要点

秋马铃薯适宜于生长在前期气候相对凉爽、霜期较迟的地区，主要分布在平丘区域和川西南部分低山、河谷地带。秋马铃薯栽培分旱地和稻田两种，大多与其他作物间套种植。稻田秋马铃薯常常与油菜套作，旱地马铃薯则常常与玉米、大豆、蔬菜等间套作。目前，四川省秋马铃薯生产存在的主要问题是：品种选择不当，缺少优质种薯，种薯未通过休眠，加之秋季高温、高湿，一方面容易缺苗烂种，另一方面容易产生病害和湿害，导致产量低且不稳，甚至栽种失败。秋马铃薯种植的关键是：品种生育期短，种薯通过休眠，控湿害、保全苗、防病害。

（1）选用生育期和休眠期皆短的早熟品种。

秋马铃薯生长时间较短，一般只有 80～90 天，应选用生育期较短、休眠期短、品质优、产量高、抗性强、适应当地栽培的马铃薯早中熟品种，如费乌瑞它、川芋 117、川芋早、川芋 56、中薯（2 号、3 号）等。

（2）选好种薯，催芽处理，带芽播种。

种薯严格挑选休眠期已过的健康种薯，提倡选用脱毒种薯。提倡选用 40 g 左右的健康小整薯播种。若种薯质量在50 g以上，可切块作种。切块应在播种前 2～3 天进行，切块后薄摊，勿堆积过厚，以防烂种。种薯未见萌芽的应进行催芽，以打破休眠。催芽一般在播种前 15 天左右进行。催芽方法主要采用一层种薯一层湿润稻草、湿沙等覆盖，多至二、三层；或用 1～2 mg/kg 赤霉素喷雾法催芽（喷洒 1～2 次，再用湿润稻草等物覆盖，排除积水，及时捡除烂薯，萌芽后播种)；等等。

(3) 适时抢时播种。

秋洋芋播种正值高温多雨季节，过早播种易烂种缺苗，迟播生育期短，产量不高。秋马铃薯生育期短，过早、过晚播种对产量的影响都很大。若播种过早，气温高，不利于生长发育，在高温下，田间烂薯多，病害重；若播种过迟，秋马铃薯出苗晚，田间生育期缩短，影响产量提高。因此，秋马铃薯比春马铃薯的播期要求更为严格。应根据海拔高度、气候特点和耕作制度合理确定播种期，一般在8月上中旬至9月上中旬播种。正常年份，海拔500 m以下的平坝、丘陵区，适播期在8月下旬至9月上旬；海拔500～800 m低山区，适播期在8月中下旬。由于四川秋季雨水多，土壤湿度大，生产上常常造成播种期推迟，因此，秋马铃薯播种时，必须抢晴天抓紧整地，适时抢晴天的早晨、傍晚或阴天播种。

(4) 因地制宜，做好排水防涝。

秋马铃薯生长期间，正值四川多雨季节，田间积水涝害，不利于秋马铃薯生长发育，而且田间湿度大，利于马铃薯晚疫病传播蔓延，影响产量，因此必须高度重视排水防涝工作。应选择耕作层深厚、结构疏松、排水透气性强的轻质壤土或砂壤土。在前作成熟期或收获后及时进行开沟排水，做到田土中不积水。水稻等积水田块边沟及中沟深度一般做到30 cm以上，采取深沟高垄栽培（见图5-62），垄面不宜宽，以利于排水防湿。

图 5-62 秋马铃薯深沟高垄种植

（5）合理密植。

秋马铃薯生育期短，植株较矮小，应适当加大密度，确保产量。一般净作每亩种植密度为 5 000～9 000 窝；间套种植根据空行间距大小可播 1～3 行，间套作和土壤肥力较差等，株行距密度适当加大。稻茬田秋马铃薯与油菜套作田块，马铃薯、油菜均可采取宽窄行种植。马铃薯宽行 60 cm，窄行 20 cm，窝距23 cm，每亩实际播马铃薯 6 500 窝左右。10 月中旬在每行洋芋宽行中间免耕挖窝栽 2 行油菜，2 行之间距离 26 cm（即窄行马铃薯收后为油菜宽行），窝距 23 cm；稻茬田净作秋马铃薯，行距 33 cm，窝距 23 cm，每亩实播 8 000～9 000窝。

（6）施足基肥。

秋马铃薯要施足基肥，一般要求每亩施足有机肥 1 500～2 000 kg、尿素 10～15 kg、过磷酸钙 25～30 kg、草木灰 100 kg。有条件的地方，提倡有机肥与氮、磷、钾三元复合肥或复混肥（25 kg 左右）配合施用。有机肥、化肥撒施于马铃薯窄行播种带。

（7）播种方法适当。

一般采用宽窄双行错窝种植，播种深度一般宜浅，在较干旱或土质疏松的地块，一般不超过 8 cm，播后覆土或盖草。免耕稻草覆盖与厢面垂直，厚度为 10 cm 左右，厢面平整均匀。

（8）加强田间管理。

齐苗时，进行第一次中耕除草培土，每亩可用清粪水加5～8 kg尿素追肥一次；现蕾时可再进行一次中耕培土。秋季多雨，常理厢、沟，防止田间积水。发现病虫害应及时防治。

3. 冬马铃薯栽培技术要点

冬马铃薯是指在头年 10 月下旬至 12 月播种栽培，翌年2—5 月上旬收获的马铃薯。冬马铃薯苗期处于严寒冬季，栽培的重点是防寒防冻。

（1）适宜区域和土壤。

选择冬季基本无霜、温光资源较好的地区，一般选择在日最低温度高于 4 ℃，海拔在 400 m 以下的平坝和浅丘区。土壤宜选择耕作层深厚、结构疏松的沙壤土和轻质壤土。

（2）选择适宜的品种与种薯。

选择生育期适中（早中熟为宜）、耐寒性强、丰产性好、品质优的马铃薯品种。严格挑选健康种薯，提倡选用脱毒种薯。特别是播种时湿度较大、雨水较多的地区和地块，不宜切块。未通过休眠期的种薯要进行催芽播种。

（3）适期播种。

冬马铃薯可在 10 月下旬至 12 月播种栽培，可根据当地的气候特点、作物衔接、上市时间和防寒措施等确定播种时间。一般在 12 月上旬前后播种有利于躲避极端低温冻害。

（4）精细整地，加大密度，垄作窝播盖膜。

在前作收获后及时进行翻耕，一般耕深 20～30 cm，并进行精细整地，做到土壤松软。净作一般按沟心对沟心 50 cm 开沟，沟深 25 cm。冬马铃薯植株较矮小，应适当加大密度。根据各地土质及肥水情况，净作一般以 0.8 m 开厢，双行、株距为 0.25 m 左右，亩植 8 000 株左右；间套种植根据空行间距大小，可播 1～4 行，株距为 0.25 m。采用窝播，在干旱地区或疏松深厚的土质条件下，一般播种深度为 8～10 cm；土质过黏或雨水过多的地方不宜深播。提倡垄作盖膜，破膜引苗。川中、川西和平丘区等进行单拱或双拱盖膜栽培，以保温防霜冻。

（5）中耕、除草和培土。

当幼苗出土 5～10 cm 时，结合除草进行第一次中耕，深度 10 cm 左右。10～15 天后进行第二次中耕，耕深宜稍浅。现蕾时，进行第三次中耕，较上次耕深稍浅，且应稍远离根系。后两次中耕时应结合培土，第一次培土宜薄，第二次稍厚，总厚度不超过 10 cm。

（6）加强田间管理。

播种后若遇冬春干旱，应根据天气情况进行灌溉，使表土保持湿润状态，一般在薯块已发根，个别薯块出苗时灌水一次，齐苗后视土壤干湿情况再灌溉一次。从现蕾开始，始终保持土壤湿润，收获前 7～10 天停止浇水。加强对晚疫病、青枯病、蛴螬、小地老虎、蚜虫等主要病虫害的防治。

第六章 大　　豆

大豆又名“黄豆”。大豆籽粒含有20%左右的脂肪，是世界上主要的植物油来源作物之一，其总产量占世界油料作物总产量的35%，居八大油料作物之首。豆油的质量好，含有大量的不饱和脂肪酸，不含胆固醇，食用豆油有防止因胆固醇升高而引起的心血管疾病的功效，近年来大豆的油用量大幅增长。大豆籽粒营养丰富，蛋白质含量在40%左右，比小麦、稻米、玉米高2～4倍，特别是人体必需的8种氨基酸含量较高，故大豆被称为“完全蛋白”。榨油后的豆粕是养殖业不可缺少的主要蛋白饲料来源。大豆籽粒的碳水化合物含量约为30%，主要成分是乳糖、蔗糖和少量粗纤维，淀粉含量较少，是糖尿病患者的良好食物。此外，大豆籽粒中的维生素及钙、磷、铁等矿质元素含量均十分丰富。大豆的籽粒、植株及榨油后的豆饼都是优质饲料，每100 g植株干物质含蛋白质12 g、脂肪4.08 g；豆饼蛋白质的可消化率较玉米、高粱高26%～28%；青刈大豆更是优质高产的青饲料和青贮饲料。大豆是重要的食品工业原料，可制成多种营养丰富的副食品，国外大豆蛋白质食品逾万种。大豆也是重要的工业原料，可制作油漆、油墨、胶合剂、塑料、人造羊毛、人造纤维、脂肪酸、胶合板、胶卷、甘油等500余种民用、医药和工业产品。此外，大豆是养地作物，其根瘤菌能固定空气中游离的氮素，减少化肥的用量，维持地力，把用地和养地结合起来，在间套复种轮作中占有重要地位。

第一节　概　　述

一、大豆的分布及生产现状

大豆起源于我国，种植利用已有近 5 000 年的历史（四川 2 000 多年）。目前世界上种植大豆已遍及 50 多个国家和地区，主产国主要有中国、美国、巴西和阿根廷等。在我国不同的地区，大豆的生产情况有很大的区别。全国共有五大生产类型：第一个是北方春大豆区，包括黑龙江、吉林、辽宁、内蒙古、宁夏、新疆等省（自治区）及河北、山西、陕西、甘肃等省北部，该区分为东北春大豆亚区、黄土高原春大豆亚区和西北春大豆亚区三个亚区，其中东北春大豆亚区为重要的内、外销生产基地；第二个是黄、淮海流域夏大豆区，包括冀、晋中部春夏大豆亚区和黄淮海流域夏大豆亚区；第三个是长江流域春夏大豆区，包括黄、淮海夏大豆区的南沿长江各省份及西南云贵高原，该区分为长江流域春夏大豆亚区和云贵高原春夏大豆亚区两个亚区；第四个是东南春夏秋大豆区；第五个是华南四季大豆区。大豆在全国分布极广，但主要集中在东北松辽平原（占 40%左右）和黄淮平原（占 38%左右），长江流域及南方约占 17%。大豆主产地主要有黑龙江、内蒙古、安徽、四川、湖南等，其中，黑龙江的种植面积最大，占全国大豆种植面积的 48%（见图 6-1）。历史上我国大豆的种植面积和产量长期居世界第1位，1936年，全国大豆种植面积为12 925.5×10^4亩（1亩约等于667 m^2），总产量1 130×10^4 t（1 t等于1 000 kg），占当时世界总产量的91.2%。1957年，大豆的种植面积达19 095×10^4亩，是我国种植面积最大的时期。到2009年，我国大豆种植面积开始连年下滑，曾下降到10 125×10^4亩左右。近年来，国家围绕油料生产工作进行统一部署，各省盯紧抓牢粮食目标任务，通过夯实生产基础“扩面”、强化科技支撑“提质”、抓好试点示范“增效”，大豆种植面积和产量均有增加，2016年的种植面积达到10 650×10^4亩，总产1 310×10^4 t，单产为123 kg/亩。

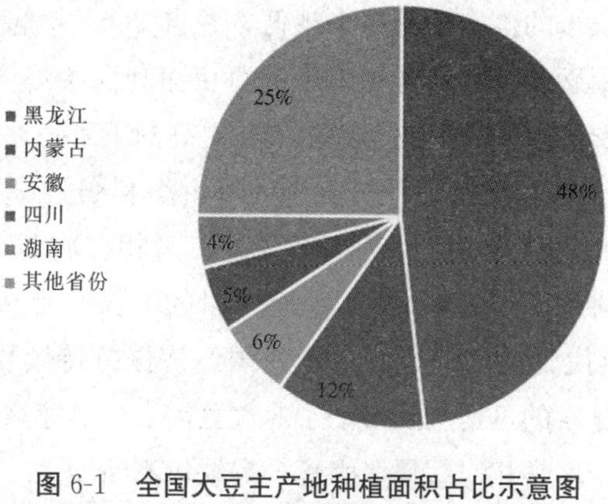

图6-1 全国大豆主产地种植面积占比示意图

四川省在全国大豆栽培区划中属长江流域春、夏大豆区，四川大豆栽培历史悠久，种植区域广泛，一年中春、夏、秋三季都可种植。但由于人多地少，长期以来大豆种植受重视程度不够，大豆产需矛盾日益突出，大豆人均占有量大大低于全国和世界平均水平。为增加大豆产量、促进农民增收、满足日益增长的消费需求，四川狠抓大豆生产发展，深挖面积潜力，针对人多地少、耕地复种指数较高的实际，积极创新种植模式，走耕地深度开发之路，采取间套复种等办法努力扩大大豆种植面积，提高单产，大豆产业发展势头良好。2023 年四川大豆种植面积 831×10⁴ 亩，比上年增加 50×10⁴ 亩，增长 6.5%。

二、大豆生产潜力及发展形势

我国大豆种植面积自 2009 年以来不断下滑的主要原因是大豆种植比较收益低。2009 年以来，由于玉米消费强劲，价格上涨较快，2014 年的玉米平均出售价格为 112 元/50 kg 主产品，比 2008 年上涨 54.3%。而国产大豆市场受进口大豆挤压，价格上涨较慢，2014 年的大豆平均出售价格为 219 元/50 kg 主产品，比 2008 年上涨了 19.1%，涨幅远低于玉米。因此大豆与玉米的价格比价越来越低，并自 2009 年起低于成本比价且差距逐渐扩大。种植玉米的每亩净利润始终高于大豆，从而导致农民由种大豆改为种植效益更高的玉米。尤其是东北地区，2014 年，黑龙江种植玉米的每亩净利润为 203 元，而种植大豆的每亩净利润仅为 31 元，二者相差将近 6 倍。此外，我国耕地面积基本饱和，大豆产量的增长受到了制约。20 世纪 90 年代中后期以来，由于我国经济保持持续快速增长，对蛋白质需求的迅速增长带动了对大豆需求的迅速增加，而国内大豆生产增长相对缓慢，大豆产需缺口不断增大，增加进口成为弥补国内需求缺口的唯一选择。1996 年是我国大豆贸易的转折点，我国由大豆净出口国转为净进口国，此后进口量逐年上升，成为全球最大的进口国。2016 年，我国进口大豆 8 391×10⁴ t，占全球大豆进口的 60%左右，是国产大豆产量的 6 倍，占国内大豆消费量的 90%左右，大豆消费对外依存度逐年提升。我国大豆生产水平较低，种植结构调整有望提升国产大豆种植面积与产量。国家已经开始实施农业供给侧结构性改革。2016 年 4 月，农业部印发《关于促进大豆生产发展的指导意见》，提出到 2020 年大豆面积达到 1.4 亿亩。由于大豆种植主要受比较收益的影响，受玉米价格大跌、临储政策取消的影响，农民种植玉米的意愿也有所降低，预计这将扭转国产大豆播种面积减少的态势。

我国是大豆需求大国，年需求量超过 $9\,000\times10^4$ t，其中食用大豆需求量为 $1\,000\times10^4$ t 左右。随着人民生活水平的提高，我国对大豆的需求量还将逐年增加。我国每年大豆出口 40×10^4 t 左右，均为非转基因的高蛋白食用大豆，主要出口日本、韩国、新加坡等，这些东南亚国家与我国有相似的豆制品食用习惯，对大豆的需求量极大。相对于南美和北美的大豆出口国，我国出口东南亚具有明显的地域优势、非转基因优势和高蛋白优势。可见，中国食用大豆无论是在国内市场，还是在国际市场，均有很好的市场前景。四川是人口大省，食用和豆制品加工每年需要大豆 100×10^4 t 左右；四川又是养猪大省，年需豆粕 100×10^4 t 以上，折合大豆约 150×10^4 t。目前，四川年产大豆（50～60）$\times10^4$ t，市场需求缺口 200×10^4 t 左右。巨大的大豆需求缺口是四川大豆生产发展的原动力。从长远来看，南方大豆的发展将有利于确定南北的分工，由互相拖累转变为互助的良性发展格局。目前，国际上食用大豆的市场格局还没形成像压榨油大豆那样几个国家占据垄断地位的局面，发展环境相对宽松，而四川以生产非转基因高蛋白大豆为主。因此，四川大豆大有作为。

四川受热量资源限制，两熟有余三熟不足，旱地作物长期以间套作为主，大豆则主要与玉米、马铃薯等作物间套种植，以玉米一大豆带状间作套种模式为主体。四川常年种植玉米 $1\,800\times10^4$

亩，其中玉米套种甘薯面积 1 300×10^4 亩左右，20 世纪 80—90 年代，甘薯一直是四川生猪的主要饲料，但随着规模化养猪的快速发展，饲用甘薯需求量急剧下降，甘薯仅作鲜食用和部分淀粉加工用，为玉米套作大豆留下了巨大的可用空间，四川省农业农村厅组织专家论证，其潜力面积在 1 000×10^4 亩左右。

第二节　生物学基础知识

一、大豆的形态特征

大豆植株由根、茎、叶、花、荚及种子组成。

1. 根系

大豆的根属于直根系，由主根、侧根和根毛组成（见图 6-2）。初生根由胚根发育而成，侧根在发芽后 3～7 天出现，根的生长一直延续到地上部分不再生长为止。根量的 80%集中在 5～20 cm 土层内，主根在地表下 10 cm 以内比较粗壮，愈往下愈细，直至几乎与侧根很难分辨，入土深度可达 60～80 cm。侧根是主根中的柱鞘分生出来的。一次侧根先向四周水平伸展，远达 60～80 cm，然后向下垂直生长，呈钟罩状。一次侧根还能再分生出二、三次侧根。从茎分枝到开花，根的生长最旺盛，从开花末期到豆荚伸长期，根量达到最高峰，以后逐渐衰老。大豆的主根和侧根上生有较多的根瘤（见图 6-3），是由土壤中的根瘤菌侵入大豆根部而形成的。根瘤呈不规则球形，直径为 1～5 mm，出苗后 10 天左右开始形成。根瘤多集中于 0～20 cm 的根上，30 cm 以下的根上很少有根瘤。根瘤粒形大，内部为粉红色的根瘤菌，固氮能力强，根瘤菌的固氮量可供大豆一生生长所需氮元素的 1/2～3/4。

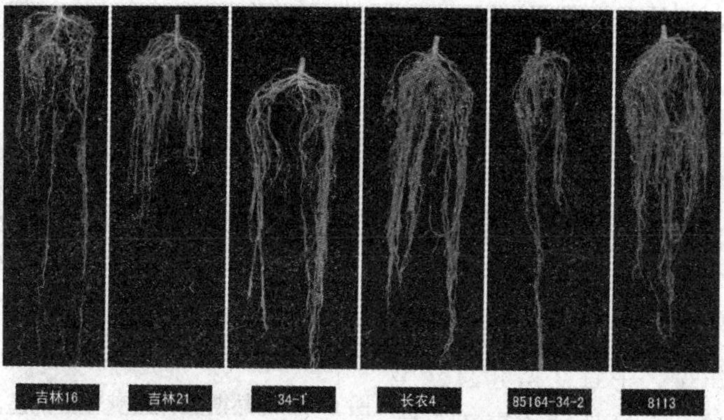

图 6-2 不同品种成熟期的根系

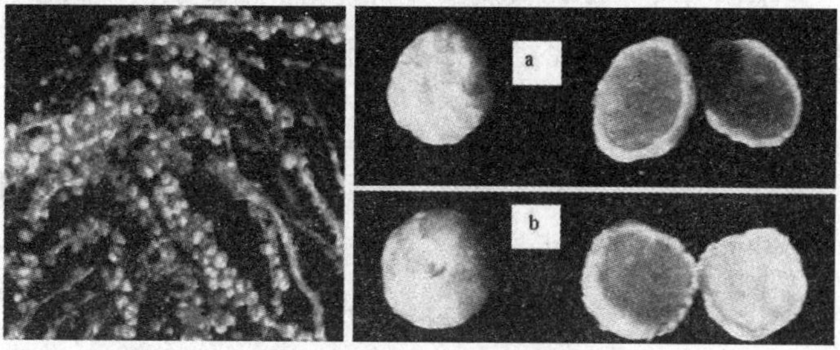

图 6-3 大豆的根瘤

2. 茎

大豆茎（见图 6-4）发源于种子中的胚轴，分枝由腋芽发育而成。大豆的茎近圆柱形，略带棱角，包括主茎和分枝。大豆栽培品种有明显的主茎，一般主茎高度在 30～150 cm。茎粗变化也较大，其直径在

图 6-4 大豆的茎

6～15 mm。主茎一般具有 5～20 节，但有的晚熟品种有 25 节，有的早熟品种仅有 8～9 节（见图6-5）。大豆幼茎有绿色与紫色两种，绿茎开白花，紫茎开紫花。茎上生茸毛，灰白或棕色，茸毛的多少和长短因品种而异。按主茎的生长形态，大豆可分为蔓生型、半直立型和直立型三种。栽培品种均属于直立型。而根据分枝多少，其株型分为三类：主茎型、中间型、分枝型。主茎型适宜于密植，分枝型不宜密植。

图 6-5　同熟期品种结荚节数的差异

3. 叶

大豆的叶有四种不同类型，即子叶、第 1 对真叶（单叶）、三出复叶和先出叶（见图 6-6）。有时会发生 4～7 片小叶的复叶或侧小叶与顶小叶黏连在一起的情况。每一个侧枝基部着生有长不足 1mm，缺乏叶柄、叶枕的成对细小的先出叶。

图 6-6　大豆的叶

4. 花

大豆的花序（见图 6-7）着生在叶腋间或茎顶端，为总状花序。一个花序上的花朵通常是簇生的，俗称“花簇”。大豆花由苞片、花萼、花冠、雄蕊和雌蕊 5 个部分组成。花为蝶形花，花朵为苞片所包围，花冠由 5 个花瓣组成（旗瓣 1 个、翼瓣 2 个、龙骨瓣 2 个），雄蕊 10 枚，雌蕊 1 枚。花的颜色有白色和紫色，也是品种的重要特征。大豆是自花授粉作物，自然异交率在 1%以下。

图 6-7　大豆的花

5. 荚

大豆荚（见图 6-8）由子房发育而成。荚的表皮被茸毛，个别无茸毛或荚皮硬者抗食心虫。荚色有草黄、灰褐、褐色等颜色。荚形分为直形、弯镰形和弯曲程度不同的中间形，有的品种在成熟时沿荚果的背腹缝自行开裂（炸裂）。大豆每荚有种子 1～4 粒，个别的有 5 粒。成熟的豆荚中常有发育不全的籽粒，或者只有一个小薄片，通称秕粒。秕粒率常在 15%～40%。秕粒发生的原因是，受精后，结合子未得到足够的营养。一般先受精的先发育，粒饱满；后受精的后发育，常成秕粒。在同一个荚内，先豆由于先受精，养分供应好于中豆、基豆，故先豆饱满，而基豆则常常瘦秕。

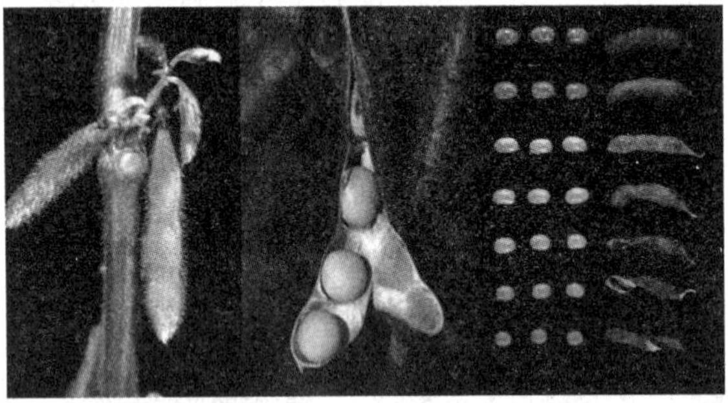

图 6-8　大豆的荚

6. 种子

大豆种子（见图 6-9）由受精的胚珠发育而成。大豆种子形状分为球形、椭圆形、长椭圆形和扁圆形 4 种。种子颜色有黄色、青色、褐色、黑色以及双色等，以黄色最多。种脐色有黑色、褐色、无色等，以种脐无色或色淡的商品价值较高。大豆种子重量通常以百粒重表示，百粒重 14 g 以下为小粒种，14～20 g 为中粒种，20 g 以上为大粒种。

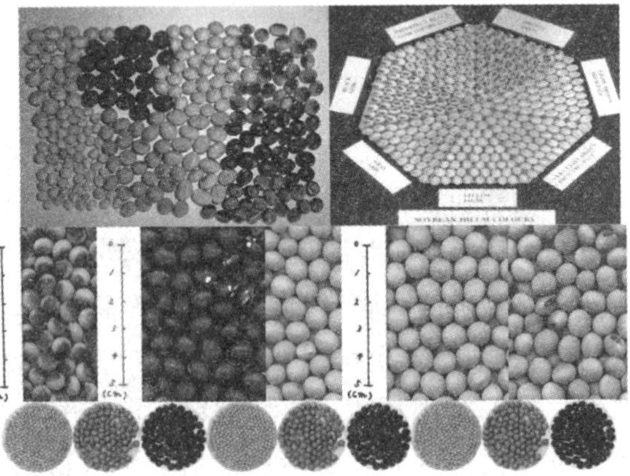

图 6-9　大豆的种子

二、大豆的生长发育过程

大豆的一生要经历种子萌发、出苗、幼苗生长、分枝、开花、结荚、鼓粒、成熟等过程（见图 6-10、图 6-11、图 6-12）。国际上比较通用的是费尔（Water R. Fehr）等的划分方法。该方法根据大豆的植株形态表现记载生育时期（见表 6-1）。

表 6-1　费尔大豆生育期划分

生育期阶段代号	植株生长状态描述
出苗期（VE）	子叶在地面以上
子叶期（VC）	单叶半展开，叶片的叶缘已分离
一节期（V1）	单叶充分生长，第一复叶小叶片的叶缘分离
二节期（V2）	单叶以上第一片复叶充分生长
三节期（V3）	从单叶着生的节算起，主茎上有三个节的叶片充分生长
生育期阶段代号	植株生长状态描述
n 节期（VN）	从单叶着生的节算起，主茎上有 *n* 个节的叶片充分生长
始花期（R1）	主茎任意一节上出现花朵
盛花期（R2）	主茎最上部 2 个全展复叶节上任意一节开一朵花
始荚期（R3）	具完全展开叶的最上部 4 个节中任一节上有一个荚长达 0.5 cm
盛荚期（R4）	具完全展开叶的最上部 4 个节中任一节上有一个荚长达 2 cm
始粒期（R5）	具完全展开叶的最上部 4 个节中任一节上有一个荚开始鼓粒且籽实长达 3 mm
满粒期（R6）	具完全展开叶的最上部 4 个节中任一节上有一荚内有一粒绿色籽实充满荚腔
始熟期（R7）	主茎上有一荚变颜色，即达到成熟期正常颜色，此期为生理成熟期
完熟期（R8）	25%的豆荚达到正常的成熟色泽，种子含水量低于 15%

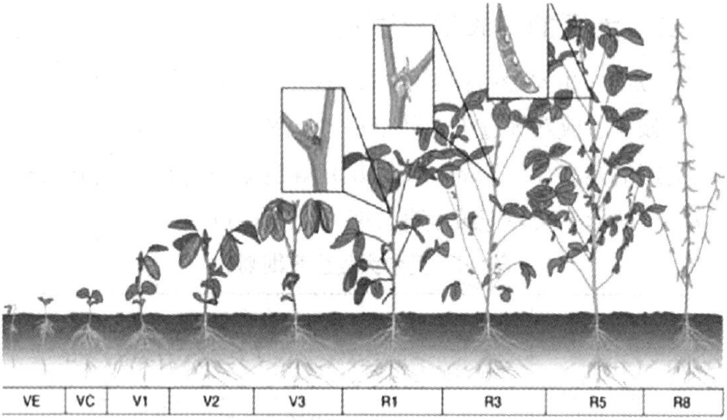

图 6-10　**大豆的生长发育**

图 6-11　**大豆的营养生长期**

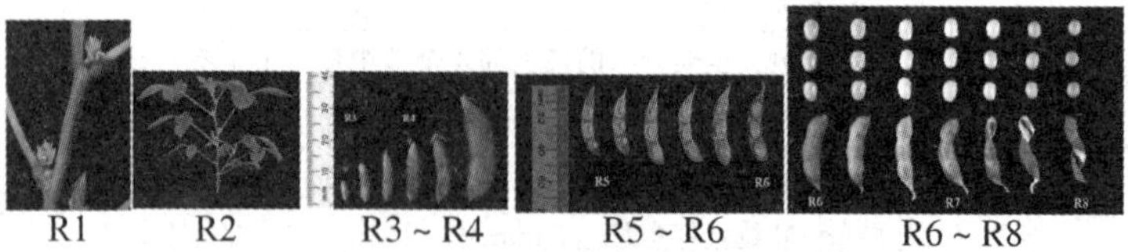

图 6-12　**大豆的生殖生长期**

三、大豆对环境条件的要求

大豆的生长发育依赖于一定的环境条件，如何满足大豆对环境条件的要求是大豆栽培所要解决的基本问题。

1. 温度

大豆属于喜温作物，在温暖的气候条件下生长较好（见表6-2）。大豆种子在温度达到6～7 ℃时即可发芽，但很缓慢；日平均气温在16～20 ℃时，发芽快而整齐；当温度高达33～36 ℃时，发芽虽迅速，但幼苗瘦弱。在大田播种期内，土温为10～12 ℃时，大豆种子可顺利发芽；为17～18 ℃时，出苗迅速整齐；低于8 ℃时，种子即使发芽，也只能扎根，不易出苗，因为低温时，胚轴伸长受抑制，子叶不能出土。大豆的生长发育在进入花芽期后就需要较高的温度。花芽分化的适宜温度在20～23 ℃，低于12 ℃花芽不能进行分化，低于20 ℃和高于35 ℃，则落花严重。温度超过40 ℃，结荚率减少57%～71%。鼓粒成熟期的适宜温度为19～33 ℃，鼓粒期的昼夜温差大，有利于光合产物的积累。四川省栽培大豆只要能保证出苗，受低温危害的可能性小，而开花结荚期受高温危害的可能性较大，栽培上应依据大豆不同品种的生长发育进程适期播种，使大豆开花结荚尽量躲过高温伏旱。

表6-2 大豆各生长发育阶段所要求的温度

生育时期	温度/℃		
	生物学最低温度	可满足温度	最适温度
发芽	6～7	12～14	20～22
播种至出苗	8～10	15～18	20～22
生殖器官形成	16～17	18～19	21～23
开花	17～18	19～20	22～25
籽粒形成	13～14	18～19	21～23
成熟	8～10	14～16	19～20

2. 光照

大豆是短日照作物。据研究，大豆在出苗7天后就进入光照阶段，即开始对短日照起反应。在短日照条件下，大豆开花成熟提前，在长日照条件下大豆成熟延迟。大豆对短日照的要求是有限的，其短日照习性只是指大体在8～18 h内，光照越短，越能促进生殖器官的发育和抑制营养体的生长；光照越长，越能促进营养体生长和抑制生殖器官发育。大豆品种不同，其短日特性也不同，以较高纬度地区的春大豆品种的短日性最弱，较低纬度地区的秋大豆品种的短日性最强，夏大豆的短日性次之。光照时间与大豆品种的植株性状也有关系，植株高度的变化与光照处理时数的变化呈正相关，光照时间越长，其株高呈规律性增加。

由于日照长短对大豆品种的分布和适应性有很大的影响，因此，在大豆引种时需注意原产地区的日照时间长短，不能轻易将南（北）方品种引到北（南）方大面积种植，以免造成生产上的损失。南种北引：生育期延长，南方晚熟大豆引种到北方，茎叶非常繁茂，可以作青绿饲料和绿肥；北种南引（见图6-13）：生育期缩短，北方的早熟大豆在南方早春播种，可以作早熟的毛豆。据此，引进北方中迟熟品种成功率较高，从偏南地区引种应选择熟期较早的。如贡豆5号在四川正常播种生育期为100天以内，而在新疆则长达140天；贡选1号在自贡8月上旬始花，10月25日前后成熟，而在川北则8月中下旬始花，10月底尚不能完全成熟。

图6-13　山西品种晋豆23引种到广州增城

3. 水分

大豆是需水较多的作物。据研究，大豆全生育期总需水量为330～400立方米/亩（见图6-14），但不同生育期对土壤水分的要求不同（见表6-3）

表6-3　大豆不同生育阶段的需水量

生育阶段	阶段需水量占总需水量的百分比/%	土壤适宜水分含量（占土壤最大持水量的百分比/%）
播种至分枝	9	60～65
分枝至始花	7	60～70
始花至结荚	35	75～80
结荚至鼓粒	32	60～65
鼓粒至成熟	17	60～65

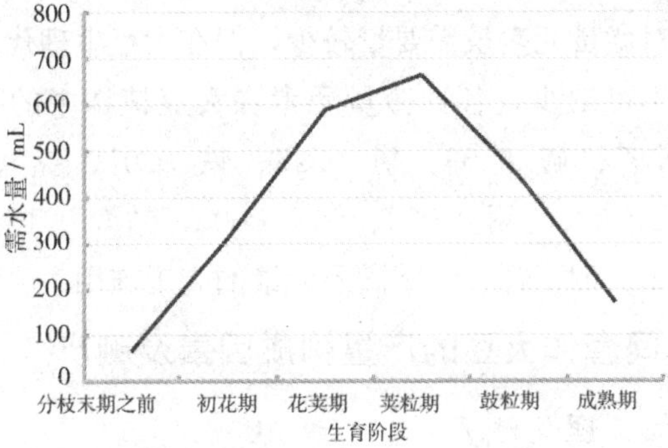

图6-14　大豆的需水规律

从表6-3可见：大豆幼苗期和成熟期需水较少，相对较耐旱；而中、后期需水较多，尤其是始花至鼓粒期，此期若缺水，将影响大豆的成荚率与百粒重。四川省7月、8月常有高温伏旱，栽培上应注意合理避旱，特别是中熟以及偏迟熟品种更应注意适当晚播。

大豆的抗旱能力比玉米强，且对短期缺水也有补偿能力。如冬大豆因生育期长，即使在前期遇旱，通过后期补偿也能获得高产，所以在干旱年景对于弥补玉米损失具有一定作用。土壤水分过多，也会对大豆造成不良影响。尤其在出苗至幼苗期影响更大，往往发生根腐死苗或不能正常生长。四川省常在伏旱后雨水较多，秋大豆尤其应注意排水畅通。另外，大豆在花荚期遇阴雨连绵，将严重影响成荚率。栽培上应根据各地的气候特点趋利避害。

4. 大豆的矿质营养

大豆是需要矿质营养数量多、种类全的作物。相对而言，大豆对磷元素需要较多，是喜磷作物。大豆需氮较多，但主要通过根瘤固氮进行补充，人工施用氮肥较少，尤其是间套作大豆受共生作物或前茬作物残留氮肥影响，基本上不需要单施氮肥。大豆对微量元素虽需要量较少，但在大豆生理代谢和产量形成中仍不可缺少，各种微量元素在大豆植株中的百分含量为：镁 0.97、硫 0.69、氯 0.28、铁 0.05、锰 0.02、锌 0.006、铜 0.003、硼 0.003、钼 0.0003、钴 0.0014，生产中要注意对钼、硼、锰、锌等微量元素的人工施用。

四、间套作大豆的产量构成因素及测产

1. 人工理论测产

面积小于 10 亩的地块，采用人工理论测产办法计算田块的理论产量，按照对角线取样法取 5 个样点，每个样点离地头 5 m 以上。具体计算步骤为：（1）根据间套作大豆每带的大豆行数，在样点中连续测量 11 行（每带 2 行大豆）或 16 行（每带 3 行大豆）的距离，分别除以 10 或 15，计算出平均行距（米）；（2）确定一带大豆计数 10 m 内的大豆有效株数，据此计算株距，然后依据平均行距计算每亩（666.7 m^2）的有效株数；（3）对大豆带内每行连续测定 10 株的株粒数，相加除以

10 计算出每行平均株粒数，再根据每带行数，计算出样点内的平均株粒数；（4）百粒重，按该品种常年百粒重计算；（5）按理论产量（kg）＝亩株数（株）×株粒数（粒）×百粒重（g）$\times 10^{-5}\times 90\%$计算每点理论产量；（6）最后对全田 5 个样点的理论产量进行平均，得到田块的理论产量。面积为 100 亩的示范片，以 20 亩为一个测产单元，共分成 5 个单元，每个单元按 3 点取样，共 15 点，每点的取样方法及理论产量计算公式与 10 亩田块相同。面积为 1 000 亩的示范片，以 100 亩为一个测产单元，共分成 10 个单元，每个单元按 3 点取样，共 30 点，每点的取样方法及理论产量计算公式与 10 亩田块相同。面积$\times 10^4$亩以上的示范片，以 500 亩为一个测产单元，共 20 个单元，每单元随机取 3 点，共 60 点，每点的取样方法及理论产量计算公式与 10 亩田块相同。

2. 收获机实收测产

针对 1 000 亩、$\times 10^4$亩示范片中的测产单元，收获时籽粒已完全成熟能进行机械收获的地方采用收获机实收测产，实收面积不小于 1 亩。利用适宜于间套作大豆收获的小型收获机（每次收获一带就有两三行大豆），根据最低的实收面积要求确定收获样方和行走路线，应能够均匀分布、覆盖全田，样方收割路线示意如图 6-15 所示。

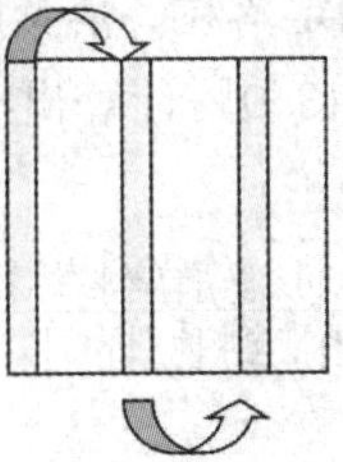

(a) 奇数割幅样方

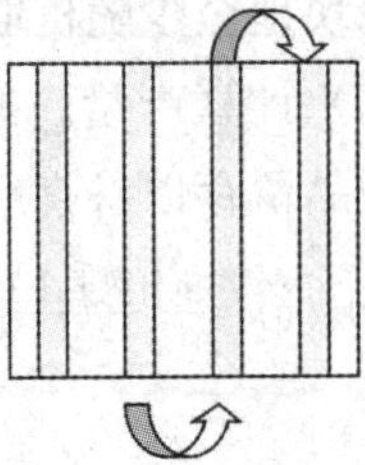

(b) 偶数割幅样方

图 6-15　样方收割路线示意

（1）收获面积、籽粒鲜重测定。收割后严格测量实收区域地块的长度、宽度，计数收获的总行数，计算总收获面积。收获完后及时过磅称重，测定收获样方内的大豆籽粒鲜重；再利用国家认定并经校正的种子水分测定仪（如 PM8188），测定籽粒水分含量。

（2）籽粒水分含量测定。随机抽取有代表性的 5 批籽粒样品，每批样品不少于 5 kg。取样后应立即测定籽粒含水量，每批样品测定 5 次，取平均值。测定后的籽粒样品可留做其他指标测定。

（3）杂质率和籽粒破碎率测定。利用测定过水分含量的籽粒样品，先称其重量，计为 W，然后将其分为籽粒和杂质两部分；对籽粒部分称其重量，并计为 KW，杂质部分称重计为 NW；再根据籽粒的完整性，将其分为完整籽粒和破碎籽粒并分别称重，完整粒部分重量计为 KW_1，破碎粒重量计为 KW_2，然后按如下公式计算收获籽粒的杂质率和籽粒破碎率。

$$\text{杂质率（\%）}=[NW/W]\times 100$$

$$\text{籽粒破碎率（\%）}=[KW_2/KW]\times 100$$

（4）落粒、落荚量测定。在收获后的样方内，随机选点，调查收割宽幅 2 m 长样点内掉落的大豆荚、籽粒（包括破碎粒），分别称量落荚籽粒重和落粒重量，即可计算出产量损失率。每块地至少随机取 5 个代表性样点测定落粒、落荚量。

（5）计算产量。按国家标准含水量 13.0%计算出实际产量（样品留存以备查或等自然风干后再校正）。

$$\text{籽粒产量（kg/亩）}=\frac{\text{鲜籽粒重（kg）}\times[\text{（1}-\text{杂质率（\%）}]\times[1-\text{鲜籽粒含水率（\%）}]\times 666.7}{\text{收获面积（m}^2\text{）}\times[1-\text{籽粒标准含水量（13\%）}]}$$

第三节 四川大豆主要品种

依据大豆光温反应表现出的最适播期，在栽培上将大豆划分为春大豆、夏大豆、秋大豆和冬大豆，这与四川省农民俗称的大豆类型有所区别。春大豆：3月底4月初播种，7月成熟，短日性弱。四川省用于秋季种植的稻田、旱地秋豆以及菜青豆属本类型的早熟品种，田埂豆多为中熟品种。夏大豆：5月至6月初播种，10月中下旬成熟，短光性强。四川省常与春玉米套作，在小麦播种前成熟的俗称的“冬大豆”属此类型，如贡选1号、南豆12等。秋大豆：在7月底8月初播种，11月上中旬成熟，短光性极强。冬大豆：冬季播种，次年春成熟，四川省无此类型。

生产中，群众将种于田埂的大豆叫田埂豆，间作于苕地的叫跑马豆，用作食青毛豆的叫菜青豆，在春季或夏季播种到10月底前后才能成熟收获的叫“冬大豆”。这四种生产利用类型是四川省栽培大豆的主要类型。

一、冬大豆贡选1号

贡选1号（见图6-16）是自贡市农科所育成的品种，2000年通过四川省品种审定。

图6-16 冬大豆贡选1号

1. 生育期

贡选1号是夏大豆极晚熟品种，生育期长，播期弹性大，4月中旬至6月初均宜播种，8月中旬初花，成熟期一致，10月25日前后成熟，因于立冬小麦播前收获，农民俗称“冬豆”。生育期130天左右。

2. 基本特征

株高80 cm左右，主茎平均17.8节，平均分枝6.3个。直立生长，株型紧凑，茎秆粗壮，抗倒能力强。叶心形，浓绿肥厚，有限结荚习性，结荚密集，单株平均121.2荚、213.7粒。荚熟色为黄褐色，镰形。籽实椭圆形，脐黑色，种皮黄色。百粒重19.3 g，粗蛋白含量45.5%，粗脂肪含量17.4%，出豆腐率高，鲜食口味较佳。耐阴性强，耐高肥水，高抗病毒病，伤后再生力强。

3. 适宜范围

适宜于在四川低海拔地区种植，宜与玉米间套作种植。极适合大面积旱三熟与春、夏玉米间作，也可在田埂、围边净作种植。

4. 栽培要点

适时播种，每亩用过磷酸钙15 kg，拌草木灰作盖种肥，间作于玉米夹行内与玉米错窝，每带双行，亩植1 750窝。出苗前后综合防治地下害虫伤苗。出苗1月内去弱留强匀苗、定苗，每窝留2株，亩保苗3 500株以内。生育前期结合玉米管理视苗情酌情用肥兼防病虫。出林后（玉米收后）重管，及时扶苗、提苗。花荚期可用快杀灵、虫螨克等防治豆荚螟、蚜虫类等害虫。生育后期理顺苕藤生长方向，使苕、豆互不遮荫。

二、夏大豆南豆12

南豆12（见图6-17）由四川省南充市农业科学院选育而成，2008年通过四川省农作物品种审定委员会审定。2009—2015年被四川省农业农村厅和农业部确定为主导品种。

图 6-17　夏大豆南豆 12

1. 生育期

夏播，生育期 147 天左右。

2. 特征特性

半矮秆，有效分枝 5～6 个，株型收敛。叶椭圆形，落叶性好，棕毛，白花。有限结荚习性，不裂荚。椭圆粒，黄种皮，深褐脐，百粒重 18～21 g。抗大豆花叶病毒病。粗蛋白质含量为 51.79%，粗脂肪含量为 17.63%。耐阴性好，抗倒力强，适宜与玉米、幼林等作物间套作种植。

3. 产量表现

2005—2006 年参加四川省夏大豆品种晚熟组区域试验，平均亩产 91.5 kg，比对照品种 贡选 1 号增产 13.4%；在生产试验中，平均亩产 159.6 kg，比对照增产 25.2%。

4. 适宜范围

适宜在四川平坝、丘陵地区夏播套作和净作种植。

5. 栽培技术要点

在四川平坝、丘陵地区采用“麦/玉＋豆”或“麦/玉/苕＋豆”模式栽培时（/表示套作，＋表示接茬），6 月上旬至 6

月中旬播种，净作在5月下旬至6月下旬播种。每亩播种量2～3 kg，适宜密度为每亩0.5万～0.9万株。播种前每亩施过磷酸钙20～30 kg、钾肥3～5 kg。视苗酌情施提苗肥，增施花荚肥。确保全苗。及时防治病虫草害，特别要注意防治根腐病和豆秆黑潜蝇，适时收获。

三、夏大豆南黑豆20

南黑豆20（见图6-18）由南充市农业科学院利用^{60}Co γ射线辐射贡选1号种子，经系谱选择育成。2012—2016年被四川省农业农村厅确定为主导品种。

图6-18　夏大豆南黑豆20

1. 生育期

夏播，生育期136.1天。

2. 特征特性

有效分枝4.4个，株型收敛。叶卵圆形，落叶性好，棕毛，紫花。有限结荚习性，不裂荚。粒椭圆，种皮黑色，褐脐，百粒重为24.9 g。粗蛋白质含量为50.7%，粗脂肪含量为15.9%。抗大豆花叶病毒病，耐阴性较好。

3. 产量表现

2009—2010 年参加四川省夏大豆品种晚熟组区域试验，平均亩产 106.2 kg，比对照品种贡选 1 号增产 17.6%；在 2011 年生产试验中平均亩产 140.8 kg，比对照品种增产 31.7%。

4. 适宜范围

适宜在四川平坝、丘陵地区夏播套作和净作种植。

5. 栽培要点

在四川平坝、丘陵地区采用“麦/玉/豆”或“麦/玉/苕+豆”模式栽培时，6 月中旬至 6 月下旬播种，净作在 5 月下旬至 6 月下旬播种。在套作条件下，每亩播种量 2.5～3.5 kg，适宜密度为每亩 0.6 万～0.9 万株。播种前每亩施过磷酸钙 20～30 kg，钾肥 3～5 kg。视苗酌情施提苗肥，增施花荚肥。确保全苗。及时防治病虫草害，特别要注意防治根腐病和豆秆黑潜蝇，适时收获。

四、夏大豆南豆 25

南夏豆 25（见图 6-19）由四川省南充市农业科学院用 ^{60}Co γ 射线辐射荣县冬豆种子，经系谱选择育成。

图 6-19　夏大豆南豆 25

1. 生育期

夏播，生育期125～130天，比南豆12、贡选1号早熟10天以上，早熟性好。

2. 特征特性

有效分枝3.5个，株型收敛。叶卵圆形，落叶性好，棕毛，白花。有限结荚习性，不裂荚。粒椭圆，种皮黄色，褐脐，百粒重24.9 g。粗蛋白质含量为49.1%～50.1%，粗脂肪含量为17.5%。抗大豆花叶病毒病。耐阴性好，抗倒力强，适宜与玉米、幼林间套作及净作种植。

3. 产量表现

2010—2011年参加四川省夏大豆品种晚熟组区域试验，平均亩产102.9 kg，比对照品种贡选1号增产4.7%；在2012年生产试验中平均亩产123.2 kg，比对照品种增产21.2%。

4. 适宜范围

适宜在四川平坝、丘陵地区夏播套作和净作种植。

5. 栽培要点

在四川平坝、丘陵地区采用“玉+豆”模式栽培时，6月上旬至6月中旬播种，单作于5月下旬至6月上旬播种。在套作条件下，每亩播种量2.5～3 kg，适宜密度为每亩0.8万～1.2万株。在单作条件下，每亩播种量5.0～6.0 kg，适宜密度为每亩1.2万～1.4万株。播种前亩施过磷酸钙20～30 kg。及时防治根腐病、豆秆黑潜蝇等病虫危害。

第四节　大豆栽培技术

一、大豆带状复合种植技术

1. 技术内涵

大豆带状复合种植技术是在传统间套作的基础上创新发展而来，是针对四川丘陵旱地多熟制特点，采用小麦－玉米/大豆（－表示间作）、油菜－玉米/大豆、马铃薯/玉米/大豆等大豆带状间作套种方式，充分利用边行优势，实现年际间交替轮作，达到适应机械化作业、作物间和谐共生的一季双收种植模式。

2. 技术优势

（1）高产出。小麦（油菜、马铃薯）－玉米－大豆带状复合种植中的玉米、大豆是一对黄金搭档，通过高秆作物与矮秆作物、碳四作物与碳三作物、长大叶片作物与圆小叶片作物搭配，充分利用空间和不同层次的光能，据此形成的“选、扩、缩、调”核心技术大幅度提高了资源利用率，土地当量比达1.8以上，光能利用率达3%以上，处于国际领先水平。小麦、玉米单产比传统麦/玉/薯套作下的小麦、玉米增产10%左右，与净作小麦、玉米单产相当；大豆平均亩产130 kg左右，最高亩产可达200 kg，与北方主产区的大豆单产水平相当，是传统间混作大豆单产的2～3倍；与麦/玉/薯模式相比，亩增产值300～400元。

（2）可持续。大豆带状复合种植技术利用作物秸秆还田及大豆根瘤固氮，有效培肥地力、减少化肥投入、改善土壤环境，利于种养结合型现代农业及可持续农业的发展。与麦/玉/薯模式相比，可减少土壤流失量10.6%，减少地表径流量85.1%，增加土壤有机质含量5.56%；提高玉米土壤总氮含量5%～10%，提高氮肥利用率20%～30%，提高大豆根瘤固氮量10%左右，亩减少纯氮施入量4 kg；利用生物多样性防治病虫害，降低农药施药量。

（3）机械化。大豆带状复合种植技术通过宽窄行配置，有效实现了播种、田间管理与收割全程机械化，大大提高了作业效率，减少了劳动投入，既适用于农户经营，又有利于标准化及规模化生产的合作社及家庭农场经营，亩节省劳动用工3～5个。

3. 生产技术要点

（1）精选机具。

选择2BXY-9型小麦施肥播种机、2BYSF-3型（见图6-20）与2BMZJ-5型（见图6-21）玉米大豆施肥播种机、PRO588-L型小麦联合收获机、4YZ2650型（见图6-22）和4YZP-2L型（见图6-23）玉米联合收获机和GY4DZ-2（见图6-24）型自走式大豆联合收割机。

图6-20 2BYSF-3型玉米大豆施肥播种机

图 6-21　2BMZJ-5 型玉米大豆播种施肥播种机

图 6-22　4YZ2650 型玉米联合收获机

图 6-23　4YZP-2L 型玉米联合收获机

图 6-24　GY4DZ-2 型自走式大豆联合收割机

（2）选配良种。

前作小麦、油菜、马铃薯选择早熟、抗病虫优质高产良种，共生的玉米选用株型紧凑（见图 6-25、图 6-26）或半紧凑、中矮秆、耐密、抗逆高产良种，如荣玉 1210、仲玉 3 号、荃玉 9 号、登海 618、正红 505、先玉 335；大豆选用耐阴、耐密、抗倒、抗病高产良种（见图 6-27、图 6-28），如南豆 12、南豆 25、特选 13、贡秋豆 8 号等。

图 6-25　紧凑型玉米品种

图 6-26　松散型玉米品种

图 6-27　耐阴、抗倒型套作大豆品种

图 6-28　耐阴、抗倒型间作大豆品种

（3）扩行增密。

除前作油菜按传统净作方式种植外，其他作物均采用宽窄行带状套作或间作种植（见图 6-29、图 6-30、图 6-31）。带宽 2.2～2.4m，玉米种 2 行（窄行 40 cm），大豆种 3 行（窄行 30～35 cm），玉米与大豆间距 60～65 cm。利用播种机调节株距，单粒播种，大豆株距缩至 10～12 cm，密度 7 600～8 400

株/亩；玉米株距缩至 12～14 cm，密度 4 300～4 600 株/亩。

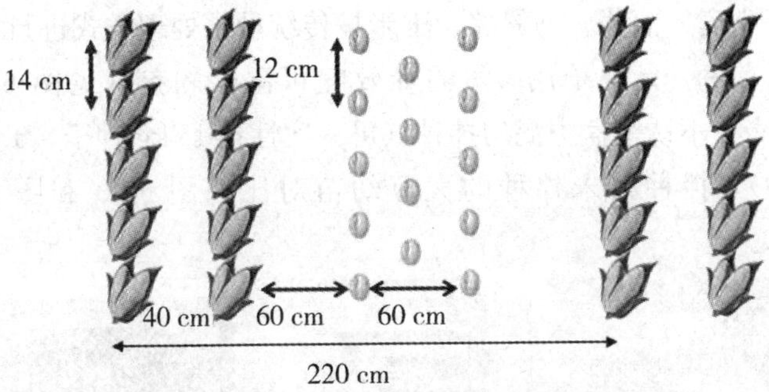

图 6-29　玉米—大豆带状间作或套作田间示意图

图 6-30　油菜茬口下的玉米—大豆带状间作

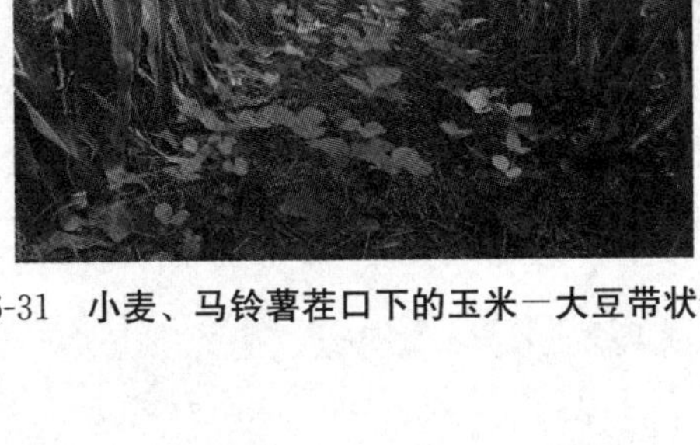

图 6-31　小麦、马铃薯茬口下的玉米—大豆带状套作

（4）药剂拌种。

小麦、油菜、马铃薯、玉米按传统种子处理方式进行，大豆播前每 kg 种子用 5% 的烯效唑可湿性粉剂（见图 6-32）12 mg在不锈钢盆中混匀拌种（可一次性拌 15 kg 种子，5 亩地用种），拌种与未拌种的大豆幼苗对比如图 6-33 和图 6-34 所示。

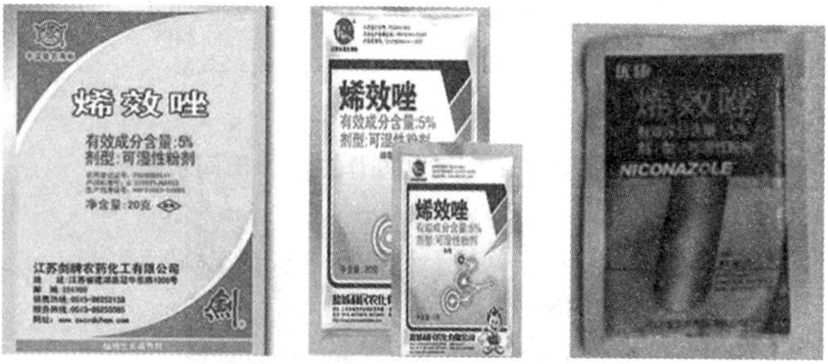

图 6-32　烯效唑可湿性粉剂

图 6-33　未拌种的大豆幼苗

图 6-34　烯效唑拌种后的大豆幼苗

（5）调整播期。

采用前作小麦、油菜适时早播，玉米适时早播，大豆适时晚播的以调避旱技术（见图 6-35）。麦（薯）一玉一豆模式下，玉米 3 月下旬机械点播，油一玉一豆模式下，玉米 5 月 30 日左右适墒机械点播，亩用种量 2～2.5 kg；大豆在 6 月上中旬雨后抢墒播种，亩用种量 2.5～3 kg。

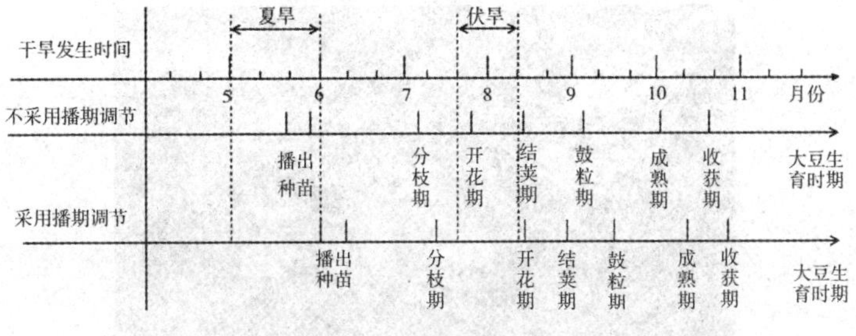

图 6-35 大豆播期图

（6）科学施肥。

前作小麦、油菜、马铃薯施肥按当地施肥水平进行，麦（薯）－玉－豆模式下，玉米底肥每亩施纯氮 5～7 kg、磷肥（P_2O_5）和钾肥（K_2O）各 6～8 kg，玉米攻苞肥和大豆用肥在大豆播种时通过施肥播种机同机施用，每亩施用纯氮 7～9 kg、磷肥（P_2O_5）和钾肥（K_2O）各 3～5 kg；玉米收获后或大豆初花期，根据田间长势每亩追施纯氮 2～3 kg。油－玉－豆模式下，玉米专用控释肥折合纯氮 16～18 kg/亩、磷肥（P_2O_5）8～10 kg/亩、钾肥（K_2O）7～9 kg/亩，施肥位点可选择靠近玉米行 20～30 cm 处，大豆底肥不需要单独施用氮肥（见图 6-36、图 6-37）。

图 6-36 施氮正常情况下的大豆田间长势

图 6-37 施氮过多情况下的大豆田间长势

(7) 防除杂草。

油—玉—豆模式下，大豆播后苗前封闭除草，每亩用90%乙草胺 90～140 mL 混 70%嗪草酮 20～30 g，或用 96 精异丙草胺（金都尔）40～60 mL，兑水 30～40 kg 均匀喷雾（见图6-38、图 6-39)；苗后茎叶定向除草，每亩用 15%精喹禾灵乳油 70～100 mL 和 25%氟磺胺草醚乳油 40～60 mL 混用在大豆行定向喷施，用 75%噻吩磺隆可湿性粉剂 0.8～1.25 g，进行玉米行定向喷施。麦（薯）—玉—豆模式下，可在玉米收后选用大豆专用除草剂 10%精喹禾灵乳油 20 mL 混 250 g/L 氟磺胺草醚 20 g（锄哥兄弟），兑水 50 kg 均匀喷雾除草。

图 6-38 未及时除草的大豆田块

图 6-39　化学除草后的大豆田块

（8）控旺防倒。

①化学控旺。在分枝期和初花期，每亩用 5%的烯效唑可湿性粉剂 25～30 g，或 15%的多效唑粉剂 50～70 g，兑水 40～50 kg均匀喷施茎叶，控旺防徒长（见图 6-40、图 6-41）。

图 6-40　控旺的大豆植株

图 6-41　未控旺倒伏后的大豆植株

②人工控旺。在大豆开花、结荚期，对化学控旺未能有效控制大豆旺长的田块，可采取疏叶、摘顶心、去营养株的方法控制旺长。具体可在旺长初期及时对旺长植株进行打尖剪叶。打尖时一般以掐去主茎顶端 2～3 cm 的嫩尖为宜；剪叶时，剪掉倒三节分枝上的 1/2 叶片，隔一叶剪一叶；对特别旺盛田块，还可剪掉短果枝上的所有叶片或整个短果枝条。

二、大豆收获、脱粒和贮藏技术

全田植株有 80%以上叶片黄落即为成熟，为收获的最适期。收获过早、过晚均会影响产量和品质。

1. 收获

大豆收获时（见图 6-42）不宜拔株，以免把根瘤及残根带走。人工收获时用刀割可增加土壤肥力，收获后应扎小把，晾于屋檐下或不遭雨淋的地方完成后熟。大面积种植宜采用机械收获，具体可在叶片全部落净、豆粒归圆时用 GY4D-2 型大豆联合收获机（见图 6-43）收割脱粒。四川省大豆收获期往往雨水严重，应特别注意防雨，减少霉变损失和避免商品种性降低。

图 6-42 大豆成熟期的田间表现

(a) 4LZ-1.0 型　　(b) GY4DZ-2 型

图 6-43 4LZ-1.0 型与 GY4DZ-2 型大豆联合收获机收获大豆

2. 脱粒与贮藏

人工收割后的大豆需要脱粒，大豆种子水分降低、籽粒变硬后即可脱粒，脱粒可采用机脱或人工捶打的方法，但应尽量减少种子破损。脱粒后应晒种，使种子水分含量降到 13%以下，待热气散后进仓贮藏。大豆晒种应避免烈日暴晒，不宜放在水泥地或三合土上摊晒，以免豆粒破皮影响发芽。对于家庭农场或专业合作社等经营主体，大豆种子量多，可采用烘干机（见图 6-44、图 6-45）进行烘干。

图 6-44　5HPX-35 型低温批示循环谷物干燥机

图 6-45　KH-2D 高效环保移动式大豆烘干机

大豆种皮吸潮，在贮藏过程中易丧失发芽力，甚至造成霉变损失。所以大豆对贮藏条件要求严格，一般贮藏时种子的含水量应低于 12%，并应置于有生石灰等干燥剂的容器内。留种用的大豆最好与干燥的稻谷一起贮藏，减轻大豆种子吸湿，以免降低发芽率。

三、秋大豆高产栽培技术

秋大豆是四川省20世纪80年代末开始发展起来的，以充分利用晚秋资源为主要目的的新型大豆栽培品种。秋大豆的特点是生育期短，因此促进营养生长的栽培措施显得尤其重要。栽培时，一是在茬口衔接允许的情况下尽量提早播期，在四川省的最迟播期不能超过8月20日。二是以全苗壮苗为核心。秋大豆播后易遭旱涝降低全苗率，因而除防治好地下害虫的常规措施外，稻田秋豆应“三沟”配套，保持排水畅通。旱地秋豆遇旱应及时灌水催苗。秋豆播后宜用稻草等物覆盖，以防止暴雨冲击和烈日灼苗。出苗后，应及时撤走覆盖物并用清粪水兑适量尿素提苗1～2次，10天内可匀苗定苗。三是生育中后期视苗情叶面喷施磷、钾和氮肥，以提高成荚率和增加粒重。

四、大豆包衣及育苗技术

大豆种子包衣是近年发展起来的一项革新技术，其基本原理是：选用合适的成膜剂兑多种高效杀虫剂、根瘤菌、微量元素和植物生长调节剂等拌和后，均匀地喷在种子的表面，既能简化农事操作，又能增产节本。使用种子包衣机，喷洒的均匀度较高。也可用喷雾器人工操作。种子包衣后，在表面形成一层薄膜，待种皮吸水阴干后，即可正常播种。

育苗移栽在广大农村时有使用，但技术不规范，加之大豆要求的密度较高，移栽会增加劳动用工，因此难以推广。菜用大豆亩植株数较少，是育苗移栽的重点对象。自贡市农科所研究发现，冬大豆育苗移栽主根自然断根，有利于促进根系发育，可收到10%～25%的增产效果。具体做法是苗床施用氮、磷、钾肥和有机肥，创造疏松的土壤环境，两寸见方浅播一窝，每窝2粒种子，出苗后第二片复叶全展前即带土带肥移栽。南充市农科所研究发现，秋大豆育苗移栽有缓解茬口矛盾，确保秋豆有足够的生育时间和完全成熟所需积温的作用，可在四川省广大的偏北地区试验推广。

第五节　主要病虫害及其防治

一、大豆主要病害为害症状及防治技术

1. 大豆病毒病

（1）为害特点。大豆感病叶片开始出现明脉，后逐渐发展成花叶斑驳，叶肉隆起，形成疱斑，叶片皱缩。严重时，植株显著矮化，花荚数减少，结实率低（见图 6-46）。

图 6-46　大豆病毒病为害症状

（2）防治技术。选用无毒或低毒的种子和防控蚜虫传毒是防治该病的关键。调整播期，可避开苗期蚜虫高发期。发病早期可拔除病苗，配合喷施 10%吡虫啉可湿性粉剂 20～30 克/亩、或 3%啶虫脒乳油 30 毫升/亩，兑水 40～50 kg，均匀喷施；严重发生区，采用 2%宁南霉素水剂 100～150 毫升/亩，或 1.5%植病灵乳油 1 000 倍液，控制病毒病的蔓延。此外，可采用物理黄板诱捕蚜虫，防治其传毒。

2. 大豆细菌性斑点病

（1）为害特点。叶片染病，初为半透明水渍状褪绿小点，后转变为黄色至深褐色多角形病斑，病斑周围有黄绿色晕圈，严重时多个病斑汇合成不规则枯死大斑，且病组织易脱落，病叶呈破碎状，造成下部叶片早期脱落（见图 6-47）。

图 6-47　大豆细菌性斑点病为害症状

（2）防控技术。于发病初期以 72%农用硫酸链霉素可溶性液剂 3 000～4 000 倍液，或 47%春雷霉素·氧氯化铜可湿性粉剂 600～1 000 克/亩，每隔 10～15 天喷 1 次，连喷 2～3 次。

3. 大豆根腐病

（1）为害特点。病株根部腐烂，侧根减少，根瘤数量明显减少，病株较矮，株荚数和株粒数显著减少（见图 6-48），株粒重和百粒重显著下降，多雨可加重发病。

图 6-48　大豆根腐病为害症状

（2）防治技术。播种时采用含有多菌灵、福美多和杀虫剂的大豆种衣剂拌种，对苗期根腐病的效果较好。在发病前或初期，可选用 40%根腐灵 400 倍液，或 75%百菌清可湿性粉剂 600 倍液，或 70%甲基硫菌灵可湿性粉剂 1 000 倍液，每 7 天喷 1 次，连续喷 2～3 次，药剂交替使用，重点喷洒植株的主茎基部或灌根。此外，发现病株应及时清除。

二、大豆主要虫害及其防治技术

1. 大豆高隆象

（1）为害特点。该虫的成虫利用其坚细的口器吸食大豆组织，尤其是幼嫩器官的生长点、花器和幼荚，造成不正常结实（见图 6-49）。套作大豆的虫食百分率达 30.87%，净作大豆为 12.09%。幼虫直接危害大豆种子。

图 6-49 大豆象甲及其为害症状

（2）防治技术。成虫每年 5 月出现，6 月中旬至 8 月中旬是成虫的重点防治阶段。防治成虫宜选用触杀性较好的 20%的三唑磷乳油（每亩 120 mL）。8 月底盛花期和盛荚期防治成虫和幼虫。防治幼虫，保护豆粒，宜选择渗透、传导性好和持效期较长的 10%氟虫双酰胺·阿维菌素（每亩 45 mL），或 20%的氯虫苯甲酰胺悬浮剂 15 毫升/亩，每隔 7 天喷施一次，根据虫情可喷施 2～3 次。9—10 月老熟幼虫会落入土中，大豆成熟后应及时收割，并处理晒场掉落的幼虫，减少越冬虫源。

2. 蜗牛或钉螺

（1）为害特点。蜗牛在大豆苗期危害，轻则造成叶片、茎秆破损，僵苗迟发，成苗率下降；重则将豆苗全部吃光，造成成片无苗（见图 6-50）。防治大豆田蜗牛，宜采取综合措施。

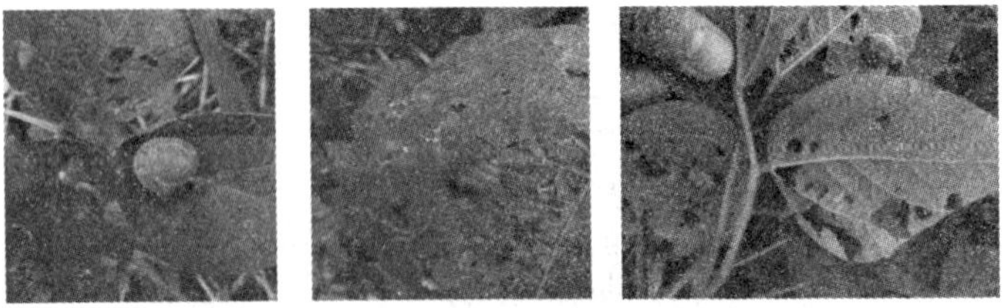

图 6-50 大豆蜗牛、钉螺及其为害症状

（2）防治技术。蜗牛出现于大豆整个生育期，应根据虫情适时防治。在蜗牛盛发期，每亩用 10%蜗牛敌（多聚乙醛）颗粒剂 600 g，于傍晚时均匀撒施在畦面上，或将颗粒剂施在植株下部地面；也可每亩选用 80%四聚乙醛 30～60 g，兑水喷雾。对蜗牛重发生田块，隔 10～15 天喷施一次，喷施 2 次。

3. 斜纹夜蛾

（1）为害特点。斜纹夜蛾是一类杂食性和暴食性害虫。以幼虫咬食大豆叶片、花蕾、花，初龄幼虫啮食叶片下表皮及叶肉，仅留上表皮呈透明斑；4 龄以后进入暴食期，咬食叶片，仅留主脉（见图 6-51）。

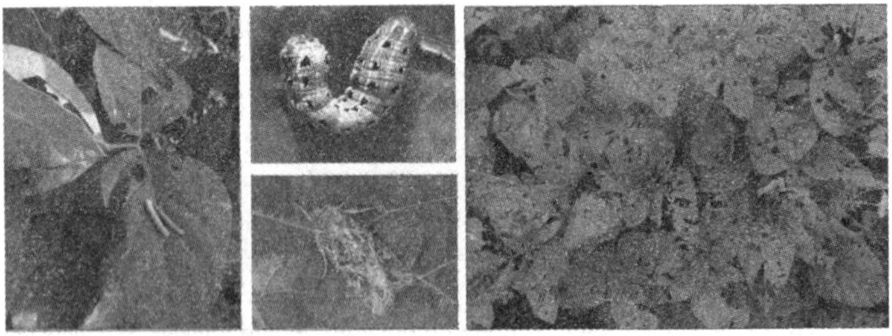

图 6-51 大豆斜纹夜幼虫、成虫蛾及其为害症状

（2）防治技术。防治 4 龄幼虫是关键，于发病初期选用 91.25%甲氰菊酯原药、40.7%的乐斯本、25%的喹硫磷乳油或

24%的万灵水剂 2 000 倍液，防效均可达 80%以上，喷施 2～3 次，隔 7～10 天喷施一次。采用 LED 单波段杀虫灯诱杀成虫。

4. 豆秆黑潜蝇

（1）为害特点。初孵幼虫先在叶背表皮下潜食叶肉，形成小虫道，经主脉蛀入叶柄。少部分幼虫滞留叶柄蛀食直至老熟化蛹，大部分幼虫再往下蛀入分枝及主茎，蛀食髓部和木质部，严重损耗大豆植株机体，影响水分和养分的传输，严重时植株可呈现枯黄凋萎（见图 6-52）。开花后主茎木质化程度较高，豆秆黑潜蝇只能蛀食主茎的中上部和分枝、叶柄，豆株受害较轻。多雨多湿的季节发生严重。

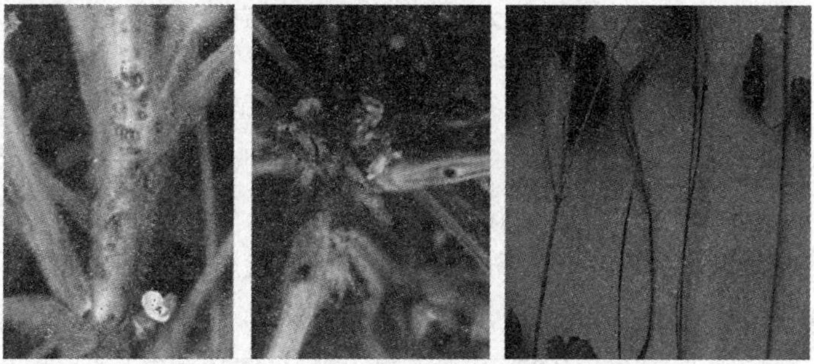

图 6-52　豆秆黑潜蝇及其为害症状

（2）防治技术：发病初期，采用 50%辛硫磷乳油、50 毫升/亩，或 2.5%高效氟氯氰菊酯乳油 3 000 倍液，交替喷施，避免产生抗药性。严重时每周喷施一次，连续 3～4 次。成虫有迁飞性，喷药时从田四周往中间喷施。

5. 豆荚螟

（1）为害特点。以幼虫在豆荚内蛀食豆粒，被害籽粒重则被蛀空，仅剩种子柄；轻则蛀成缺刻，几乎都不能作种子。被害籽粒还充满虫粪，变褐以致霉烂（见图 6-53）。豆荚螟一般从荚中部蛀入。1 头幼虫的全幼虫期能蛀食豆粒 3～5 粒，当 1 荚被食空后还能转荚为害。大豆豆荚的蛀害率在 15%～30%，个别干旱年份旱地秋大豆的豆荚蛀害率可高达 80%以上。

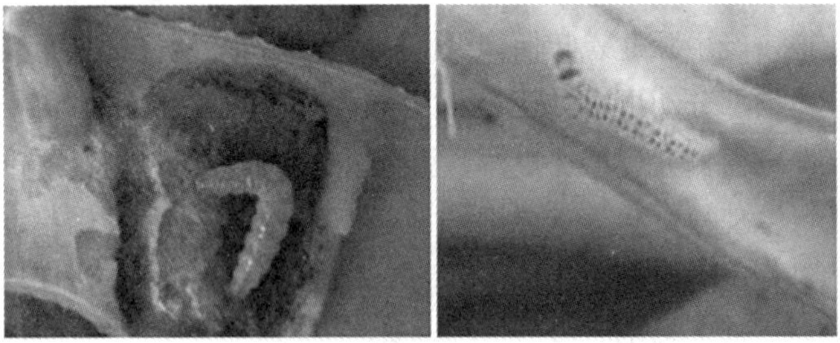

图 6-53　大豆豆荚螟及其为害症状

（2）防治技术。第一次喷药防治后间隔 4～7 天再喷第二次药，以杀死最早孵化、在第一次喷药时已先钻入豆荚内达到 3 龄后从荚内爬出转荚为害的幼虫和最后一批刚孵出未钻入豆荚的幼虫。一般在晴天 6—9 点喷药。可选用触杀和内吸混合剂喷杀，如用 2.5%高效氯氟氰菊酯乳油 1 000 倍液或 2.5%溴氰菊酯乳油 1 000～2 000 倍液，加 90%晶体敌百虫 800～1 000 倍液或加 30%乙酰甲胺磷乳油 1 000 倍液。物理防治采用 LED 多频段杀虫灯诱杀成虫。

6. 大豆蚜

（1）为害特点。该虫吸食大豆嫩枝叶的汁液，受害植株常幼叶卷缩，根系发育不良，生长停滞，结果枝和结荚数减少，产量降低。此蚜还能传带植物病毒。大豆蚜分为有翅蚜和无翅蚜，有翅蚜迁飞性强，危害严重（见图 6-54）。

图 6-54　大豆蚜虫

（2）防治技术。用40%氧化乐果乳油1 000倍液，或10%溴氰菊酯乳油15～20毫升/亩，50%抗蚜威可湿性粉剂10克/亩，兑水40～50 kg，喷雾。在大豆生长早期，对豆田局部发生区，可采取点片施药防治，以防止其扩散蔓延；或者大量投放捕食性瓢虫、寄生蜂等，以抑制蚜虫数量增长。

第六节　豆制品加工技术及现状

随着我国国民经济的日益增长、人们生活水平的提高，人们在追求食物摄取时，已经从原来的吃得饱、吃得好，逐渐转化为吃得安全、吃得营养、吃得健康。从国家层面来讲，也从原来的“米袋子”工程、“菜篮子”工程，向关注国民健康、生活质量的方向发展。如2018年7月食品药品监管总局组织编写了《如何吃得更安全——食品安全消费提示（2017—2018年）》，2017年6月国务院办公厅印发了《国民营养计划

(2017—2030年)》，旨在提高国民营养健康水平。豆制品作为我国传统食品的代表之一，近年来逐渐受到消费者的关注，豆制品行业（非制油行业）也表现为蓬勃发展。

豆制品种类丰富，可以简单分为发酵豆制品和非发酵豆制品两类。发酵类豆制品是指将大豆经过或不经过加工处理（如破碎等），再经过微生物发酵作用改变或不改变大豆原有形态、分解原有成分而形成的食品，包括豆豉、豆腐乳、臭豆腐、豆酱、酱油、酸豆乳等。非发酵类豆制品则主要是基于大豆蛋白的亲水亲油性、溶解性或凝胶性，经过加热或凝固等工序制成的产品，包括豆浆、豆浆粉、豆腐、豆腐干、豆腐皮、腐竹、豆秆、素肉等。这些豆制品多数都是传统加工食品，具有历史悠久等特点。如豆腐公认为发明于我国汉代，经过上千年的传承与发展，已经发展成为豆制品行业中极具代表性的豆制品。豆制品除了口味独特外，最主要的特点是蛋白质含量高，是人体补充蛋白质最好的植物性食物之一。同时，豆制品也能补充诸如多不饱和脂肪酸、磷脂、多糖、矿物质、大豆异黄酮等营养素。所以，豆制品在现代人群的健康食谱中，占据着重要的地位。

一、典型豆制品的加工工艺

豆制品虽然种类繁多，但就加工工艺而言，具有一定的相似性。如豆豉、豆酱都存在微生物发酵大豆的加工环节；豆腐皮、豆杆、腐竹都是在大豆磨浆去渣后煮浆过程中逐渐结起表层蛋白凝胶膜而形成的产品。这里简单介绍几种代表性豆制品（如酱油、豆浆和豆腐）的加工工艺。

1. 酱油加工工艺

酱油起源于我国，是我国的传统发酵豆制品之一，是以大豆为原料，经微生物发酵制成的具有特殊色、香、味的液体调味品。酱油独特风味的形成与微生物的作用密不可分。参与酱油酿造的微生物主要有曲霉、酵母和乳酸菌，它们经过一系列生物化学反应，共同完成酱油的发酵过程。曲霉与酱油的颜色浓淡、味道鲜美、发酵成熟的快慢有直接关系，而酵母和乳酸菌在酱油风味的形成过程中起主要作用。总之，菌种优劣是决定酱油色、香、味和原料利用率的重要因素。

酱油的一般生产工艺流程：大豆→浸泡→蒸煮→接种→制曲→洗霉→第一次发酵→第二次发酵→淋油→日光暴晒→沉淀→灭菌→过滤→检验→成品酱油。

酱油制取的关键在于制曲。制曲的实质是创造曲霉最适生长的条件，以保证优良曲霉等有益微生物得以充分生长繁殖，并尽可能减少有害微生物的繁殖，从而分泌酿造酱油所需的各种酶类，如蛋白酶、淀粉酶、纤维素酶、果胶酶、氧化酶、谷氨酰胺酶等，而这些酶类是发酵过程中原料分解、转化、合成的前提。要做好制曲，首先要掌握曲霉等有益微生物的生理特性和生长规律，其次要有良好的培养条件。在制曲过程中，关键是对温度和湿度的控制。

2. 豆浆加工工艺

豆浆是典型的胶体食品，是大豆蛋白热变性后与磷脂及油脂组成的混合体系，通过添加营养及风味成分和乳化剂调和，经均质或超声处理，形成具有极高稳定性的二元及三元缔合体，在水中形成均匀的乳状分散体系。豆浆富含蛋白质和矿物质，是营养价值可以与牛奶媲美的植物蛋白饮料。

豆浆的一般生产工艺流程：大豆→清理→脱皮→灭酶→浸泡→磨浆→浆渣分离→真空脱臭→调制→均质→杀菌→罐装。

豆浆加工的关键在于将大豆蛋白、大豆油脂、水等主要成分混合在一起，形成组织均一且稳定的胶体溶液。这就需要将大豆蛋白进行适当的热变性处理，将原来包埋在蛋白质分子内部的疏水性基团暴露，降低大豆蛋白的水溶性，从而易于与油脂、磷脂形成混合体系，然后加入乳化剂、风味调节剂等成分后，经过均质处理，减小蛋白一磷脂一油脂混合体的尺寸，获得均一稳定的组织状态，延长保质期。

传统豆浆产品为液态，伴随着固体饮料的兴起，固态豆浆粉逐渐成为豆浆产品中的主要组成部分。豆浆粉的加工与液态豆浆加工类似，只是在均质后增加了浓缩、喷雾干燥等操作，最终制成固态的冲调型豆浆。

3. 豆腐加工工艺

豆腐是典型的凝胶状食品，是最好的植物蛋白来源之一。除了营养丰富、口感独特以外，豆腐的再加工性能也非常突出，如切丝不断、切块不散等，所以才有了诸如臭豆腐、豆腐干、素肉等加工产品，以及麻婆豆腐、油煎豆腐、豆腐汤等菜品。这些加工性质与其特有的组织结构密不可分，而豆腐的组织结构则与加工工艺及加工条件有关。

豆腐的加工历史悠久，且其传统加工工艺在现在也具有重要的意义。

传统的豆腐加工工艺流程：大豆→清理→浸泡→打浆→煮浆→过滤→点浆→蹲脑→破脑→成型。

传统豆腐加工工艺主要是利用石膏（硫酸钙）、盐卤（氯化镁）等作为凝固剂，促使热变性的大豆蛋白聚集体发生交联，形成三维网状结构，从而形成豆腐。根据所用凝固剂种类不同，可将豆腐分为老豆腐或北豆腐（盐卤）、嫩豆腐或南豆腐（石膏）。传统工艺制作的豆腐不适合采取杀菌处理，所以保质期都很短，一般不超过 3 天。所以我国传统豆腐也被称为“生鲜豆制品”，都以鲜销为主。

具有现代特色的豆腐加工工艺流程为：大豆→清理→浸泡→打浆→煮浆→过滤→冷却→加入凝固剂→加热保温→凝固成型→切分→包装→杀菌→产品。

现代豆腐加工工艺主要在于选用了葡萄糖酸－δ－内酯或酶类（如微生物谷氨酰胺转氨酶）代替传统的盐类凝固剂，从而在工艺上得到了突破性改进，即不需要破脑再成型，加工可操作性增强；且内酯豆腐或酶致豆腐可以实现杀菌处理，相应的产品也可以进行包装销售，延长了保质期，一般可达 1 个月甚至更长。所以，豆腐实现了工业化生产，生产的豆腐称为“充填豆腐”。

不论是传统工艺还是现代工艺，豆腐加工的关键都在于豆浆热处理和凝胶成型两个环节，需要合适的工艺条件，才能生产出口感良好、质地细嫩的豆腐产品。

二、四川豆制品加工现状

目前，我国传统发酵的豆制品种类繁多，品种各异，但总体工业化程度不高，企业规模小、技术落后，限制了发酵豆制品的开发与应用。将传统发酵工艺与现代生物技术、现代生产方式相结合，对传统发酵豆制品进行适当改进，提高生产效率，增强产品质量，使传统发酵豆制品造福人类。我国传统的非发酵类豆制品也处于技术突破、蓬勃发展的时期。如豆浆和豆腐两大类产品的市场消费量和市场效益都在逐年增长。

2016 年，我国用于食品工业的大豆量约为 1 200×10^4 t，比 2015 年约增加 4.5%。其中，用于豆制品加工的大豆占 55%，约为 660×10^4 t；用于其他食品加工的占 20%；直接食用（包括家庭自制豆浆等）占 25%。截至 2017 年 3 月，我国取得 QS（企业食品生产许可，2018 年 10 月 1 日后不得使用）的豆制品企业数量为 2 770 家，取得 SC（食品生产许可，2018 年 10 月 1

日后全面使用）的豆制品企业 2 120 家，取得生产许可证的豆制品企业总计 4 890 家，其中，四川豆制品企业有 225 家。中国食品工业协会豆制品专业委员会每年都会根据我国豆制品行业的发展状况，从加工能力和销售收入等方面评选出全国豆制品加工企业前 50 强。2012—2016 年（2015 年未评）四川省内的全国豆制品企业前 50 强及其产品信息见表 6-4 所列。

表 6-4　2012—2016 年四川省内全国豆制品企业前 50 强及其产品信息

企业名称	2012	2013	2014	2016	产品信息	主打产品
四川徽记食品股份有限公司	○	○	○	○	公司现已研发出集“豆干、拉丝蛋白素肉、豆腐鱼、菽乳条”四大类别、245 种不同包装规格的豆腐干产品	
成都香香嘴食品有限公司	○	○	○	○	主要生产豆腐干、素肉等系列产品	
四川国硅豆制食品有限公司	○	○	○	/	以“众喜坊”牌南溪豆腐干“南溪豆腐干系列”和“膨化豆制饼干系列”等为主导的各类休闲食品	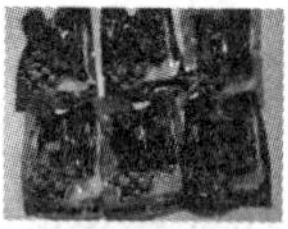
四川省南溪大良心食品有限公司	/	○	/	/	主要生产销售“大良心”牌南溪豆腐干、串烧素肉（大豆素肉）等	
四川南溪庶人食品有限公司	/	/	○	○	主要生产、6 销售“庶人坊”牌南溪豆腐干及“庶人坊”豆浆产品	
四川山乡酿造食品有限公司	/	/	○	○	主要生产、销售“山谷坊”豆豉、豆腐乳、酱油及醋等发酵豆制品；豆杆等非发酵豆制品	

注：○表示进入豆制品企业前 50 强；/表示未进入。

从表 6-4 中信息可知，四川豆制品企业在全国豆制品企业前 50 强中占有比例甚小，相应的年销售额和投豆量也只是占据一小部分。四川豆制品主要以非发酵类的豆腐干系列休闲食品为主，其次是发酵类的豆豉、腐乳、酱油等，只有少量涉足豆浆产品；而对于豆腐类生鲜豆制品还未形成规模化生产，主要是以作坊式制作、小批量鲜销为主。四川省豆制品企业分布过于集中，规模以上企业主要分布在宜宾市南溪区，这主要与当地的豆腐干加工历史悠久有关。南溪豆腐干是四川豆制品加工极具代表性的豆制品之一，已经发展成为西南地区豆腐干产业的代表性休闲食品。南溪豆腐干历史悠久，经过多年的传承与发展，逐步走向标准化生产模式，有利于更好地保护地方特色。2007 年，南溪豆腐干的制作工艺被列入四川省首批非物质文化遗产名录，作为国家地理标志保护产品，南溪豆腐干制作技艺已纳入四川省非物质文化遗产进行保护。目前，南溪豆腐干形成了以徽记食品为龙头，以国硅、玉林、庶人坊、大良心等为骨干的产业集群，拥有 5 家规模以上企业，5 家传统工艺手工豆腐干企业，生产规模达 8×10^4 吨/年，形成了“好巴食”“众喜坊”“国硅食品”“庶人坊”“大良心”“叶玉林”“採铃”“选清”“孝善坊”等品牌，共 35 种风味，68 个品种，销往全国各大城市，以及美国、加拿大、韩国、新加坡等 10 多个国家和地区。2013 年，豆制品产业总产值实现 14.83 亿元，成为南溪食品的支柱产业。2016 年，南溪豆腐干以 884 亿元的品牌强度、85.79 亿元的品牌价值位列加工食品类地理标志产品第 4 位。

三、豆腐和豆浆的发展趋势

作为生鲜类豆制品的代表，豆腐是我国百姓餐桌上的必需品，随着消费者对饮食健康的重视，在平时的餐桌上以及外出就餐时，豆腐的食用率有所上升，所以总体消费量保持稳定增长。豆腐等生鲜类豆制品的投豆量也逐年增大，2016 年为 42.17×10^4 t，比 2015 年的投豆量增加了 20.24%。生鲜豆制品的生产企业在各城市均有分布，但发展状况和形势最好的是东部沿海和中部及西南地区。值得注意的是，规模企业生鲜产品的产量增长速度较快，反映了生鲜豆制品的生产也正向规模企业集中；生鲜产品的品类还有很多的创新空间，产品多元化研发亟待加强。

豆浆（奶）在全球的年增长率为10%～20%。近年来，这种增长趋势在国内也表现得很突出，液态豆浆和豆浆粉的投豆量也是逐年增大，2016年分别为8.76×10^4 t和26.66×10^4 t，比2015年的投豆量分别增加了8.45%和15.75%。作为植物蛋白饮料的代表，豆浆成为和果汁饮料、含乳饮料、茶饮料等比肩的饮料品类，消费量逐年增大，2011—2016年我国零售渠道的豆奶消费量如图6-55所示。尤其是从2017年开始，豆奶市场更是呈现出“百花齐放、百家争鸣”的局面。目前，虽然我国植物蛋白饮品尚处于发展阶段，但是以豆奶为代表的千亿市场正在逐渐形成。基于强大的潜在消费市场，众多食品加工企业都开始大力开展技术和生产投入，争取能够在豆浆这一逐渐壮大的市场里有一席之地。

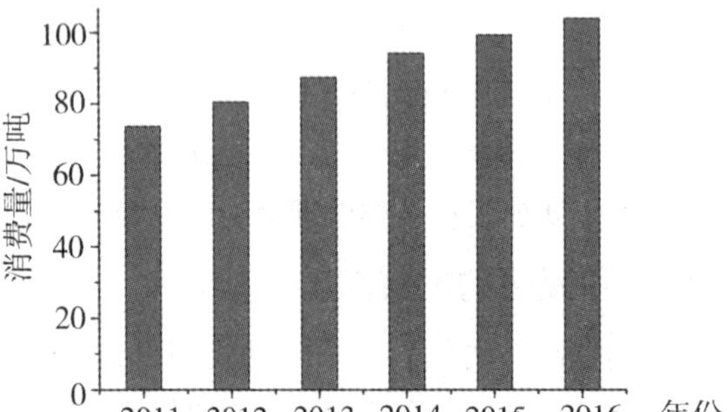

图6-55　2011—2016**年我国零售渠道的豆奶消费量**

四川省的豆制品发展现状主要是以休闲豆腐干、素肉、豆豉、酱油、液态豆奶等为主。另外，川产豆制品所需大豆原料大部分为东北产的大豆，甚至有些企业已在东北租地建设了大豆基地。这样的举措主要与川产大豆品质不高、东北产大豆成本相对较低有关。但是，随着运输成本的逐年增高、政府支持地方所产大豆政策的出台，豆制品企业也积极在加工场附近建设大豆生产基地。伴随着人民生活水平的提高、健康意识的不断增强，不论是休闲豆干系列，还是豆浆或豆腐产品，都具有巨大的发展潜力。

第七章 优质油菜

菜籽油和豆油、葵籽油、花生油、棉籽油组成了世界五大食用植物油，约占世界食用油总量的88.8%，其中，菜籽油约占18.9%，仅次于豆油，居第二位。在世界油料出口中，油菜籽占13.0%，菜籽油占10.3%，菜籽饼占9.0%，仅次于大豆，均居第二位。20世纪80年代以来，世界油菜籽贸易中绝大部分是双低（低芥酸与低硫甙）的优质油菜籽，出口量最大的国家是加拿大，约占世界油菜籽贸易总量的60%。加拿大的油菜生产已普及双低品种，并为本国提供56%的优质食用油和30%的优质饲料蛋白，双低菜籽的45%及其产品的50%出口到美国、日本、欧洲及其他市场。

我国是世界油菜主产国，油菜种植面积和总产量均位居世界首位，并提供全国30%左右的食用植物油。我国从80年代开始才逐步发展优质油菜生产，虽然起步晚，但发展速度非常快，目前各育种单位已选育出一大批双低的优质油菜新品种。2000年，全国优质油菜品种的种植面积突破$5\ 000\times10^4$亩，其中，双低油菜占比达80%以上。我国双低杂交油菜生产已跃居世界领先地位，但是我国的优质油菜目前还未打入国际市场。

四川是我国油料作物的主产省之一，油菜作为四川省的一大优势作物，占全省油料作物种植面积和总产量的80%以上，是农民经济收入的来源之一。四川省的油菜种植面积居全国第三位，居西部第一位；总产量居全国第二位，居西部第一位，亩产居西部首位。随着我国加入WTO，以及人民生活水平的不断提高，推广优质品种，优化品种结构，大力发展双低优质油菜，改善油菜籽品质，提高油菜籽综合利用率已势在必行。近年来，四川省各科研院所、大学选育了一批双低优质油菜新品种，为了达到优质与高产的统一，采取了以下措施：一是发展优质杂交油菜，利用杂种优势来提高优质油菜的产量；二是改进栽培技术。本章主要是依据优质油菜的生育特点，提出改进的栽培技术，使之最大限度地挖掘优质油菜的增产潜力，为进一步发展优质油菜生产，发展农村商品经济和帮助农民科技致富服务。

第一节　优质油菜的概念

一、菜籽油的主要成分

油菜生产的主要目的是收籽榨油。一般甘蓝型油菜种子的含油率在35%～40%，高的可达45%左右。菜籽油由多种脂肪酸组成，按所含碳原子数和双价数可分为$C_{16:0}$（棕榈酸）、$C_{18:0}$（硬脂酸）、$C_{18:1}$（油酸）、$C_{18:2}$（亚油酸）、$C_{18:3}$（亚麻酸）、$C_{20:1}$（二十碳烯酸）、$C_{22:1}$（芥酸）等几种主要脂肪酸，其中，无双价的棕榈酸、硬脂酸为饱和脂肪酸，有双价的油酸、亚油酸、廿碳烯酸、芥酸为不饱和脂肪酸，见表7-1所列。

表 7-1　几种食用油脂的脂肪酸组成（单位：%）

食用油	豆蔻酸	棕榈油	硬脂酸	油酸	亚油酸	亚麻酸	二十碳烯酸	芥酸	其他
所含碳原子数和双价数	14∶0	16∶0	18∶0	18∶1	18∶2	18∶3	20∶1	22∶1	脂肪酸
棉籽油		24.6	2.6	16.5	55.6	—	—	—	0.7
大豆油		10.6	4.1	20.5	52.2	10.6	—	—	2.0
芝麻油		8.3	4.2	40.4	43.7	2.9	—	—	0.5
花生油		11.4	3.0	41.2	37.6	—	1.3	—	5.5
菜籽油		3.0	1.5	16.6	14.2	7.3	8.9	48.5	
猪油	2.2	25.9	14.6	43.6	8.3	0.2	0.2	—	5.0
黄油	9.0	23.6	12.5	28.1	3.6	1.3	—	—	21.9

注：资料来源于中国医学科学院卫生所（1997）。

从表 7-1 可以看出：猪油、黄油等动物油主要含饱和脂肪酸，菜籽油等植物油脂主要含不饱和脂肪酸。在各种脂肪酸中，人们食用含饱和脂肪酸为主的动物油脂，容易导致血脂增高，增加血脂胆固醇的浓度，由饱和脂肪酸形成的胆固醇脂可在动脉壁沉着成斑块，进而可造成动脉粥样硬化，容易引发冠心病。食用含不饱和脂肪酸为主的植物油脂，特别是油酸和亚油酸，对人体有益，尤其是食用亚油酸后，人体容易吸收消化，并有降低人体内血清胆固醇和甘油三酯的作用，对软化血管和防止血栓形成，以及促进人体内脂的代谢起着特别重要的作用。芥酸为长链高碳脂肪酸，食用后消化吸收慢，营养价值较低。亚麻酸为不饱和脂肪酸中氧化比率最高的脂肪酸，在与空气、阳光、热接触时，极易发生氧化而变性，使油变质败味，不耐贮藏。菜籽油的脂肪酸成分虽优于动物油脂，但和其他植物油脂比较，其芥酸和亚麻酸含量偏高，而亚油酸含量偏低，因此需要对菜籽油的脂肪酸组成进行改良，即进行低芥酸、高亚油酸育种。

二、菜籽饼的主要成分

一般油菜籽榨油后的饼粕含蛋白质30%～40%，最高可达47%以上，含粗纤维9.3%～13.4%，含灰分7%～7.3%，含硫代葡萄糖甙类物质4%～7%（甘蓝型），以及少量植酸和芥子碱。另外还含有叶绿素和微量的钙、磷、钾、钠、铁、锰等矿物质。芥菜型油菜饼还含有芳香油，主要用作芥末。

油菜籽饼在国内主要用作饲料和肥料，在欧洲及加拿大等国家，主要用作精饲料。因此在优质油菜育种中，要求饼粕中的蛋白质含量要高，纤维素含量要低，并减少和除去硫代葡萄糖甙、植酸和芥子碱等不利物质。硫代葡萄糖甙本身无毒，但在芥子酶或水解酶的作用下，可以分解出唑烷硫酮、异硫氰酸酯、硫氧酸酯和腈等有毒物质，作为饲料，对单胃动物有害，可使家畜甲状腺肿大，并导致代谢紊乱。植酸又称“肌醇六磷酸”，是一种很强的螯合剂，能与带正电荷的金属阳离子，如钙、镁、铁、锌等或蛋白质形成植酸复合物，使无机物的生物效能降低，阻止蛋白质的酶解。饲料中的植酸含量高时，会使牲畜表现出厌食、生长机能衰退、吸收蛋白质能力降低等症状。芥子碱含量多时，可在消化道中水解，释放出大量胆碱，胆碱又被转化成具有鱼臭味的三甲胺。但植酸和芥子碱在饼粕中的含量很小，目前首先要选育不含硫代葡萄糖甙的优质品种。目前国内已选育出一大批低硫的优质品种。

三、优质油菜的概念

优质油菜主要是指油菜产品的品质符合育种目标要求和市场需要。油菜产品的品质应包括含油量、油中各种脂肪酸含量、饼粕中硫代葡萄糖甙（简称“硫甙”）含量及其组分，以及种子中的蛋白质含量、纤维素含量以及植酸含量等。从广义来讲，优质油菜应包括：菜籽含油量高，脂肪酸中的亚油酸、油酸含量高，芥酸、亚麻酸含量低，饼粕中的蛋白质含量高，硫代葡萄糖甙、纤维素、植酸、芥子碱等含量低。从当前国内外育种工作的特点，以及已投入生产的优质品种来看，优质油菜主要是指油中脂肪酸组成中的芥酸含量和菜饼中的硫甙含量都低。对于一般原种，要求芥酸含量为脂肪酸总量的1%以下，硫甙（包括吲哚硫甙在内）含量为40 μmol/g菜饼以下或为干物重的0.2%以下（不含吲哚硫甙）。凡是具有低芥酸含量或低硫甙含量的新品种，称为低芥酸品种或低硫甙品种；同时具有低芥酸和低硫甙含量的新品种，称为“双低”品种。

第二节　发展“双低”优质油菜的意义

一、提高菜籽油的营养价值

芥酸是一种长键脂肪酸，含有22个碳原子和1个双键，比普通脂肪酸多4个碳原子。人们食用后不易消化、吸收，对人体健康不利，同时芥酸的凝固点高，冬季低温易冷凝成固态。油酸和亚油酸易被人体吸收消化，具有降低血液中胆固醇浓度、软化血管、阻止血栓形成和促进人体脂肪代谢等作用。据研究，传统油菜品种，菜油中油酸、亚油酸的含量只有20%～30%，而低芥酸菜籽油中，油酸和亚油酸含量达80%左右，菜籽油的营养价值大大提高。

二、提高油菜籽的利用率

（1）提高加工利用率。芥酸凝固点高，在气温降至4 ℃时即硬化，不适合做糕点等食品和人造奶油。低芥酸菜油色泽清淡，凝固点低，不混浊，可用于做糕点、制造人造奶油、作起酥油、色拉油等。

(2) 促进畜牧业发展。双低油菜籽加工成的饼粕中的硫苷含量在40 μmol以下，不需脱毒处理，就可以直接作饲料，能显著地提高其经济效益。四川省年产油菜籽 130×10^4 t以上，可产菜籽饼 71.5×10^4 t，如按每公斤无毒菜籽饼含蛋白质折合粮食2 kg计算，则可代替 143×10^4 t饲料用粮，相当于种植 715×10^4 亩饲料大麦（大麦按亩产200 kg计）。

(3) 提取蛋白质。菜籽饼的粗蛋白含量一般为35%～45%，富含多种氨基酸和一定的粗脂肪、粗纤维、无机盐和多种维生素，营养价值与大豆饼相近，不仅是良好的精饲料，也是重要的蛋白质资源。菜籽饼的蛋白质为全价蛋白质，几乎不存在限制性氨基酸。

三、提高油菜籽的国际竞争能力

我国曾是菜籽油出口大国之一，但由于油菜籽品质差，芥酸、硫甙含量超过国际标准，出口受到极大限制，1985年，我国油菜籽、菜籽油出口大门被关闭。随着我国加入WTO，在种植业结构调整和西部大开发中，发展双低油菜生产已势在必行，因此，发展双低油菜生产意义十分重大。

第三节　优质油菜高产栽培技术

一、抓好保优栽培技术

(1) 选用“双低”优质品种。首先要选用符合品质和质量的“双低”油菜种子，其水分含量在9.0%以下，芥酸含量在1%以下，硫甙含量在0.2%以下；其次要选用优质高产良种。据分析，在作物增产因素中，良种占27%，是作物增产的基础。四川省已审定了一批“双低”品种新品种，目前主要推广的品种有蓉油12、川油58、德油6号、蜀杂10号、德油9号、绵油17、川油33、蓉油13、蓉油15、南油12、宜油15等，各地可因地制宜选用。

（2）搞好隔离防杂，集中成片种植。据研究，甘蓝型油菜的异交率，如果不同品种插花种植，则当年品种间的异交率为10%～30%，当与高芥酸油菜品种串粉杂交后，杂交当代种子的芥酸含量即上升到两亲本芥酸含量的平均值。但集中连片种植，芥酸含量基本保持稳定。为了防止不同品种的异花授粉和生物学混杂，根据目前的生产体制，可以整乡为单位，整乡整村集中成片种植。同时，不用前茬是常规油菜的地方做苗床，并与其他品种油菜或能串花的十字花科蔬菜相距600 m以上。

（3）严防机械混杂。油菜种子很细小，容易造成机械混杂，在良种繁育过程中，在播种、收获、脱粒、晒种、调运、贮藏、加工等环节中，要严格防止机械混杂，还要防止人为掺杂。

二、培育壮苗，中苗早栽

为了有利于培育壮苗和提高优质油菜种子的利用率以及对优质油菜进行规范化生产，优质油菜应该采用育苗移栽方式。

1. 育苗移栽的优点

首先是可以提高优质隔繁良种的利用率，如大田直播一般每亩需要用种0.5～0.7 kg，如采用育苗移栽，1亩大田需要的育苗种量仅为0.1 kg。其次是能做到适时播种，采用育苗移栽方式解决了前后作物的季节矛盾并提高了复种指数。由于播种期不受前作物的限制，能做到适时播种，苗床有利于培育壮苗，本田有利于提高复种指数。最后是有利于培育壮苗，由于苗床面积小，能做到适时播种和精细管理，移栽时又能选壮苗移栽，保证移栽质量，做到一次保全苗，消灭三类苗，为高产打好基础。

2. 壮苗的特征及作用

油菜壮苗应具有的形态特征如下。

（1）株形矮壮，节间短缩，叶序排列紧密。

（2）绿叶数多，叶片大而适度，呈正常绿色，叶柄粗短。

（3）根系发达，主根粗大，支细根多，幼嫩根多，根茎粗短。

（4）无病虫害，无畸形表现。

（5）具有品种固有特征，无杂苗。

壮苗地上部叶片数多、叶片大、绿叶面积大，光合作用强，制造有机养料多，腋芽多而壮，将来形成大分枝多，且分枝部位低，可为植物营养体生长和后期生殖器官发育提供有利条件。壮苗地下部根系发达，支细根多，吸收肥水能力强，贮藏了丰富养分，移栽后成活早，发根旺，越冬抗寒性强，后期抗倒伏能力也强，经济性状良好，产量高。

3. 培育壮苗的技术措施

（1）选好留足苗床。要求土质肥沃疏松，保水保肥力好，最好是砂壤土或壤土。苗床地要背风向阳，地势较平坦，离水源近，离移栽大田近，离房屋远。一般以旱地为好，其次为沙性田，黏重的泥田不宜作苗床。为保证品质和纯度及避免病虫为害，苗床地应是此前作未种过油菜和蔬菜的土壤，特别忌种过十字花科蔬菜。留足苗床地的面积，对于培育壮苗来说十分重要，是培育壮苗的前提。根据目前各地的经验，苗床面积和大田比例应为1∶(5～7)。

（2）精细整地，施足底肥。油菜种子小，发芽出苗顶土力强，苗床地必须精细整地，使土块尽量细碎，上下一致，无大块、无空隙，并除去前作物的根茀、枝秆、草根等。整地时结合施好底肥，以有机肥为主，并增施磷肥。因为油菜对磷比较敏感，当土壤速效磷含量小于 5 mg/kg 时，即出现明显的缺磷症状。苗床地应施腐熟的堆渣灰肥 15 000～25 000 kg，腐熟的人畜粪尿 10 000～15 000 kg，过磷酸钙 20～30 kg。将肥料施入土中，并使土、肥充分混合，然后将土整平作厢。

（3）适时播种，提高播种质量。适期播种是优质油菜培育壮苗、获得高产的一项重要措施。据研究，油菜种子萌发的最低温度为 3～4 ℃，最适温度为 25 ℃，最高温度为 36～37 ℃。油菜适宜的播种期，既要求有利于种子发芽出苗及幼苗健壮生长，在生长季节中，温、光、水等因素能得到最大程度的满足，避免或减轻寒、热、旱、涝及病虫为害的影响，又要有利于克服前后作物的季节矛盾，使之达到种子发芽迅速、苗齐苗壮、冬前健壮、壮苗越冬、春发稳长、经济性状好、产量高的目的。但播期也并非越早越好。播种过早，虽然有较长的营养生长期，但由于温度太高，抗逆力减弱，不利培育壮苗，且病虫害严重，导致产量降低，而且占用土地时间过长，加剧前后作物矛盾，影响全年生产。春性强的品种易出现年前早花，减产更加严重。播种过晚，油菜营养生长期显著缩短，而且气温下降，幼苗生长减缓，不利培育壮苗，往往表现出经济性状差，产量不高。四川省油菜的播期一般中熟种在 9 月中旬，晚熟种在 9 月上、中旬，早熟种在 9 月下旬，一般低海拔地区宜迟，高海拔地区宜早。

可采取分厢定量的办法，种子掺和一定量的细堆渣肥或干湿适度的草灰，以增加体积，然后分别撒在每一厢上。播后用细堆渣灰肥或掺和细沙土进行盖种，以刚好把种子盖上为宜，不可盖得过厚而影响出苗。

（4）加强苗床管理。①早匀苗。第一次匀苗在幼苗长出

1～2片真叶时进行，苗距 4～5 cm，第二次定苗在 2～3 片真叶时进行，苗距 8～10 cm。间苗定苗应做到去密集的苗，留稀疏的苗；去杂苗，留纯正的苗；去病苗、弱小苗，留健壮苗子。②早追肥。由于油菜种子小，本身贮存的养分少，到三叶期时，幼苗迅速开叶发棵，需要吸收较多的养分，必须及时追肥，特别是优质油菜更应及时追肥催苗。追肥可结合间苗定苗进行，可起到稳根镇土作用。每亩可施人畜粪肥水 750～1 000 kg，再根据苗情适当增施少量氮肥，若天气干旱，可在粪中多兑水，同时起到抗旱促苗的作用。在移栽前一星期施一次“送嫁肥”（或称“起身肥”），每亩用氮肥 5～8 kg 兑水，并加入适量粪肥水，促进多发新根，快返青。③及时防治病虫害。油菜苗期容易发生蚜虫、菜青虫、病毒病、霜霉病、猝倒病等。蚜虫为刺吸式口器，主要吸取幼苗植株的汁液，同时传播病毒，使幼苗萎缩，生长停滞。菜青虫为咀嚼式口器，将幼苗叶片咬食成孔洞和缺裂，甚至将叶片叶肉吃光。幼苗感染病毒病后，叶片褪绿呈黄色或出现内黑外黄的病斑，植株僵缩。幼苗感染霜霉病后，叶片病斑呈黄色，多角形，叶背面有白色霜霉。幼苗感染猝倒病后，地表幼茎上初呈水浸状病斑，后枯缩倒折，病部菌丝呈棉絮状。注意及早防治，可有效减轻病虫为害。④在间苗定苗的过程中结合清除杂草，以免和菜苗争光、争肥、争水并加重病虫危害。⑤对于播种期较早、施肥足、气温较高、生长发育较快的幼苗或前作为双季稻、再生稻田的迟栽苗，可适量使用植物生长调节剂，延缓植物生长，抑制茎秆伸长，缩短节间，促进植物分蘖。目前油菜生产上用得比较多的是多效唑。多效唑是一种广谱性的生长延缓剂，据杨经泽等（1987—1990）研究，在油菜苗床三叶期喷 100～150 mg/kg 多效唑较为适宜，效果显著。

4. 中苗早栽

中苗早栽，伤根少，可充分利用秋季温光资源，促进幼苗多长叶、快发根，有利于培育壮苗，促进秋发，制造和积累较多养分，为高产打下基础。据1991年、1992年四川省农技推广总站调查，4～6片叶中苗移栽提早了移栽期，有效地利用了秋冬前温、光资源发根长叶，扩大营养体，达到“冬至封行”，促进春季稳长，实现了增枝、增果、增粒。对554块田、503.9亩油菜的调查显示，平均亩产112.2 kg，比同期播种的弱苗迟栽增产14%。目前，甘蓝型优质油菜苗龄以25～30天为宜，早熟种偏早，晚熟种偏迟。栽植密度应根据各地区的气候特点和品种类型而有所不同，晚熟种偏稀，一般为6 000～8 000株/亩，迟栽的早熟种偏密，一般为10 000～12 000株/亩。

保证移栽质量，一般应做到“三匀”和“三带”。“三匀”是：按照栽植密度，行株距要栽匀，大小苗分开栽匀，栽的深浅要均匀。“三带”是：移栽苗尽量带土而不伤根；移栽前一个星期施送嫁肥（起身肥）带肥移栽，促发新根；移栽前苗床打一次农药，带药移栽，把病虫消灭在移栽前。另外，移栽时一定要把幼苗的根栽直栽稳，以免形成弯脚苗、高脚苗，造成后期倒伏，同时要边栽边施定根粪肥水，以促进早返青、快成活。

三、合理密植

1. 油菜的产量结构

生产上油菜产量的概念主要有两种含义，即产籽量和产油量，目前一般是指产籽量。油菜籽的产量与单位面积上的有效株数、单株有效角果数、每果粒数、千粒重等因素相关，一般可用下式表示：

油菜籽产量（kg/亩）＝亩有效株数×单株有效角果数×每果粒数×$\frac{千粒重（g）}{1\,000（g）\times 1\,000}$

这三个产量的构成因素中，单位面积有效角果数受栽培条件和环境因素的影响较大，变幅也最大。每果粒数和千粒重受遗传因素的影响较大，受栽培条件和环境因素的影响较小，因此变幅较小。单位面积上有效角果数对产量的影响最大。生产上应在单位面积上的角果数达到最大值的基础上，争取更高的粒数和粒重。

单位面积上的有效角果数又与单位面积上的株数和单株角果数密切相关。在稀植的情况下，单位面积的株数减少，而单株有效角果数增加；在密植的情况下，单位面积的株数增多，而单株角果数减少。栽培上就是要协调油菜植株个体生长发育与群体生长发育之间的关系，在保证单株有较多的有效角果的基础上，争取单位面积上有更多的植株群体，从而达到单位面积上有最高的有效角果数。

2. 合理密植的原则、密植范围及种植方式

（1）合理密植的原则。影响油菜合理密植的主要因素有土壤、肥料、水分条件、品种、播种期及栽培技术等。油菜生长势的强弱和发育的快慢，受土壤、肥料、水分三因素的综合作用的影响很大。在土层深厚肥沃的土壤条件下，油菜植株生长势较强，枝叶繁茂，种植密度宜稀；在土层浅薄、有机质少的瘠薄土壤上，油菜植株生长瘦弱，应加大种植密度。肥料对油菜生育的影响十分显著。一般施肥水平高的田块，植株生长繁茂，种植密度宜稍稀；肥力水平低的田块，植株长势较差，要获得较高产量，应适当加大种植密度。播种期早，气温较高，植株生长发育快，密度应稍稀；播种迟，植株生长发育减缓，

生长量相对减少，密度应适当加大。品种植株高大、分枝多、株型松散以及生育期长的，密度应偏稀；品种株高、分枝数中等、株型紧凑和生育期较短的，密度应偏密。气温高、病虫害严重的地区，应偏稀；气温低、病虫害轻的地区，应偏密。

实现油菜合理密植总的原则是：①能相对统一油菜植株个体和群体的矛盾。在个体得到较好发展的基础上，群体得到最充分的发展，以充分利用光能和地力。②能相对统一每亩株数、每株果数、每果粒数和粒重几个产量构成因素之间的矛盾，以求每亩株数和每株果粒的乘积达到最大值，即单位面积上果数达到最大值，而每果粒数和粒重基本不减少或减少很微小。③能相对统一主轴和分枝结果的矛盾，适当增加主轴花序，主要依靠一次分枝花序，减少第二次分枝以下的花序。通过增加主轴及一次分枝花序的比重，从而增加群体的总有效角果数，达到高产的目的。④优质油菜与非优质常规种相比，生长势稍弱，抗病力稍差，为了获得高产，必须有足够的群体，因此种植密度应比非优质常规种密些。

（2）合理密植的范围及种植方式。根据长江流域冬油菜区的生态条件和目前优质油菜品种的具体情况，合理密植的适宜范围在 0.6 万～1.0 万株/亩。土壤肥力高、施肥水平高的宜稀，土壤肥力差、施肥水平低的宜偏稀。在确定了合理的密度，即单位面积上的基本苗数后，合理安排种植方式，调整株行距，既能扩大叶面积，充分利用光能和地力，又能减少荫蔽，有利于通风透光，使个体和群体的生长发育得到协调发展，从而提高产量。目前适合于优质油菜的种植方式主要有两种，即等行种植与宽窄行种植。等行种植即行间距离相等，一般行距大于株距或等于株距。行株距的大小应根据各地区气候条件、土壤肥力水平以及品种特性而定。生产上一般要求在保证密度的前提下，适当放宽行距，缩小株距，以充分利用空间和地力，并协调个体生长与群体生长的关系，达到增产目的。宽窄行种植即宽行距与窄行距相间种植。这种方式进一步调整了行间距，更有利于行间通风透光，也便于田间管理，如是旱作，则有利于后作物的适时播种，达到全年增产。

四、科学施肥

1. 油菜对各种营养元素的需求

油菜生育期长，株体高大，枝叶繁茂，是一种需肥量大的作物。根据油菜生长发育中所需营养元素量的多少，大致可分为两大类，即大量元素和微量元素。大量元素主要有氮、磷、钾、硫、钙、硅、镁等。大量元素在油菜植株体内的含量远远超过微量元素，一般为单株干物重的0.2%～5.0%。其中，以氮元素含量最高，其次是钙、钾，再次为磷、硫、镁。微量元素主要有铜、硼、锰、锌、铁等。微量元素在油菜体内的含量一般为7.4～256.5mg/ kg，以铁含量最高，其次是锌、锰，再次为硼、铜。下面重点介绍油菜对氮、磷、钾、硼等元素的需要。

(1) 氮素营养。油菜不同时期植株含氮量占植株干重的1.2%～4.5%，前期含量高，后期含量低。这些氮素与碳水化合物结合形成各种形态的含氮化合物，以形成蛋白质、叶绿素、核酸和一些游离态的氨基酸。油菜从土壤中吸收无机态的氨态氮与硝态氮，还有有机态的天门冬酰胺、谷酰胺类氮化物。这些氮化物在油菜生长期内不断地被吸收，并在植株内进一步合成和分解。由于氮素是油菜生长期需要量最大的元素，大多数土壤提供的氮素都是不足的，需要施用较多的氮肥才能满足油菜生长发育的需求，从而获得高产。油菜缺氮表现为：植株生长瘦弱，主茎矮而细，分枝减少，叶色变淡，褪绿变黄，往往呈现紫色，老叶凋落，角果数减少，种子小而轻。

（2）磷素营养。磷是细胞油菜生长发育不可缺少的营养物质，磷是细胞核和核蛋白的组成成分，在油菜生长发育中，磷主要对能量传递体系起介质作用。在绿色叶片和果皮进行光合作用将光能转变成化学能的过程中，如形成三磷酸腺苷即ATP，需要磷酸参加，脂肪合成过程中的中间产物如磷酸甘油酯也需要磷参加。磷素直接参与碳水化合物的转化和运转，参与氨基酸、脱氨基、转氨基及脱羧基作用，影响氨基酸和蛋白质的分解和合成。磷能促进细胞分裂和增殖，苗期促进根系发育，增强抗寒能力。

磷对油菜品质的影响：任沪生等人（1963）经过两年多次重复试验，认为磷肥有提高种子含油量的作用，但氮、磷配合有降低含油量的趋势。抽薹以前配合氮素比抽薹以后配合氮素降低含油量更少。冬油菜施磷肥，油酸、亚油酸、亚麻酸和二十碳烯酸均有所增加，而芥酸则明显减少。

油菜缺磷的影响：主要表现为植株体内含磷下降，其氮磷比例相应发生改变，由正常植株的（3～5）：1变为（10～12）：1，使过多的氮素形成叶绿素，叶片变成暗绿色。缺磷还会引起根系发育不良，叶片变小，叶肉变厚。严重缺磷时，叶片变成暗紫色，并逐渐枯萎，以致不能抽薹开花。中度缺磷，则分枝及角果减少，籽粒不饱满，产量显著下降。在油菜生长期内，土壤速效磷含量应保持在10～15 mg/kg。若速效磷含量小于5 mg/kg，土壤容易出现缺磷症状，必须及时补施磷肥。

（3）钾素营养。钾和镁是所有植物都必需的两种营养元素，油菜对钾的吸收量比磷多。单纯依靠土壤的天然供应量往往不能满足油菜的生长需要，必须通过施用钾肥来提高油菜的产量和品质。钾对油菜体内各种重要的酶类起着活化剂的作用。钾能促进碳水化合物的合成与转化，促进氮素的吸收与利用，直至形成蛋白质。同时，它还能使植株体内的机械组织发达，增强其抗倒伏性与抗病性。另外，钾还能提高细胞液浓度和细胞渗透压，从而增强油菜的耐寒能力。

钾对油菜品质的影响：目前国内外有关研究表明，钾肥对油菜含油量、脂肪酸成分、蛋白质的含量没有多大影响。关于钾肥对油菜硫甙含量的影响的研究极少。

油菜缺钾的影响：油菜缺钾时，引起代谢紊乱，体内主要有机物的合成、光合作用和呼吸作用异常。由于钾在植株体内的移动性大，所以缺钾症状首先出现在最下部的叶片上。具有3～4片真叶的幼苗缺钾时，由于花青素增加，叶片和叶柄有的呈现紫色。随后在下部叶缘可见“焦边”和淡褐色至暗褐色枯斑，叶肉组织呈明显烫伤状。植株明显缺钾时，叶片细胞失去膨压而枯萎。叶片的症状出现后，进一步发展则茎秆表面出现褐色条斑，病斑连成一片时，茎秆枯萎折断，造成现蕾开花不正常。严重缺钾时，出叶慢，各生育阶段推迟，根系弱小，颜色由白变黄，活力减退，菜籽产量与含油量均明显下降。

（4）硼素营养。硼是油菜不可缺乏的微量元素，它在植株代谢中起着重要作用。研究证明，淀粉磷酸化酶的作用与硼有关。硼的存在有利于碳水化合物的运转。缺硼时，作物体内的游离氨基酸增加，蛋白质减少，酚氧化酶活性异常增高。硼能促进钙及其他阳离子的吸收，从而促进细胞壁质和细胞间质的形成，而且使其被固定于组织内不易移动。硼对于花粉、花粉粒中生殖核的分化，子房和胚珠的分化发育，受精过程，胚的发育来说都是必需的，因此缺硼会造成“花而不实”。

油菜缺硼的表现：油菜需硼量较其他作物多，当土壤中含硼量低于0.4 mg/kg时，植株即表现缺硼症状。土壤严重缺硼时，油菜苗、薹期即可发病，病株萎缩死亡；土壤轻度缺硼时，花期出现症状，病株花而不实。苗期土壤严重缺硼时，幼根停止生长，没有根毛或侧根，根皮变褐色，皮层龟裂，以至脱落坏死；幼叶缺绿变褐，逐渐扩大，蔓延至整个生长点，生长点由褐色变焦枯，遂成死苗。薹期缺硼时，根系发育不良，须根极少，表皮褐色，皮层龟裂；中部叶片先变暗绿色，叶质增厚、易脆、倒卷，叶缘先变为紫色，后变成蓝紫色，叶片提早脱落；抽薹迟缓，有的薹茎极度缩短，成为矮化株形。花果期缺硼时，花序顶端花蕾退绿变黄，萎缩干枯或脱落；开花不正常，胚珠萎缩不能发育成正常种子，形成空果；茎秆中下部皮层出现纵向开裂；角果皮和茎秆呈紫红色至蓝紫色。另外，缺硼会使植株输导组织发育不良，严重影响糖分向结实器官运输而滞留在营养器官中，同时会导致光合机能下降，影响有机营养物质的积累。

油菜缺硼的地区，应根据土壤缺硼的具体情况，合理施用硼肥。朱洪勋等（1989—1993年）进行施硼方式及硼肥喷施时间的试验结果表明，苗期、薹期各喷一次0.2%硼砂溶液比单独浸种或作底肥的增产效果好，比对照不施硼的增产11.4%，在苗期、薹期、初花期分别喷药比在苗期、薹期或初花单独喷一次药的效果好，比对照喷清水的增产16.2%。硼砂溶液以0.2%的效果最好，比对照喷清水的增产17.8%。喷硼后使菌核病发病率降低28.6%～68.8%。

2. 油菜施肥的原则

油菜合理施肥的总原则是以油菜营养生理的基本特点为依据，保证土壤具有油菜生长发育最适宜的营养状况。

在施肥技术上，首先必须根据产量指标来确定施肥水平。

具体的施肥量和各种元素的配比，要与土壤的养分含量相适应，并保持土壤养分平衡。施肥的时期、次数，要按照油菜对养分吸收利用的最大效应期和最多吸收期加以调整，以最大限度地实现肥料的经济效益。

油菜是需肥较多的作物，根据杨经泽研究，亩产100～150 kg的甘蓝型油菜，亩施纯氮（N）12.5～15 kg，磷肥（P_2O_5）7.5～10 kg，钾肥（K_2O）10 kg，其氮、磷、钾的比为1∶0.5∶0.7。

施肥时，首先安排好底肥与追肥的比例。一般地区，底肥可占总肥量的30%～60%，瘠薄地应多施底肥，有利于活土肥苗，迟效肥多的应多作底肥。总肥量大的，也应增加底肥，避免追肥过多过猛造成副作用。在追肥中，要合理安排苗肥、开盘肥（蜡肥）、薹肥、花肥等的施肥量。一般以苗肥、薹肥为重点。在高产施肥中，通过控制施肥期和施肥量来调节营养生长与生殖生长、地上部与地下部的关系，达到稳定、高产、优质、高效的目的。四川省农技推广总站经过多年试验，总结出油菜施肥的原则为“施足底肥、早施提苗肥、重施开盘肥、看苗施好蕾薹肥”，底肥、提苗肥、开盘肥分别占30%、30%、40%。

根据油菜的需肥规律，从底肥到追肥都应配合施用氮素肥料。由于目前油菜产区的土壤普遍缺磷，油菜幼苗对磷的敏感性最强，需要在底肥中配合磷肥。但磷酸易被土壤中的铁、铝等离子所固定，当土壤的有效磷含量丰富时，再施磷肥亦无增产效果，故不宜盲目增施。除一般沙性土壤外，土壤的含钾量较为丰富，但也有不少土壤速效钾和缓效钾不够充足，需要在基肥中配合施用钾素肥料。在底肥中增施草木灰和有机质肥料，也可补充油菜的钾素营养。

五、加强油菜大田田间管理

油菜大田田间管理分为三个阶段：一是大田苗期田间的管理，二是蕾薹期的田间管理，三是花果期的田间管理。

1. 油菜大田苗期的田间管理

油菜从移栽到现蕾这段时间称为苗期，冬油菜苗期很长，一般占全生育期的一半以上，为了充分利用越冬前的较高气温促进幼苗多长叶、快发根，扩大绿叶面积，制造较多的有机养分，促使生长锥多分化出茎节和叶片，促进花芽分化和腋芽发育，应做好以下工作。

（1）早施提苗肥，重施开盘施。提苗肥施用以早为好，有利于在 11 月较高温度下促进多长叶、快发根。苗期追肥，一般应追施 2 次。第一次在移栽成活后立即追肥，在移栽后 7～10 天，以速效肥为主，每亩施粪肥水 1 000～1500 kg 加速效氮肥 5 kg 左右。移栽后 20～30 天内第二次追肥，亩用肥量与第一次相同。开盘肥也叫“蜡肥”，是油菜越冬期的一次重要施肥。由于越冬期是油菜根系生长、叶片绿叶面积扩大、制造和积累有机养分的时期，也是花芽开始分化、腋芽开始萌动和发育的重要时期，必须保证充足的养分供应。开盘肥除保证苗后期的养分供应外，其作用还要延续到以后的各生育时期，所以开盘肥是继底肥之后，肥效时间最长的一次肥。开盘肥应以迟效肥和速效肥结合、有机肥和无机肥配合。施肥量一般占总肥量的 40%左右。可亩施发酵油饼 20 kg 左右或复合肥 20 kg，粪肥水 15～20 挑或氮素化肥 7～10 kg。

（2）清沟排水、中耕、化学除草。丘陵冬油菜区主要以稻田为主，地下水位较高、土壤湿度较大，特别是秋雨多的年份，土壤胀水严重，不利于油菜根系生长，形成湿害，应经常清沟排水，降低土壤湿度，减轻湿害。稻田土壤比较黏重，失水后容易板结，再加上10—12月份气温较高，容易滋生杂草，不利于油菜根系发育和幼苗生长，因此应在油菜移栽成活后结合追肥进行一次深中耕，以调节土壤湿度，提高土壤温度，彻底清除杂草，为节省劳力、提高效率和保证质量，在优质油菜生产基地应统一进行化学除草。油菜田杂草主要是禾本科杂草和部分阔叶杂草。

（3）中耕培土保温防冻。在苗后期结合施用开盘肥（腊肥）进行一次中耕除草和培土，可起到疏松土壤、改良土壤通气状况、提高土温、使土壤水分状况适宜、有利于养分分解的作用，同时可以消灭杂草，减少病虫为害，有利于油菜根系良好发育，还可起到保温防冻作用，对防止后期倒伏也有一定的效果。

（4）增施硼肥。对含硼量在0.4 mg/kg以下的缺硼土壤，苗期和薹期增施硼肥的效果最好。朱洪勋等（1989—1993年）进行了不同施硼时期和不同施硼方法的试验，结果表明，苗期、薹期分别喷施硼肥效果最好，比拌种和作底肥以及苗期、薹期或花期单独喷施硼肥的增产效果显著，比不施硼的对照增产11.4%，硼砂溶液浓度以0.2%效果最佳。

（5）化学调控。油菜大田幼苗前期是培育壮苗夺取高产的重要时期，栽培管理上应以促进为主，促、控结合。对于播种早、施肥足、气温高以及部分杂交种幼苗，有可能出现部分徒长旺苗，表现为苗势高大，叶片多而大，叶柄长，叶色深，叶肉组织柔嫩，有的缩茎开始伸长，有可能提早封行，针对这种情况，采用化学调控是最有效的方法。目前主要采用的调控药物是多效唑。据江苏建湖县农科所王兆唐等（1989）的试验，在油菜越冬前（11月6日）喷施多效唑，亩用15%多效唑可湿粉性剂20 g或30 g，兑水100 kg，喷雾，对开花结实无明显影响，株高和成熟期与对照相同，越冬期的防冻保苗效果好，每亩角果数、籽粒数增加，产量较对照增产141.4%～146.1%。

2. 油菜蕾薹期的田间管理

油菜蕾薹期是从油菜现蕾开始（肉眼可见植株心叶部位的幼小花蕾）到初花（25%植株开始开花）为止所经历的一段时间，在长江流域冬油菜区是从1月底、2月初（立春前后）到2月底、3月上旬（惊蛰节），经历25～35天。蕾薹期的长短与品种和温度有关。一般偏春性的早熟品种，现蕾抽薹较早，蕾薹期较长；偏冬性的迟熟品种现蕾抽薹较迟，蕾薹期较短。如气温高于10℃，现蕾后即迅速抽薹；气温低于10℃时，现蕾到抽薹的日数就较长。

油菜蕾薹期由于气温回升，植株处于旺盛的营养生长与旺盛的生殖生长同进阶段。植株的营养器官根、茎、枝、叶均在这一时期最后长成。生殖器官花蕾也在这一时期大量分化和发育完成，而且是有效性较高的时期，也是需要和吸收养分量最多的时期和形成有效分枝与有效角果的重要时期。

（1）因地制宜看苗施好蕾薹肥。蕾薹期是油菜一生中吸收肥料最多的时期，中国农业科学院油菜研究所的研究表明：在蕾薹期仅30天左右的时间内，油菜吸收氮素占全育期总吸收氮量的45.8%，磷素占21.7%，钾素占54.1%，是氮、磷、钾日平均积累的高峰。蕾薹肥在施用时应根据不同产区气候特点和植株生育规律，因地制宜，合理施用，以既保证养分供应，促春发稳长，又不早衰、不贪青晚熟为原则。现蕾时，植株长势差的宜早施重施，如前期施肥足、植株长势旺的应少施和不施。

（2）硼肥施用。硼肥的施用，根据朱洪勋等（1989—1993年）研究结果可知，在油菜苗期和薹期施硼肥效果最好，用0.2%的硼砂水溶液喷射叶面效果最佳，比对照增产17.8%，还可使菌核病发病率降低28.6%～68.8%。

（3）预防春寒冻害。油菜在0℃以上的温度和较长日照条件下开始现蕾抽薹。一旦现蕾抽薹，抗寒力就减弱，遇到0℃左右的低温，就有可能受冻。在氮肥多而磷钾肥少的田块，易造成这种冻害。现蕾抽薹期提早（播种过早），偏施氮肥，会导致植株生长过旺，冻害均较严重。预防冻害的主要措施是合理施肥，提高植株的抗寒能力，防止施氮肥过多，形成旺苗徒长，降低了抗寒力。增施磷钾肥，蕾薹受冻后可以采取割薹办法，用刀割除冻薹，追施速效肥，撒草木灰等抗冻。

（4）化学调控。油菜蕾薹期是油菜进入旺盛的营养生长和生殖生长的时期，但仍以营养体生长占优势。在气温高、施肥足、密度大等因素的影响下，营养生长与生殖生长失调，植株容易生长过旺，造成茎秆嫩弱，叶片肥大，田间荫蔽严重。

根据试验结果可知，以薹高30 cm左右，亩施50 g 15%的多效唑粉剂兑水50 kg效果最好。经多效唑处理后，植株初花期、终花期和成熟期将延迟2～3天。

3. 油菜花果期的田间管理

油菜花果期是指油菜始花至成熟所经历的一段时期，包括开花期和角果发育期两个生育时期。开花期指始花至终花，角果发育期指终花到成熟，但实际上从始花起，幼嫩角果便陆续在长大，即边开花、边结果。

油菜进入花果期，是油菜生理上的一个重大转折。花果期之前以营养生长为主，进入花果期之后，开始了以生殖生长为主的生育时期，只有少量的营养生长。到角果发育期，则进入完全生殖生长的时期，也是直接形成产量的时期。

（1）防治菌核病。菌核病是目前油菜生产中的头等病害，危害极大而又难于防治。土壤、油菜茎秆、种子都可能带菌。

菌核在土中两三年不死，但在淹水一个月的情况下大部分死亡。菌核病在温暖潮湿的条件下发病严重。油菜初花期前后，土壤中的菌核萌发，但症状要在结实期特别是成熟前大量表现出来，而病菌的侵染感病是在初花期，因此菌核病的防治重点在初花期。

（2）巧施花果肥。油菜蕾薹肥的施用基本上满足了油菜蕾薹期营养器官迅速生长的需要。初花以后至成熟还需经历 60 天左右，主要是生殖器官花、角、种子的发育。除气候因素影响外，养分供应不足是造成油菜结实率低的重要原因之一。特别是优质油菜生长势弱，后期容易出现早衰现象。因此应在初花期或终花期增施叶面肥。如前中期施肥足，植株生育正常的，可不施花果肥。

花果肥主要以速效氮磷肥进行叶面喷施，如苗、薹期未施硼肥的，可在初花期氮、磷、硼肥一起施用。西南农学院在油菜开花期和结果期喷施 1%过磷酸钙，油菜籽千粒重分别比对照增加 0.08 g 和 0.12 g，含油量提高 3.71%和 4.2%。

（3）灌溉与排水。油菜生育期长，植株高大，枝叶繁茂，是一个需水较多的作物，而油菜薹期和花期是需水最多的时期。春旱的地区需要进行灌溉，春雨多的地区应清沟排水，降低水位，降低土壤湿度，防止渍害。

第四节　稻茬油菜免耕栽培技术

一、稻茬油菜免耕栽培技术的增产机理

稻茬油菜免耕栽培是在油菜直播或移栽前采取不翻耕土地，通过化学除草，直接挖浅窝或撬窝播栽油菜的一种方法。

近年来，随着种植业结构的调整。免耕栽培技术的推广面积越来越大。据四川省农技推广总站和四川省农科院研究，稻茬油菜免耕高产栽培技术增产机理主要有以下几点。

1. 免耕保持了土壤的良好结构

实行免耕栽培，使土壤孔隙和前茬作物根系网络不受损坏，构成上下连通体系；避免了过湿耕作对土壤结构的破坏，表土没搞浆，底土没压板，有利于根系的生长和土块内部养分释放；免耕未打乱土层，前茬肥料残存表土较多，表土肥力较高，有机质、有效氮、有效磷分别比翻耕高 24.3%、7.0%和 8.4%。耕作层土壤结构良好，毛细管孔隙高 4.12%，土壤容重适中，固、液、气三相比例协调，土壤肥力分布上高下低。这些都有利于油菜生长，促进“秋发”。据调查，冬至时免耕油菜单株绿叶为 11.9 片，比翻耕多 0.76 片，苗高增加 7～10 cm，单株果数增加 6.9%，每果粒数增加 0.26 粒，千粒重增加 0.03 g。

2. 免耕能保证油菜适时早播早栽

免耕栽培油菜不受整田限制，避免了由于田湿土软整地困难，延误播栽期，一般可比翻耕提早栽期 5～7 天。做到中苗早栽，延长本田生育期，有效利用秋季温、光资源，积累较多干物质，增加果粒数。

3. 免耕能提高移栽质量

翻耕田土壤过干过湿都难以整细，特别是下湿泥田，土块粗大，表层高低不平，形成许多大孔洞，漏水、漏肥、漏风，油菜栽后缺窝死苗多，生长不整齐。而免耕田土壤表面平整，紧密适度，挖窝深浅、稀密易于掌握，规格质量易保证。表层土壤肥沃，油菜栽后返青快，缺窝死苗少，生长整齐，有利于平衡增产。

4. 免耕有利于前期排湿、后期抗旱

免耕土壤结构未受破坏，毛细管上下连通，排水供水性好。前期雨多时，多余的水可随表面径流及时排出田外，减轻湿害；后期干旱时，土壤深层水分沿毛细管上升供给植株需要。据调查，干旱条件下，免耕田耕作层土壤含水量比翻耕高3.2%～4.4%，雨多时的湿田，含水量比翻耕低2.2%。

5. 免耕有利于抗倒伏

据剖面调查与同位素示踪测定，免耕油菜根系发达，扎根较深，支根数多，有利于抗倒伏；免耕根系多分布在30 cm土层内，可伸展到60 cm土层，而翻耕栽培的根系主要集中在20 cm土层内；免耕油菜单株支根数52.4条，比翻耕多9.9条。花期根系活力强于翻耕且下降慢，初花期用P^{32}标记后7天、14天和23天测定每分钟脉冲数，免耕油菜分别比翻耕高42.4%、51.7%和17.7%；至末花期，根系活力下降百分率翻耕油菜（50.7%）大于免耕油菜（42.8%），说明免耕油菜根系并不早衰。

综上所述，与翻耕相比，稻茬油菜免耕栽培技术的主要特点是：具有较好的土壤生态环境，保持了良好的土壤结构，水、肥、气协调，表土层肥力较高，抗旱排湿，土壤水分状况较好；有助于油菜早播早栽，提高移栽质量，返青快，缺窝少，生长整齐，壮苗早发，根系发达，抗倒伏力强，单株果数、粒数增加。因此，稻茬油菜免耕栽培技术是在特定生态条件下对油菜栽培技术的发展，是传统耕作与现代技术的有机结合，是提高油菜单产、促进大面积平衡增产的一项费省效宏措施。该技术对改造冬水田，提高下湿田、泥田油菜的产量有重要作用。

除增产外，免耕油菜还具有省工节支的优点。据四川省农技推广总站调查，每亩免耕油菜节约生产费用20元以上，省工6～12个。

二、稻茬油菜免耕栽培技术的要点

稻茬油菜免耕栽培除常规栽培管理外，还要抓好以下两点。

1. 适时开沟排水

一般在水稻散籽时，及时开好边沟与中沟；水稻收获后，按厢宽4～5m（泥田、下湿用2～3m）开好厢沟，清理好边沟，边厢沟宽18～20 cm，做到沟沟相通，排干积水。

2. 做好化学除草

四川秋季气温高，雨日多，水稻收后，杂草滋生，播栽前做好化学除草至关重要，一般在油菜播栽前2～3天用“克芜踪”“盖草能”等喷雾除草，做到均匀喷药，不重不漏。

第五节　四川省“双低”油菜品种介绍

一、蓉油12

系成都市第二农业科学研究所育成的甘蓝型“双低”三系杂交油菜品种。种子芥酸含量低于0.12%，商品菜籽中硫代葡萄糖苷含量为15.69 μmol/g 饼，含油量为39.24%，丰产性好，2003—2004年省区试中比对照田增产13.07%，一次分枝10个左右，单株有效果509.6个，角粒数15.6粒，千粒重2.94 g，全生育期222天。抗菌核病能力强于对照。适宜在四川省平坝、丘陵区种植。

二、川油 58

系四川省农科院作物所选育的甘蓝型“双低”中熟三系杂交油菜品种。种子芥酸含量为 0.27%，商品菜籽中硫代葡萄糖苷含量为 28.47 μmoL/g 饼，含油量为 39.97%，丰产性好，2004—2005 年省区试中比对照田增产 12.1%，一次分枝8～12个，单株有效果 519 个，角粒数 12.3 粒，千粒重 4.02 g，株高 180～210 cm，全生育期 220 天，比中油 821 短 2～4 天。抗菌核病能力与中油 821 相近，需肥量少。适宜在四川省平坝、丘陵区种植。

三、德油 6 号

系德阳市科乐油菜研究开发有限公司选育的甘蓝型“双低”中熟核不育两系杂交油菜品种。种子芥酸含量为 0.15%，商品菜籽中硫代葡萄糖苷含量为 27.29 μmol/g 饼，含油量为 39.04%，丰产性好，2002—2003 年省区试中比对照田增产 9.73%，一次分枝 9～11 个，单株有效果 476.9 个，角粒数 13.7 粒，千粒重 3.21 g，株高 200 cm 左右，全生育期 215 天。抗菌核病和病毒病能力、抗寒力和抗倒伏力均较强。适宜在四川省大部分平坝、丘陵区种植。

四、蜀杂 10 号

系四川大学生命科学学院选育的甘蓝型“双低”中熟三系杂交油菜品种。株高 200 cm 左右，种子芥酸含量为 0.20%，商品菜籽中硫代葡萄糖苷含量为 46.80 μmol/g 饼，含油量为 39.42%，丰产性好，省区试中比对照田增产 13.40%，一次分枝 8～10 个，单株有效果 500 个左右，角粒数 15～17 粒，千粒重 3.17 g，全生育期 215 天。低抗病毒病，低感菌核病，耐寒力与对照组相近，抗倒伏力较弱。适宜在四川省平坝、丘陵区种植。

五、德油 9 号

系四川省什邡市阳光农业科学推广所和四川省农技推广总站选育的甘蓝型“双低”中熟三系杂交油菜品种。株高 220 cm，种子芥酸含量为 0.28%，商品菜籽中硫代葡萄糖苷含量为 26.78 μmol/g 饼，含油量为 36.6%，2003—2004 年省区试中比对照田增产 7.72%，一次分枝 9～12 个，单株有效果 504.6 个，角粒数 13 粒，千粒重 3.6 g，全生育期 220 天。低抗至高抗病毒病，低感至中感菌核病，耐寒力和抗倒伏力较强。适宜在四川省大部分平坝、丘陵区种植。

六、绵油 17

系四川省绵阳市农业科学研究所选育的甘蓝型“双低”中熟核三系杂交油菜品种。株高 195 cm，种子芥酸含量小于 0.48%，商品菜籽中硫代葡萄糖苷含量为 30.52 μmol/g 饼，含油量为 39.31%，2004—2005 年省区试中比对照田增产 7.07%，一次分枝 9 个，单株有效果 538.7 个，角粒数 13.1 粒，千粒重 3.39 g，全生育期 224 天。低抗病毒病，低感菌核病，耐寒力与对照组相当，抗倒伏力较强。适宜在四川省大部分平坝、丘陵区种植。

七、川油 33

系四川省农科院作物所选育的甘蓝型“双低”中熟三系杂交油菜品种。株高 205～210 cm，种子芥酸含量 1.02%，商品菜籽中硫代葡萄糖苷含量为 27.82 μmol/g 饼，含油量为 37.00%，丰产性好，2003—2004 年省区试中比对照田增产 11.28%，一次分枝 9～11 个，单株有效果 447.3 个，角粒数 12.8 粒，粒大，千粒重 4.26 g，全生育期 220 天。低抗至高抗病毒病，低抗菌核病，耐寒力与对照相近，抗倒伏力不及对照组。适宜在四川省大部分平坝、丘陵区种植。

八、蓉油 13

系成都市第二农业科学研究所育成的甘蓝型“双低”三系杂交油菜品种。株高 215 cm，种子芥酸含量为 0.08%，商品菜籽中硫代葡萄糖苷含量为 22.94 μmol/g 饼，含油量为 37.8%，丰产性好，2003—2004 年省区试中比对照田增产 11.31%，一次分枝 10 个，单株有效果 506.9 个，角粒数 15.4 粒，千粒重 3.04 g，全生育期 220 天。低感至中抗病毒病，低感至低抗菌核病，耐寒力、抗倒伏力比对照组强。适宜在四川省平坝、丘陵冬油菜区种植。

九、蓉油 15

系成都市第二农业科学研究所育成的甘蓝型“双低”三系杂交油菜品种。株高 215 cm 左右，种子芥酸含量小于 0.23%，商品菜籽中硫代葡萄糖苷含量 29.82 μmol/g 饼，含油量较高达 42.238%，丰产性好，2005—2006 年省区试中比对照田增产 14.76%，一次分枝 11 个，单株有效果 521.4 个，角粒数 14.4 粒，千粒重 3.78 g，全生育期 226 天。低抗病毒病，中抗菌核病，抗倒伏力比对照强，耐寒力不及对照组。适宜在四川省平坝、丘陵地区种植。

十、南油 12

系南充市农业科学研究所育成的甘蓝型“双低”三系杂交油菜品种。株高 217.7 cm，种子芥酸含量小于 0.13%，商品菜籽中硫代葡萄糖苷含量为 17.51 μmol/g 饼，含油量为 40.92%，丰产性好，2005—2006 年省区试中比对照田增产 11.26%，一次分枝 7 个，单株有效果 554.5 个，角粒数 15.9

粒，千粒重 3.2 g，全生育期 226 天。低感病毒病，中抗菌核病，耐寒力与对照相当，抗倒伏力比对照组强。适宜在四川省平坝、丘陵区种植。

十一、宜油 15

系宜宾市农业科学研究所育成的甘蓝型“双低”核不育两系杂交油菜品种。株高 209.9 cm，种子芥酸含量为 0.25%，商品菜籽中硫代葡萄糖苷含量 19.49 μmol/g 饼，含油量较高达 41.36%，丰产性好，2005—2006 年省区试中比对照田增产 11.93%，一次分枝 7.7 个，单株有效果 516.1 个，角粒数 15.79 粒，千粒重 3.45 g，全生育期 226 天。低抗病毒病，低抗菌核病，抗倒伏力较弱，耐寒力不及对照组。适宜在四川省平坝、丘陵区种植。

第八章　花　　生

花生是四川省的主要油料作物之一，栽种面积仅次于油菜居第二位。近年来，在贯彻“稳粮增收调结构”的农业发展方针后，花生生产迅速发展，2005年的全省种植面积已达395.9×10^4亩，比1995年扩大120×10^4亩，扩大43.5％。随着农业结构的战略性调整和西部大开发战略的逐步实施，四川省的花生生产还将进一步发展。

第一节　花生的经济地位

一、经济价值高

花生是经济价值较高的农作物，据农业部2000年11月份国内各信息网点的调查，花生米的综合市场价为每公斤4.97元，为同期油菜籽单价的2.62倍、中籼稻谷的5.12倍、小麦的5.07倍、玉米的5.63倍、大豆的2.06倍。四川花生果市场价为每公斤2.6～3.0元，亩产200～250 kg，产值520～750元，相当于520～750 kg稻谷或玉米的产值。花生是产业链较长的作物，通过加工和商业环节可实现较高的增值，粗加工沙炒花生每吨增值800～1 000元，深加工盐脆花生每吨增值3 000元左右。

二、营养价值高

花生营养丰富，国内推广品种的籽仁粗脂肪含量（干基）为49%～55%、粗蛋白含量为24%～30%，不饱和脂肪酸占80%以上，吸收利用率高，生理功能很强的亚油酸占20%～35%，能降低血脂和胆固醇，蛋白质的消化系数达90%，易于吸收利用。花生仁还富含维生素E、维生素B、维生素B_2、维生素B_6、维生素C和解毒功能很强的超氧物歧化酶(SOD)。经常食用花生，不仅能有效补充优质蛋白和脂肪，而且还有很好的保健作用。

三、优质饲料源

花生秆茎叶含粗蛋白13%、粗脂肪2%、碳水化合物47%左右，饲用价值比胡豆叶高一倍，是养殖业的优质饲料。亩产200～250 kg花生果，可产干茎叶250～300 kg。花生饼含粗蛋白55%左右，1 kg花生饼能增长猪肉0.8 kg，既可直接作饲料，也可作配合饲料的蛋白源。

四、养地效果好

花生根瘤菌的固氮能力强，其固氮总量的2/3供自身利用，能满足花生需氮量的50%～60%，余下1/3残留在土壤中供后作利用。亩产200～250 kg花生果，残留在土壤中的氮素（N）为3.4～4.3 kg，相当于7.4～8.7 kg尿素肥。种植花生对提高土地的肥力有良好作用。

第二节 生产概况

20世纪90年代，我国花生生产发展很快，1999年全国面积 6 402.7×10^4 亩，单产 197.4 kg，总产 1 263.9×10^4 t，比 1991 年分别扩大 48.2%，提高 35.3%，增加 100.5%。2000 年面积又进一步扩大到 7 300×10^4 亩，总产达到 1 300×10^4 t 左右。“九五”期间（1996—1999 年），全国年均花生面积 5 867.4×10^4 亩，单产 188.8 kg，总产 1 107.8×10^4 t，比“八五”期间分别增加 16.3%、17.3%、36.4%。在 13 个主产区中，山东、河南、安徽、江苏、湖北单产均超过 200 kg，是 5 个高产省；山东、河南的生产规模最大，面积在 1 000×10^4 亩以上，总产分别接近 300×10^4 t 和 250×10^4 t，是我国第一花生优势产区；安徽、湖北生产发展最快，面积扩大 40%以上，单产提高 30%以上，总产增加 90%以上；四川 1986—2005 年年均面积 290.8×10^4 亩，平均单产 129 kg，平均总产 37.4×10^4 t，除面积增幅高于全国外，单产和总产增幅均低于全国。在西部地区，四川和广西并列为最大的花生省、自治区，1999 年四川花生面积占西部的 33.5%，总产占 36.7%，均略逊于广西居第 2 位，单产比西部高 9.5%，居首位。

第三节　花生的生育过程

花生属豆科落花生属栽培种一年生草本植物，是地上开花、地下结果作物，具有无限开花习性，其开花期和结实期很长。在栽培上，花生从种子播种到荚果成熟，整个生育期长短因品种而异，一般为 110～160 天，大体可以分为种子发芽出苗期、幼苗期、开花下针期、荚果发育成熟期四个生育时期。

一、种子发芽出苗期

（1）种子发芽出苗过程。

从花生播种到50%的幼苗出土并展开第二片真叶为种子发芽出苗期。发育健全而完好的种子，在适宜的温度、水分、空气条件下，胚根首先突破种皮向地下生长（发芽），接着胚轴迅速向上伸长（成为胚茎），将子叶和胚芽推向地面（顶土），当胚芽长大，第一片真叶展开时就叫出苗。在四川省川中盆地，3月下旬至4月上旬播种，出苗期需要25天左右，5月上、中旬播种，出苗期需8～15天。

（2）发芽出苗所需的外界条件。

①温度。花生种子发芽所要求的最低日平均气温为12 ℃（5 cm地温15 ℃），最适温度为25～30 ℃，37 ℃开始抑制，48 ℃停止发芽。发芽出苗所需的活动积温为180～340 ℃，有效积温为81～150 ℃。

②水分。花生种子发芽出苗过程中，需要充足的水分，促进贮藏物质的转化和运输，种子吸水量要达到自身干重的40%～60%才能萌发。到出苗期所消耗的水分相当于种子干重的4倍。出苗最适的土壤湿度为50%～60%，低于40%或高于70%都不能正常出苗。

③氧气。种子萌动后，呼吸作用不断增强，需要充足的氧气。若土壤板结或水分过多，通透性差，则缺乏空气，发芽出苗就会受到抑制，甚至烂种不能出苗。

二、幼苗期

从出苗到50%的植株开花称为幼苗期，简称“苗期”。这是侧枝分生、根系伸长和花芽分化的主要时期。花生苗期的长短，因品种与环境条件不同而有差异，连续开花品种苗期短，交替开花品种苗期长，在春播条件下历时25～35天，夏播20～25天。苗期主要以营养体（根、茎、叶）生长为主，同时有效花芽大量分化，根瘤菌形成和大量繁殖。花生苗期对氮素很敏感，需要充足的氮素，良好的光照条件是壮苗早发、花芽多、结瘤多的重要条件。

(1) 根系的生长。

种子发芽后，胚根迅速伸长成为主根，主根上长出侧根，侧根上又长出细根，从而形成圆锥根系。苗期根系生长比茎叶快，开花前主根入土可达 70 cm，侧根横展可达 60 cm。

(2) 茎叶生长。

幼苗出土后，顶芽生长成主茎，子叶节的两个侧芽长成第一对分枝，其后由主茎第一、二片真叶腋内长出第三、四个分枝（称为“第二对分枝”），与第一对分枝呈“十”字形排列，这一现象称为“团棵期”。在茎枝生长的同时，叶片也不断出现和长大，到开花前，珍珠豆型品种主茎上可长出 7～8 个复叶，普通型品种可长出 8～10 个复叶，叶色逐渐由浅变深。

(3) 花芽分化。

花芽即花序的前身（或原始体）。花生的花芽分化很早，普通型和龙生型品种的花芽分化在出苗时就开始了，珍珠豆型和多粒型品种在种子萌发时就开始分化。团棵期是花芽大量分化的时期，此期分化的花芽多数是有效的，开花期以后分化的花芽则多数无效。

(4) 对环境条件的需求。

①氮素。花生苗期需要氮素不多，约占全生育期需氮总量的 5%，但这时根瘤菌正处于繁殖阶段，不能（或很少）固氮，必须通过施肥使花生获得充足的氮素，促进根瘤发育和花芽分化。

②光照。良好的光照，可使花生节间短、分枝快，花芽分化良好；若光照不足、荫蔽大，则形成“高脚苗”，分枝慢、花芽分化少。套种时间过早，共生期过长，就会严重影响苗期

光照条件。

③温度、水分。苗期适宜的气温为 20 ℃左右，适宜的土壤湿度为 50%～70%。低温多湿，易发生早期叶斑病，高温多湿则根系发育不良，茎叶易发生徒长。

三、开花下针期

从开花到出现鸡嘴状的幼果，为开花下针期。此期的生育特点是花生植株大量开花、下针、结果，进入营养生长和生殖生长两旺阶段。

（1）开花。

花生出苗后 20～25 天开始开花，延续时间 50～80 天，但有效花期只在始花（10%的植株开花）后 30 天左右的时间内。在四川自然条件下，6 月底、7 月初以前开的花都能结成饱满果，早播、早出苗、早开花就能增长有效花期。花生是无限花序，开花顺序是自下而上、由内到外，在一般条件下，单株开花量可达 50～200 朵，但有效花只占 15%～20%。因此，培育壮苗使有效花期内的开花数多，结成的饱满果多，就能提高产量。

（2）下针。

果针入土称为下针。在开花后 3～6 天长出果针，基部小花在开花后 8～10 天下针，小花着生的节位愈高，果针愈长、愈软，入土时间愈晚，甚至不能入土下针。在开花期后 25～30 天进行浅培土可争取高节位的小花下针结果。

（3）花针期需要的条件。

①温度。花生播种后有效积温达到 360～440 ℃才能开花，开花期适宜的日平均气温为 23～28 ℃，日平均气温低于 21 ℃或超过 30 ℃开花就受到抑制，成针率显著降低。提早播种，把有效花期调节到高温季节之前，就有利于开花结果。

②水分。花生开花下针期需水较多，对水分很敏感，是水分的临界期。5～15 cm 土层的土壤湿度以 60%～70%为宜；若花期遇干旱，土壤湿度低于 40%，则开花中断，也不能下针；若雨水过多，土壤湿度超过 80%，又会发生徒长，开花数急剧减少。在开花期进行中耕松土、抗旱排渍，是促进花生多开花、多下针、多结果的有效措施。

③光照。开花期光照充足，能使植株生长健壮，开花多而集中；若光照不足，植株生长瘦弱，开花量显著减少，结果就少，产量低。

四、荚果发育成熟期

（1）果发育过程。果针入土后 7 天左右子房开始膨大，13 天左右形成鸡嘴状幼果为结果期。30 天左右荚果长到最大，这段时间是荚果的膨大阶段。果针入土 30 天以后，荚果进入充实阶段，干重迅速增加，籽仁迅速膨胀，糖分向脂肪和蛋白质转化，外观果壳逐渐变硬，网纹明显，种皮逐渐变薄，呈现出品种固有颜色。果针入土后 50～55 天荚果成熟。一朵花从开放到荚果成熟，需 60～70 天。

（2）荚果发育所需要的条件。

①黑暗。无光是子房膨大的基本条件，悬空生长见光的果针其子房不膨大，即果针不入土就不能结实，入土太浅的果针荚果发育也不正常，果很小。

②温度。荚果发育的适宜土温（结果层）为 25～30 ℃，低于 17 ℃或高于 37 ℃，荚果发育基本停止。昼夜温差大有利于养分积累，徒长、倒伏、荫蔽都会影响荚果充实。

③水分。结果层适宜的土壤水分为 50%左右，水分过多则会造成荚果发育不良，甚至烂果。后期适当干旱（不造成萎蔫）对荚果充实有利。

④氧气。荚果发育需要充足的氧气，土壤板结、通透性差、氧气不足，荚果发育缓慢，空果、秕果多，饱果少，荚果小，容易烂果。中耕排渍、保持土壤疏松，是促进荚果发育、防止烂果的有效措施。

⑤矿质营养。花生结果期是整个一生中生长最旺盛期，对矿质营养的需要量最大，氮、磷、钾吸收达最高峰。氮的需要量占全生育期的48.5%、磷占49.5%、钾占66.4%，对钙的吸收量也较大。除氮素主要靠根瘤菌供给外，磷、钾、钙都靠根系和荚果从土壤中吸收。结果层中有充足的磷、钾、钙，或在此期间进行根外增施磷、钾、钙，就能促进荚果充实饱满。

第四节　花生的栽培制度

栽培制度是指前后作物的衔接关系及方式。根据四川夏旱、伏旱、秋涝频率高的气候特点，为了保证花生丰产丰收，在栽培制度上应以推广规范化麦套花生为主，适当发展油菜茬口花生，控制麦后花生，并实行合理轮作换地，用养结合，以少的投入提高单位面积上的总效益。

一、轮作换地

花生喜生茬忌连作，换土如上粪。花生连作，根瘤菌发育不好，病虫害严重，花生生长差，结果少、果子小，产量明显下降。连作1～3年减产10%～30%。在花生生产上应做好规划，合理布局，轮作换地，旱地面积少的区域至少保证隔年轮作。四川省较好的两年轮作方式有：

（1）小麦/花生＋小麦/玉米＋红苕；

（2）小麦/花生＋小麦＋红苕；

(3) 小麦/花生+黄豆+小麦/花生+黄豆(分带轮作);

(4) 小麦/花生+小麦+夏玉米+红苕;

(5) 小麦/花生+黄豆+小麦/玉米+黄豆;

(6) 小麦/花生+夏花生+小麦压米+红苕;

(7) 油菜(或豆类、大麦)+夏花生+小麦/玉米+红苕;

(8) 蔬菜一春花生+蔬菜一玉米+瓜豆一蔬菜;

(9) 蔬菜+春花生+蔬菜+小麦/玉米+红苕。

(注:/表示套作,+表示接茬,一表示间作)

二、套作花生

在同一块地上利用前茬作物生育后期的行间播种或移栽后季作物的种植方式称为套作。套作花生主要指小麦套种花生(包括小麦、花生、黄豆),套作花生播种较早,有利趋利避害(避开伏旱、秋涝),生产潜力高。套作花生种植方式有以下三种。

(1) 宽行麦套花生。秋播小麦时,小麦行距按 73～80 cm 开沟(行),小麦播幅 13～17 cm,采用小窝密植播 1～2 行。空行 60～63.0 cm,冬季种植蔬菜,4 月上、中旬蔬菜收后在此行间套种 2 行花生。

(2) 宽幅麦套花生。小麦行距 147～160 cm,小麦播幅 20 cm,播 2 行小麦,空幅 126.6～140 cm,冬季种植蔬菜,4 月上、中旬蔬菜收后在此行间套种 2 垄 4 行花生。

(3) 麦、菜、花、豆分带轮作。以双 80～83 cm、双 160～166 cm 分带距,即小麦播幅 80～83 cm(播 4～5 行)、空行 80～83 cm,小麦播幅 160～166 cm(播 8～9 行)、空行 160～166 cm,冬季种植蔬菜,次年 4 月中旬收完蔬菜后分别套种 2 行、4 行花生,小麦收后播种 2 行、4 行黄豆。秋播时花生带播小麦,黄豆带栽蔬菜,第二年花生、黄豆带位与第一年轮换。

三、夏播花生

夏播花生主要指小春（大麦、油菜、豌胡豆）收后播种的花生。一般可在 4 月下旬到 5 月上旬播种，花生出苗快，苗子整齐，6 月中旬可进入花期，有效花期一般为 20 天左右，产量较高。在品种选择上应特别注意选用早熟品种（天府 7 号、天府 10 号）。在栽培上可采取免耕播种或育苗移栽，力争迟中求早。

四、春播花生

春播花生主要是红苕收后休闲地、甘蔗换蔸地和蔬菜收后种植的花生。红苕休闲地主要在川西北和深丘、半山区，土地瘠薄，栽培粗放；甘蔗挽蔸地主要在川中丘陵和江河沿岸蔗区，因连作甘蔗三年，地力消耗大，蛴螬（老母虫）积累多。这两类地虽然可以早播，但一般花生产量都很低。

蔬菜地花生主要分布在沿江冲积平坝和城镇郊区，土质好，土壤深厚，肥力高，播种早，产量高而稳定，但这类土地面积很少。春花生要高产，可以采取增施肥料，整地时用辛硫磷等高效低毒农药防治地下害虫，实行垄作栽培、地膜覆盖栽培、增厚土层、提高土温，增强抗旱力等技术措施。

第五节　花生的栽培技术要点

一、适时早播

1. 早播的原则

“两够一不长”：温度够，日平均气温稳定在 12 ℃以上；水分够，要求表土 10 cm 土层充分湿润；与前作物共生期不宜太长，宽行（幅）套作花生共生期（从出苗期算起）不超过15天。

2. 适宜的播种期范围

红苕休闲地、甘蔗换蔸地、蔬菜地花生，在3月下旬至4月上旬；麦套花生在麦收前25～30天（即4月20日左右），川东南可偏早，川西北宜偏迟。小春连茬夏播花生在小春收后抢时播，并用清粪水浸窝，能促进早生，或采用育苗移栽，力求晚中争早。播种时遇干旱“宁迟勿早”采用等雨播或灌窝播种的方法。

3. 选种、浸种、催芽

（1）精选种子。播前带壳晒种2～3天，增加种子酶的活力，吸水快、发芽快。剥壳后剔除破籽、秕籽、霉、烂、油籽，再将种子分成两级，选籽仁饱满、大小均匀、种皮颜色正常的分为一级，小籽、半饱籽为二级，播种时先播一级种子，后播二级种子，便于将弱苗管理成壮苗。

（2）浸种。用“两冷一开”（35～40 ℃）温水浸种3～4 h，或冷水浸泡一昼夜。

（3）催芽。根据气候条件、土壤湿度确定是否催芽，温高、土壤干则不宜催芽。用草筐（窝）催芽，或采用催谷芽的方法催芽，“粉嘴”即可播种，催芽的适宜温度为25～30 ℃，时间为18～20 h。

二、合理密植

1. 密植增产的原因

花生产量的高低由单位面积上的窝数和单窝生产力（果重）构成。花生植株矮小，在大田生产条件下主要靠第一、二对枝结果（占80%～85%），群体内产量因数的自动调节能力很弱，密度对产量的影响很大。在一定的栽培条件和密度范围内，随着密度的增加，单窝分枝数相应有所减少，而群体内第一、二对分枝的总数则随密度增加而增多，产量也随之提高。1994 年、1995 年，渠县、乐至、顺庆、宜宾等地用天府 10 号、中花 2 号品种试验结果显示，当亩植 6 000 窝增加到 10 000窝时，每窝果数仅减少 2.9 个，而亩果数却增加了 8.8 万个，产量提高 28.6%。

2. 确定密度的原则

花生的生长发育与品种特性和外界环境条件（如气候、土壤、肥料、水分、栽培管理）有着密切的关系。在确定适宜的种植密度时，应当依据以下三个方面的原则。

（1）根据品种特性。晚熟品种宜稀，早熟品种宜密；植株高大的品种宜稀，株丛矮小的品种宜密；分枝多、叶片大、株型松散的品种宜稀，分枝少、叶片小、株型紧凑的品种宜密。

（2）根据土壤、肥力、气候条件，土层较厚、土质好、肥力高的宜稀，土层瘦薄、土质差、肥力低的宜密；气温高、雨水多的区域宜稀，反之宜密。

（3）根据栽培条件、前作生长状况。施肥数量多宜稀，施肥数量少宜密；前作长势旺宜稀，长势差宜密。

3. 适宜密度范围

花生密植能增产，但并非越密越好。据 1994 年、1995 年宜宾、乐至、顺庆、渠县等地试验，在亩植 6 000～10 000 窝范围内，产量随窝数增加而提高，当密度增加到 12 000 窝时，产量明显下降，与亩植 8 000 窝产量相近。适宜的密度为澧坝地亩植 8 500～9 500 窝，坡台地 9 500～10 000 窝，每窝播 2 粒，亩植 17 000～20 000 株。

4. 种植方式

恰当的种植方式是合理密植的重要内容，在安排花生种植方式时，应考虑以下两点。

（1）有利于通风透光。宽行密窝是比较好的种植方式。行间稀（宽）可推迟封行，有利于通风透光，窝间密能保证每亩足够的窝数。行距（或平均行距）以 36.7～40 cm 为宜，窝距以 16.7～20 cm 为好。

（2）有利于排水防涝。在四川省的花生生长季节中，虽常有夏旱、伏旱发生，但总雨量仍偏多，前期和后期常常积水（或胀水）成涝，影响花生植株生长和荚果发育，甚至造成烂果。采取垄作（垄高 10 cm 左右）栽培，既可增厚土层，增强抗旱性，发挥边行增产的优势，又利于排水防涝。据 1994 年、1995 年中江县农业局试验，垄作栽培比平作栽培每亩多收 20～21.2 kg、增产 8.8%～9.3%。

三、配方施肥

1. 花生的需肥情况

花生的需肥量较大，据省内 1987—1988 年多点试验研究结果，每生产 100 kg 花生，需吸收氮素（N）5.73 kg、磷素（P_2O_5）1.38 kg、钾素（K_2O）2.86 kg。花生需钙量也大，每生产 100 kg 花生需钙（CaO）2 kg。花生根瘤菌的固氮能力强，在低肥条件可供给花生需氮总量的 70%～80%，在中肥条件下可供给 60%～70%，在高肥条件下也可供给 40%～50%。

2. 因土配方施肥

南充市农科所和省农业厅土肥处 1987—1988 年在省内 13 个县紫色土、黄壤、新积土三大土类 10 种母质的 16 个土种试验研究结果可知，四川丘陵区几种主要土壤的基本特点是缺氮、少磷、富钾，根据土壤供肥能力，结合花生对氮、磷、钾的需肥要求，经济合理的“三要素”配方施肥模式如下。

(1) 中等紫色土：每亩氮肥（N）4.5 kg、磷肥（P_2O_5）6 kg、钾肥（K_2O）5 kg。

(2) 低产紫色土：每亩氮肥（N）6 kg、磷肥（P_2O_5）5 kg、钾肥（K_2O）4 kg。

(3) 酸性黄沙土：每亩氮肥（N）6 kg、磷肥（P_2O_5）5 kg、钾肥（K_2O）5 kg。

(4) 老冲积黄壤：每亩氮肥（N）7 kg、磷肥（P_2O_5）5 kg、钾肥（K_2O）6 kg。

(5) 新冲积潮沙土：每亩氮肥（N）4 kg、磷肥（P_2O_5）3 kg、钾肥（K_2O）6 kg。

在坡台地上采用这套模式，花生亩产可增加 50～84 kg。上述模式的氮、磷、钾用量加上花生根瘤菌的固氮能力，能在投入产出之间保持土壤养分的“动态平衡”，不会导致地力亏损。

3. 增施微肥、补充钙肥

(1) 钼肥。微量元素钼对花生根瘤菌固氮和开花、结实，提高产量、品质均有明显的效果。酸性土（pH<6.5）缺钼需增施钼肥，在播种时亩用钼酸铵 10～15 g，加助溶剂（碳铵）10～15 g，兑水 1 kg 拌种，亦可在苗期兑水 50 kg 喷叶作根外追肥。

(2) 铁素。碱性土（pH>7.5）容易缺铁，使植株上部叶片发黄（失绿症状）。发现缺铁性黄叶时，亩用硫酸亚铁（黑矾）150～200 g 兑水 50 kg 喷叶。一般喷施 2～3 次，每间隔 10 天喷一次效果最好。

(3) 钙肥。花生对钙素的需要量较大，仅次于氮、钾而高于磷。在酸性土和老花生产区易缺钙，造成荚果空壳多、籽粒不饱满。补充钙肥有利提高产量和品质，最好在花生下针期亩施石灰 30～40 kg。但不宜连续施用，否则会破坏土壤结构，降低土壤肥力。

4. 花生施肥技术

花生施肥要求做到“施足”“施早”“深施”。

（1）施足。以产定肥，一般亩产 200～250 kg 花生，要求亩施土杂肥 500～1 000 kg、尿素 10～15 kg（或碳铵 30～45 kg）、过磷酸钙 30～50 kg、草木灰 50～70 kg。因土合理选择配方，肥力低、土质差选择高量，还可适当增加氮素用量，肥力高、土质好应选用低量，并适当增加钾素的用量；酸性土增施钼肥，碱性土喷施硫酸亚铁，老花生产区和酸性土应补充钙肥。

（2）施早。花生的吸肥高峰虽然在结果期，但苗期对氮肥反映很敏感，且下针后施肥极不方便，因此花生施肥宜早。覆膜栽培、空地花生、宽行（幅）麦套花生应作底肥施用。追肥宜早，尤其是麦套花生受前作物影响植株生长瘦弱，应在麦收后亩用尿素 1～2 kg，兑清粪水 30～40 担灌窝提苗。夏花生生长期短，又是抢时播种，对播种时施肥不便和底肥不足的，应在齐苗后始花前及时追肥。

（3）深施。花生根系集中分布于地表下面 6.7～20 cm 的土层中，应采取底肥开沟施（肥沟深 10～13.5 cm）、追肥开窝施的方法，把肥料施入土层中便于根系吸收，同时减少流失浪费。

四、加强田间管理

1. 出苗期管理

应及时做好检土揭盖、治虫保苗、清棵促枝，确保苗齐、苗全，促进分枝早生快发，培育壮苗。

(1) 检土揭盖。开始出苗后，发现压苗的大土块、土壳应及时捡掉，盖上细土，以免“盘芽、闷芽”。

(2) 查苗补缺、治虫保苗。春播花生常遭小地老虎（土蚕）危害，咬食嫩枝、叶片，造成缺窝、幼苗生长差，发现缺窝应立即采取催芽补种或育苗移栽，保证苗全，并及时用1 500倍敌杀死喷苗治虫。

(3) 清棵促枝。将花生幼苗基部周围的土刨开，晾出两个子叶瓣，叫清棵。在花生基本齐苗时进行清棵，有抑制主茎生长、促进结果枝早生快发的作用。在一般条件下，对子叶出土的苗窝可以不清棵，但在高产栽培条件下，则必须普遍刨窝晾脚，使子叶下轴露出 0.5 cm 左右，才能起到良好的蹲苗促根、增枝壮苗的作用。在清棵后 15～20 天（初花期后），结合中耕掩土填窝。

2. 苗期、中期管理

此期是花生根系、枝叶迅速生长和大量开花、下针的时期。栽培管理的中心任务是保持土壤疏松、灭茬清除杂草，争取多开花、多下针、多结果，主要措施是中耕除草。在四枝期（团棵）前后，或麦收后除茬进行第一次中耕，初花期进行第二次中耕，这两次中耕要求做到行间深、窝边浅、草除尽、不伤苗、不压枝；第三次中耕可在开花后 25～30 天进行，清理垄沟，培植垄边，清除杂草，为花生下针结果创造良好环境。在大雨后，最好进行浅中耕破土面，以免水分急剧蒸发，造成表土板结，同时也可对被冲刷的植株进行扶苗培土。

花生下针期进行人工除草，易将入土的果针或结成的幼果带出土面，对花生产量影响很大。在香附子和杂草严重的地块，可用药剂防除。亩用苯达松 150 g 加盖草能 50～80 g 兑水 50 kg 或精克草能 40 g 兑水 30 kg 喷草，对花生无药害。

3. 中后期管理

此期花生的生育特点是地上部茎叶生长茂盛至逐渐减慢直到衰老，地下荚果形成，籽仁迅速充实至成熟。栽培管理的中心任务是抗旱排涝防烂果、控制徒长保稳长、治虫保果夺丰产，防病保叶促果饱。

（1）抗旱排渍防烂果。花生开花下针期对缺水最敏感，若遇严重干旱，最好用清粪水灌窝，待土干后立即中耕破土。荚果充实期最怕水涝，对胀水地块应做好理沟排水，避免出现黄苗或烂果。

（2）控制徒长保稳长。“茎叶嫩绿节间稀，植株高大叶柄长，雨后天晴萎搭搭，六月底前早封行”是花生徒长的标志，对发生徒长的地块，亩用多效唑 20～30 g 兑水 50 kg 喷叶，可抑制植株徒长，促使茎叶硬健。

（3）治虫保果夺丰收。为害花生的地下害虫主要有金针虫、蛴螬，在 6 月底或 7 月上旬，亩用 3%辛硫磷或甲基异柳磷颗粒剂 3～4 kg 拌细土撒窝，或用乳剂 0.5 kg 兑水 400～500 kg 灌窝防治。防治金针虫时间应提早。

（4）防病保叶促果饱。在 7 月中下旬至 8 月上旬。亩用 50%多菌灵 50 g、磷酸二氢钾 150～200 g（或用过磷酸钙 2.5 kg、草木灰 3 kg 分别浸泡一昼夜，取其澄清液）、尿素 0.5 kg，兑水 50 kg 叶面喷施，以防护叶斑病，保持足够的绿色叶面积，促进荚果饱满。

五、适时收获，安全贮藏

1. 花生成熟的标志

植株中下部叶片呈黄绿色，地下荚果果壳坚硬、网纹清晰，70%以上荚果成熟饱满，籽仁种皮呈品种固有颜色，说明花生已成熟。或按生育期来确定成熟收获期，春播 135～145 天，夏播 110～125 天。

凡作种用的种子，最好单收单晒，并要求及时晒干（含水量 10%以下），切勿堆捂，晒至咬成脆响、脱衣散瓣，即可贮藏。

2. 安全贮藏

花生贮藏应做到防鼠、防潮、防虫，切忌与农药、肥料同室同仓贮放。

第六节 花生地膜覆盖栽培技术

花生地膜覆盖栽培是 1978 年从日本引进的一项适用新技术。在严格的控制条件下试验，覆膜栽培比露地栽培每亩增产花生果 50～80 kg，在大面积生产上示范推广时，覆膜栽培起到主要技术措施的作用，带动了其他适用技术的推广，每亩增产 100 kg 左右甚至更多。覆膜栽培能更好地发挥花生的高产潜力，是争创花生千斤高产的重要措施。

一、花生覆膜栽培增产的原因

(1) 提高地温。地膜覆盖的增温效果很好，也有一定的保温作用。覆膜栽培的 5～10 cm 土层地温，播种至出苗期比露地栽培高 2～3 ℃、积温增加 25～26 ℃，出苗至开花期比露地栽培高 1.5～2.0 ℃、积温增加 35～37 ℃，中后期仍有一定增温效果。

(2) 保持土壤水分。地膜覆盖，既能减少土壤水分蒸发，又能减少雨水渗入土层，具有干旱能保湿、雨多能防渍的作用，能保持土壤水分相对稳定。干旱期间覆膜栽培 0～20 cm

土层、土壤湿度比露地栽培高 9%～11%，多雨涝渍期间则低 10%～20%，使土壤湿度基本上保持在 50%～70%范围内。

(3) 保持土壤疏松。覆膜栽培能阻止土壤水分急剧蒸发，保持土壤水分相对稳定，从而避免土壤板结，保持土壤疏松。花生收获后测定，覆膜栽培土壤容重比露地栽培少 0.18～0.20 g/cm^3，低 14.4%～16.0%。

(4) 加速土壤养分分解释放。由于覆膜栽培土壤疏松、水分适宜、地温较高，使土壤好气性微生物的活动增强，从而加快土壤养分分解释放，碱解氮提高 10^{-6})、速效磷提高 3.8×10^{-6}、速效钾提高 28×10^{-6}，氮肥、钾肥的利用率提高 45%以上，磷肥利用率提高 20%以上。

(5) 增加株间光照强度。地膜的反光性比地面好，覆膜栽培能更好地利用反射光。据山东省测定，晴天中午，覆膜栽培花生距地面 15～30 cm 处的反光率比露地栽培高 3%～9.0%，株间反射光强度高 1 000～2 000 Lx（勒克斯）。

(6) 促进早生快发，改善经济性状。覆膜栽培由于改善了土壤条件和株间光照条件，能显著促进生长发育，改善经济性状。和露地栽培比较，覆膜栽培出苗期提早 6～8 天，出苗率提高 3%～5%，开花期提早 6～10 天，成熟期（全生育期）提早 7～9 天，单窝成果数增加 4 个（9.9%），饱果数增加 2.8 个（9.1%），百果重增加 9 g（5.8%）。

二、地膜和除草剂的选用

(1) 地膜。从使用效果和成本考虑，以选用厚度 0.004～0.007 mm、幅宽 800～850 mm 的超微地膜较好，最好能选用带除草剂的降解膜。亩用量为 3～6 kg。

(2) 除草剂。目前适于花生覆膜栽培的除草剂主要有三种：一是 43%～48%的甲草胺（拉索）乳油剂，亩用量 150 mL；二是

50%的乙草胺（录莱利）乳油剂，亩用100 mL；三是扑草净可湿性粉剂，亩用40～50 g，均在覆膜前兑水50 kg喷施地面。

三、整地施肥作垄

（1）整地。花生覆膜栽培对土壤条件有一定要求，以轻壤土、二沙土、夹沙土为宜，整地要求深、细，清除残茬和石块等杂物。

（2）施肥。覆膜花生施肥量可按每100 kg花生果施氮肥（N）2.5 kg、磷肥（P_2O_5）2 kg、钾肥（K_2O）2～2.5 kg计算，计划亩产400～500 kg，需施氮肥（N）10～12.5 kg、磷肥（P_2O_5）8～10 kg、钾肥（K_2O）8～12.5 kg，紫色土施钾量可偏少，潮沙土、红沙土、黄沙土施钾量应偏多。以N计算，农家肥施用量必须占50%以上。每亩用辛硫磷颗粒剂3～4 kg，与肥料同时施用。按垄距定位，在垄厢正中开沟施肥，沟深8～10 cm，施肥后作垄盖肥。

（3）作垄。垄距80～83 cm，垄高10～12 cm，要求垄土细碎，垄面整平或呈微拱形。

四、盖膜、播种

先盖膜后播种还是先播种后盖膜，要因时因地而定。

（1）盖膜。将垄的两边斜铲下一层薄土，在垄面和垄边上喷上除草剂，盖上地膜，然后拉伸拉平，同时覆土压实膜边，随即铲下后一垄的垄边。

（2）播种。先播种后盖膜的优点是保温、保湿效果好，缺点是出苗期破膜不及时就容易烧苗，而盖膜后打孔播种的优缺点正好相反。2月底至3月份早播的和缺水地块，宜采用先播种后盖膜，而4月份播种土壤水分又充足的地块，宜采用盖膜后打孔播种。打孔方法：孔径3 cm、深4 cm左右，可用有1/

3缺口的竹筒打孔器打圆孔，或用扁铲打“十”字口。每垄播两行，距垄边10 cm挖窝或打孔，窝距16～18 cm，每窝播种2粒浸泡种子或催芽粉嘴种子。挖窝播种的盖平后覆膜；打孔播种的，应在播种孔上盖4～5 cm细土形成一个小土堆，以利于幼芽顶土出膜。

五、田间管理

1. 出苗期和幼苗期

搞好出苗期和幼苗期田间管理，是保证苗齐、苗全、苗壮的关键。一是破膜引苗。先播种后盖膜的，顶土时用小刀画“十”字口破膜，盖上细土；打孔播种的，出苗时要经常查看，把未能出膜的茎枝引出膜面。二是清棵促枝、治虫保苗，方法与露地栽培相同，关键是采取措施要及时。

2. 中期

中期主要是控制徒长、防治病虫。覆膜花生的徒长、纹枯病、白绢病比露地花生重，应及时施药防治，施药方法与露地栽培相同。对有可能发生蛴螬为害的地块，应在6月下旬至7月初刨窝检查，发现有幼虫时，立即用木（竹）棍打孔灌药防治。

3. 后期

后期主要是追肥、防病、保叶。覆膜花生如果是施用过多效唑的地块，容易早衰、病重、落叶。应从7月下旬开始，用速效氮、磷肥加多菌灵喷洒叶面，每10天左右喷一次（方法同露地栽培），以确保足够的绿色叶面积。

第七节　花生的优良品种

一、四川花生生产及市场对品种的要求

1. 四川花生生产对品种的要求

四川人多地少，复种指数高，花生栽培制度以麦套晚春早夏播和小春茬口夏播为主，且大多分布在丘陵坡台地上，土层浅、土质差、有机质少、肥力低，同时受伏旱、秋涝的影响很大。花生要获得高产，应选用早熟高产、耐旱、耐瘠、抗性好、适应性广、商品性好的品种在生产上推广应用。同时还应根据市场对品种的要求，因地制宜，合理布局。

2. 市场对品种的要求

（1）“天府花生”“嘉陵花生”是四川省传统出口的加工产品，在国际、国内市场上供不应求。类似产品有各种盐脆花生、咸干花生。该类产品对原料果有特殊要求，果形应为“鹰嘴瘦身”，百果重 130～170 g，籽仁适口性好。相应的花生品种为四川省选育的中粒双仁“龙生型”品种天府 5 号，“中间型”品种天府 7 号、天府 8 号、天府 10 号、天府 14 号。

（2）“香酥花生”“多味花生”及“蜜酥花生”，这类制品加工量不很大，主销本省。对原料籽仁的要求是粒型较小而近似圆形或桃形。百仁重 45～60 g，蛋白质含量在 23％以上，脂肪含量在 50％以上，四川省相应的花生品种有天府 7 号、天府 10 号、中花 2 号、天府 11 号等。

（3）花生糖果和销量最大的粗加工制品沙炒花生，主销省内。对原料要求口感细腻、适口性好，蛋白质含量在 23％以

上，脂肪含量在50%以上。

四川省目前高产优质抗病品种有天府18号、天府13号、天府15号、天府14号等。

二、四川花生优良品种

（1）天府18。系南充市农科所育成。全生育期135天，经2003—2004年区省试平均亩产286.2 kg，比天府9号增产9.2%。株高34 cm，单株总分枝数8.2个，单株结果数14.1个。双仁百果重178 g，百仁重75.5 g，出仁率78.8%。籽仁脂肪含量为51.74%，蛋白质含量为26.4%。抗倒力强，中抗叶斑病，不抗青枯病，适宜在四川省花生产区种植。

（2）天府13。系南充市农科所1993—1996年从江西抚州市农科所抚花2号中系选育而成。属早熟大粒珍珠豆型高产品种。1997—1998年参加四川省区域试验13点次结果，平均亩产295.1 kg，比天府10号增产16.8%；1999年四川省5点生产试验，平均亩产342.6 kg，比天府10号增产17.9%。该品种株型直立，连续开花，株高49.1 cm，分枝较少。荚果为蜂腰形和蚕茧形，果壳网纹较深，果嘴不明显，双仁百果重225.9 g，百仁重91.5 g，出仁率76.5%。籽仁粗脂肪含量为56.15%，蛋白质含量为24.9%。春播生育期130天左右，夏播110天。抗倒性强，抗旱性较强，较抗叶斑病，种子休眠性中等。适宜在四川省花生主产区非青枯病区种植，特别是在城郊鲜食花生或作榨油基地推广。

（3）天府15。系南充市农科所而成。全生育期135天，经2000—2001年区省试平均亩产332.1 kg，比天府10号增产10.1%。属中间型早中熟大粒种，株型直立，分枝较多，籽仁脂肪含量为49.75%，蛋白质含量为25%。抗倒力强，较抗叶斑病，不抗青枯病，适宜四川省花生产区种植，不适宜青枯病区种植。

(4) 天府14。系南充市农科所用天府9号和海花1号杂交选育的中间型早熟中粒花生品种。经1997—1998年省内13次试验，平均亩产269.5 kg，比天府10号增产6.5%；1999—2000年全国（长江片）区试22点次试验结果，平均亩产260.5 kg，比对照中花4号增产9.51%。株型直立较矮，连续开花，分枝数较少。荚果为普通形和斧头形，果壳网纹较浅，果嘴不明显。双仁百果重177.9 g，百仁重75.0 g，出仁率78.8%。籽仁脂肪（干基）含量为48.16%，蛋白质含量为28.3%，脂肪蛋白总量为76.46%。春播全生育期135天，夏播110天左右。抗倒力强，较抗叶斑病和锈病，不抗青枯病，种子休眠性中等。适宜在四川省平坝、丘陵非青枯病区种植。

参 考 文 献

［1］屈维彪，胡松吴，正凯．麦玉若套种不同带比对产量影响的试验研究［J］．贵州农业科学，1994（4）：56-57.

［2］陆漱韵，刘庆昌，李惟基．甘薯育种学［M］．北京：中国农业出版社，1998.

［3］刘庆昌．甘薯在我国粮食和能源安全中的重要作用［J］．科技导报，2004（9）：21-22.

［4］刘永红，柯国华，鲁洪涛，等．季节性干旱区套作甘薯产量决定因素及高产栽培措施组合［J］．西南农业学报，2004，17（4）：439-444.

［5］李强，刘庆昌，马代夫，等．甘薯遗传转化研究现状、问题及展望［J］．分子植物育种，2005，3（1）：99-106.

［6］财政部教科文司．中国农业产业技术发展报告（2010 年度）［M］．北京：中国农业出版社，2010：54-57.

［7］戴起伟，钮福祥，孙健，等．我国甘薯加工产业发展概况与趋势分析［J］．农业工程技术，2015（35）：27-30.

［8］朱永清，梁强，谢江．加快推进四川甘薯加工业发展的建议［J］．四川农业科技，2016（6）：52-53.

［9］吴自强．马铃薯病害——识别与防治［M］．昆明：云南科技出版社，1997.

[10] 国际马铃薯中心. 马铃薯主要病虫害及线虫 [M]. 谢开云，张勇飞，译. 北京：中国农业科技出版社，1998.
[11] 李本国，梁远发，王小波. 甘薯马铃薯豆类高产栽培技术 [M]. 成都：四川科学技术出版社，1998.
[12] 屈冬玉，谢开云. 中国人如何吃马铃薯 [M]. 新加坡：八方文化创作室，2008.
[13] 四川省质量技术监督局. 秋马铃薯生产技术规程：DB51/T 819-2008 [S].
[14] 卢学兰，梁南山. 四川省秋马铃薯生产特点和存在问题分析 [C] //2009年中国马铃薯大会，2009.
[15] 卢学兰，梁远发，梁南山，等. 四川省优势特色产业效益农业培训教材：马铃薯 [M]. 成都：四川教育出版社，2009.
[16] 谢开云，卢学兰，梁南山，等. 四川省马铃薯种薯体系现状、问题和对策 [J]. 中国马铃薯，2010，24（4）：242-248.
[17] 卢学兰，谢开云，梁南山，等. 四川省马铃薯生产与种薯需求分析 [J]. 种子，2010，29（7）：82-86.
[18] 谢开云，何卫，李文娟，等. 马铃薯三代种薯体系与种薯质量控制 [M]. 北京：金盾出版社，2011.
[19] 谢开云，何卫，曲刚，等. 马铃薯贮藏技术 [M]. 北京：金盾出版社，2011.
[20] 卢学兰，冯泊润. 四川省冬作马铃薯发展现状、问题和对策 [J]. 四川农场，2015（2）：3.
[21] 卢学兰，冯泊润，秦军红，等. 四川省马铃薯周年生产与品种应用 [C] //马铃薯产业与现代可持续农业（2015），2015.

[22] 胡国华，吴存祥，杨文钰，等．大豆节本增效综合生产技术［M］．北京：中国农业出版社，2013.
[23] 康筱湖，韩天富．大豆栽培与病虫草害防治［M］．北京：金盾出版社，2006.
[24] 王连铮．大豆研究 50 年［M］．北京：中国农业科学技术出版社，2010.
[25] 杜维广，张桂茹，满为群，等．大豆高光效品种（种质）选育及高光效育种再探讨［J］．大豆科学，2001，20（4）：52-59.
[26] 胡国华．大豆机械化“深窄密”高产配套栽培技术［M］．作物杂志，2001（5）：4-6.